BIBLIOTHÈQUE
SCIENTIFIQUE INTERNATIONALE

PUBLIÉE SOUS LA DIRECTION

DE M. ÉM. ALGLAVE

VII

BIBLIOTHEQUE

SCIENTIFIQUE INTERNATIONALE

PUBLIÉE SOUS LA DIRECTION

DE M. ÉM. ALGLAVE

Volumes in-8°, reliés en toile anglaise. — Prix : 6 fr.

Avec reliure d'amateur, tranche sup. dorée, dos et coins en veau. 10 fr.

La *Bibliothèque scientifique internationale* n'est pas une entreprise de librairie ordinaire. C'est une œuvre dirigée par les auteurs mêmes, en vue des intérêts de la science, pour la populariser sous toutes ses formes, et faire connaître immédiatement dans le monde entier les idées originales, les directions nouvelles, les découvertes importantes qui se font chaque jour dans tous les pays. Chaque savant expose les idées qu'il a introduites dans la science et condense pour ainsi dire ses doctrines les plus originales.

On peut ainsi, sans quitter la France, assister et participer au mouvement des esprits en Angleterre, en Allemagne, en Amérique, en Italie, tout aussi bien que les savants mêmes de chacun de ces pays.

La *Bibliothèque scientifique internationale* ne comprend pas seulement des ouvrages consacrés aux sciences physiques et naturelles, elle aborde aussi les sciences morales, comme la philosophie, l'histoire, la politique et l'économie sociale, la haute législation, etc.; mais les livres traitant des sujets de ce genre se rattacheront encore aux sciences naturelles, en leur empruntant les méthodes d'observation et d'expérience qui les ont rendues si fécondes depuis deux siècles.

VOLUMES PARUS

J. Tyndall. LES GLACIERS ET LES TRANSFORMATIONS DE L'EAU, suivis d'une étude de M. *Helmholtz* sur le même sujet, avec 8 planches tirées à part et nombreuses figures dans le texte. 4e édition. . . 6 fr.

W. Bagehot. LOIS SCIENTIFIQUES DU DÉVELOPPEMENT DES NATIONS. 4e édition. . . . . 6 fr.

J. Marey. LA MACHINE ANIMALE, locomotion terrestre et aérienne, avec 117 figures dans le texte. 3e édition. . . . . 6 fr.

A. Bain. L'esprit et le corps considérés au point de vue de leurs relations, avec figures. 4e édition . . . . 6 fr.

Pettigrew. La locomotion chez les animaux, avec 130 figures. . 6 fr.

Herbert Spencer. Introduction a la science sociale. 6e édition. 6 fr.

Oscar Schmidt. Descendance et darwinisme, avec figures. 5e édition. . . . . 6 fr.

H. Maudsley. Le crime et la folie. 5e édition. . . . . 6 fr.

P.-J. Van Beneden. Les commensaux et les parasites dans le règne animal, avec 83 figures dans le texte. 3e édition. . . . . . . 6 fr.

Balfour Stewart. La conservation de l'énergie, suivie d'une étude sur La nature de la force, par *P. de Saint-Robert*. 4e édition. 6 fr.

Draper. Les conflits de la science et de la religion. 7e édition. 6 fr.

Léon Dumont. Théorie scientifique de la sensibilité. 3e édit. 6 fr.

Schutzenberger. Les fermentations, avec 28 figures. 3e édition. 6 fr.

Whitney. La vie du langage. 3e édition. . . . . 6 fr.

Cooke et Berkeley. Les champignons, avec 110 figures. 3e édit. 6 fr.

Bernstein. Les sens, avec 91 figures dans le texte. 4e édition. . 6 fr.

Berthelot. La synthèse chimique. 5e édition . . . . 6 fr.

Vogel. La photographie et la chimie de la lumière, avec 95 figures dans le texte et un frontispice tiré en photoglyptie. 3e édition. 6 fr.

Luys. Le cerveau et ses fonctions, avec figures. 5e édition. . . 6 fr.

W. Stanley Jevons. La monnaie et le mécanisme de l'échange. 5e édition. . . . . 6 fr.

Fuchs. Les volcans et les tremblements de terre, avec 36 figures dans le texte et une carte en couleurs. 3e édition. . . . . 6 fr.

Général Brialmont. La défense des Etats et les camps retranchés, avec nombreuses figures et deux planches hors texte. 3e édit. 6 fr.

A. de Quatrefages. L'espèce humaine. 7e édition. . . . . 6 fr.

Blaserna et Helmholtz. Le son et la musique, avec 50 figures dans le texte. 3e édition . . . . 6 fr.

Rosenthal. Les muscles et les nerfs. 1 vol. in-8, avec 75 figures dans le texte. 3e édition. 6 fr.

Brucke et Helmholtz. Principes scientifiques des beaux-arts, suivis de L'optique et la peinture. 1 vol., avec 39 figures. 3e édition. 6 fr.

Wurtz. La théorie atomique. 1 vol. in-8, avec une planche hors texte. 4e édition. . . . . 6 fr.

Secchi. Les étoiles. 2 vol. in-8, avec 60 figures dans le texte et 17 planches en noir et en couleurs, tirées hors texte. 2e édition. . . 12 fr.

N. Joly. L'homme avant les métaux. Avec 150 figures. 3e édition. 6 fr.

A. Bain. La science de l'éducation. 1 vol. in-8. 4e édition. . . 6 fr.

Thurston. HISTOIRE DE LA MACHINE A VAPEUR, revue, annotée et augmentée d'une Introduction par *J. Hirsch.* 2 vol., avec 140 figures dans le texte, 16 planches tirées à part et nombreux culs-de-lampe.   12 fr.

R. Hartmann. LES PEUPLES DE L'AFRIQUE. 1 vol. in-8, avec 91 figures et une carte des races africaines. 2ᵉ édition . . . .   6 fr.

Herbert Spencer. LES BASES DE LA MORALE ÉVOLUTIONNISTE. 1 volume in-8. 2ᵉ édition . . . .   6 fr.

Th.-H. Huxley. L'ÉCREVISSE, introduction à l'étude de la zoologie, avec 82 figures. 1 vol. in-8 . . . .   6 fr.

De Roberty. LA SOCIOLOGIE. 1 vol. in-8 . . . .   6 fr.

O.-N. Rood. THÉORIE SCIENTIFIQUE DES COULEURS et leurs applications à l'art et à l'industrie. 1 vol. in-8, avec 130 figures dans le texte et une planche en couleurs. . . . .   6 fr.

G. de Saporta et Marion. L'ÉVOLUTION DU RÈGNE VÉGÉTAL. *Les cryptogames.* 1 vol., avec 85 figures dans le texte . . . .   6 fr.

Charlton Bastian. LE SYSTÈME NERVEUX ET LA PENSÉE, 2 vol., avec 184 fig. dans le texte.   12 fr.

James Sully. LES ILLUSIONS DES SENS ET DE L'ESPRIT. 1 vol. . . .   6 fr.

Alph. de Candolle. L'ORIGINE DES PLANTES CULTIVÉES. 1 vol. 2ᵉ éd.   6 fr.

Young. LE SOLEIL, avec 86 figures. 1 vol. . . . .   6 fr.

Sir John Lubbock. LES FOURMIS, LES ABEILLES ET LES GUÊPES. 2 vol. in-8, avec 65 figures dans le texte et 13 planches hors texte dont 5 en couleurs. . . . .   12 fr.

Ed. Perrier. LA PHILOSOPHIE ZOOLOGIQUE AVANT DARWIN. 1 vol. 2ᵉ éd.   6 fr.

Stallo. LA MATIÈRE ET LA PHYSIQUE MODERNE. . . . .   6 fr.

Mantegazza. LA PHYSIONOMIE ET L'EXPRESSION DES SENTIMENTS. 1 vol., avec 8 planches hors texte. 1 vol. . . . .   6 fr.

De Meyer. LES ORGANES DE LA PAROLE, avec 51 figures . . . .   6 fr.

VOLUMES SUR LE POINT DE PARAITRE

De Lanessan. INTRODUCTION A LA BOTANIQUE. LE SAPIN. 1 vol. avec figures.

G. de Saporta et Marion. L'ÉVOLUTION DU RÈGNE VÉGÉTAL. Tomes II et III, *Les phanérogames.*

Berthelot. LA PHILOSOPHIE CHIMIQUE.

Mortillet. L'ORIGINE DE L'HOMME, avec fig.

Semper. LES CONDITIONS D'EXISTENCE DES ANIMAUX. 2 vol., avec 106 fig. et 2 cartes.

Romanes. L'INTELLIGENCE DES ANIMAUX. 2 vol.

E. Oustalet. L'ORIGINE DES ANIMAUX DOMESTIQUES. 1 vol., avec fig.

G. Pouchet. LA VIE DU SANG. 1 vol., avec figures.

Coulommiers. — Typ. PAUL BRODARD et Cⁱᵉ.

DESCENDANCE

ET

DARWINISME

PAR

O. SCHMIDT

Avec figures dans le texte

CINQUIÈME ÉDITION

PARIS

ANCIENNE LIBRAIRIE GERMER BAILLIÈRE ET Cie
FÉLIX ALCAN, ÉDITEUR
108, BOULEVARD SAINT-GERMAIN

—

1885

PRÉFACE DE LA SECONDE ÉDITION

Une année s'est à peine écoulée depuis l'apparition de ce livre en France et déjà, comme en Angleterre, en Allemagne et en Amérique, il faut en publier une seconde édition.

Sans doute c'est le sujet, **un** des plus importants de nos jours, qui est cause de ce succès, et, si j'y ai contribué pour quelque peu moi-même, comme auteur, c'est parce que j'en ai tiré toutes les conséquences exigées par la raison.

Il est vrai que justement, au nom de la science, on m'a reproché ces conséquences (1) ; mais j'ose croire que mes lecteurs seront de mon avis, qu'il ne doit pas y avoir là de soi-disant juste milieu. Pour se convaincre de la pleine vérité et de la nécessité du transformisme, on dispose

1. Voir la critique de **M.** Ed. Perrier, *Revue scientifique*, n° 1, 3 juillet 1875.

d'assez de faits rigoureusement constatés, quoique bien des lacunes et des erreurs subsistent encore dans certaines parties de la science.

Il faut être transformiste ou ne pas l'être, la question est fondamentale et, s'arrêter à moitié chemin, c'est pécher contre la logique.

Oscar SCHMIDT.

Strasbourg, 14 septembre 1875.

DESCENDANCE
ET DARWINISME

CHAPITRE PREMIER

Il y a, dans la vie de l'homme et de tout individu ayant
conscience de lui-même, comme un perpétuel effort pour
comprendre l'existence. Tous les systèmes philosophiques
ont cherché à scruter la nature des choses ; tous sont nés
de la tendance à reconnaître l'enchaînement de cette masse
innombrable de phénomènes matériels et intellectuels dont
l'homme se flatte d'être le centre et la fin. Parmi les philosophes, les uns se reposent sur la distinction de l'âme et du
corps, du fait et de l'idée ; les autres en proclament l'identité. Ceux-ci ont pensé que tout était pour le mieux dans le
meilleur des mondes ; ceux-là, depuis les boudhistes au
VIe siècle avant notre ère, jusqu'aux saints et bizarres per-
sonnages d'aujourd'hui, jusqu'aux adeptes et continuateurs
de Schopenhauer, ne voient dans le monde qu'une confusion
choquante, qu'un conflit perpétuel de forces qui se contra-
rient : chaos pénible auquel le sage tente de se soustraire
en se repliant complétement sur lui-même, en s'abîmant

par un effort énergique de volonté, dans l'insensibilité et le néant.

Dans toutes ces tentatives pour se mettre en équilibre avec le monde, la conscience universelle n'a guère fait de progrès. Si d'un côté on admire les conquêtes modernes dans le domaine des sciences, de l'industrie et du commerce, autant le jugement de la foule sur ces questions générales est incertain et arriéré; autant la foule, et même une grande partie des hommes instruits, se laisse séduire par des phrases et par le charlatanisme. On ne brûle plus de sorcières, comme au beau temps de l'inquisition, mais on condamne encore les hérétiques. La physiologie expérimentale, base de toute médecine vraiment scientifique, s'épanouit dans un merveilleux développement que salue instinctivement la reconnaissance publique, plus grande que jamais; ce n'empêche pas que, dans toutes les classes de la société, la porte reste ouverte au charlatanisme le plus effronté. Que l'on passe en revue les spirites, les gens qui évoquent les esprits (ils ont maintenant leurs sectes et leurs comités), et les partisans des guérisseurs qui agissent par sympathie et par exorcisme, on sera saisi de surprise en voyant jusqu'où peut s'étendre l'empire de superstitions qui le cèdent à peine au fétichisme des nègres les moins avancés. Ce ne sont là que des cas particuliers d'une aberration générale dès qu'il s'agit de la prétendue énigme de l'existence humaine. Que de gens se récrieraient, si l'on réputait surnaturel le jeu des machines les plus compliquées, les métamorphoses qui s'élaborent dans le creuset du chimiste, les expériences merveilleuses du physicien! S'agit-il, au contraire, du mécanisme de la vie, on fait appel à je ne sais quel dualisme; au lieu d'expliquer le phénomène, au lieu de ramener la vie à ses vraies causes naturelles, on nie en quelque sorte la possibilité d'une explication; les ressorts cachés échappent, et l'on se réfugie dans le mysticisme. Admet-on par hasard une solution générale du problème de l'existence, on établit des réserves pour sa chère personnalité; on la mesure à une échelle spéciale qui ne s'applique pas au reste des êtres vivants.

Si d'une part nous voyons un grand nombre de nos contemporains témoigner vis-à-vis d'une question capitale une complète indifférence, ou se retrancher dans la théologie et s'en remettre à la révélation; d'autre part, une phalange de bons esprits, grâce au développement de la science, a tâché de se rendre compte de la place de l'homme dans la nature, et a exploré le terrain avec intelligence. Le besoin de résoudre ce problème de philosophie naturelle s'impose à peu près depuis un siècle et coïncide avec les débuts de la philologie. Il convient ici d'éclairer ce point, car les théories de l'origine du langage sont en connexion intime avec les idées que l'on se forme sur l'origine de l'homme et en subissent l'influence. En 1580, le résultat d'une recherche, entreprise au sujet de la langue du paradis, fut que Dieu avait parlé danois, Adam suédois et le serpent français. Ce fut Leibnitz qui, le premier, dans des lettres adressées à Newton, tenta de régulariser la méthode de la philologie, en recommandant de prendre pour point de départ l'étude des langues actuelles et connues. Dans le milieu du siècle dernier, on se demanda si le langage avait été inventé ou révélé. A cet égard, il y eut grande controverse : contre Maupertuis et J.-J. Rousseau, Süssmilch (1764) soutenait qu'on ne pouvait rien inventer sans penser, ni penser sans parler; par conséquent, prétendre que le langage est l'œuvre de l'homme, c'est exiger une doctrine qui se contredit elle-même. A cette occasion, Herder (1770) produisit son fameux traité sur le langage. Selon lui, le langage a commencé par une imitation phonétique et presque inconsciente, témoignant en quelque sorte, dit-il, que l'âme acquiert une idée précise ; il montra les rudiments du langage se développant avec le besoin de recourir à ces mots indicateurs. L'humanité, dans sa filiation naturelle, aurait enrichi peu à peu, inconsciemment et par instinct, le trésor du langage. La diversité des idiomes est produite par la séparation des peuples, dont les traits caractéristiques se reflètent dans les diverses langues. Ainsi, Herder fait déjà ressortir l'importance d'une psychologie des peuples. A lui vint se joindre Guillaume de Humboldt dont les idées sont devenues la base de la philologie actuelle. Les imitations phonétiques, dit-il, se fixent instinctivement en mots, et c'est avec cette formation des mots et de la langue que commence la pensée. Par la nature de ces origines, on voit que la langue est l'expression naturelle de l'esprit d'un peuple, qu'elle n'est point stationnaire, mais qu'elle est entraînée dans une évolution continue.

Les grands résultats de la philologie révèlent le cachet de la personnalité humaine ; ils nous font voir l'homme s'élevant graduellement au-dessus des autres êtres vivants, mais rien de plus. Les créateurs plus haut nommés de cette science nous montrent, soit à leur insu, soit en connaissance de cause, l'homme arrivant à la raison et ne devenant homme que par le langage qui se développe de ses premiers rudiments ; toutefois on s'est généralement contenté de voir dans cet apanage de l'homme un fait pur et simple et s'expliquant de lui-même ; et il en fut ainsi tant que les sciences naturelles se bornèrent à une classification superficielle des organismes. L'homme, ayant de la chair et du sang, parut bien se rapprocher des animaux supérieurs ; mais tant qu'on négligea l'origine de ces derniers et leurs affinités sanguines, et qu'on se borna à rapprocher les caractères identiques, sans discuter à fond les causes de disparité ou de ressemblance, l'homme occupa sans conteste la première place dans le système des êtres vivants. Linné a pu, dans l'ordre des primates, aux genres chauve-souris, lémurien et singe réunir l'homme lui-même, sans que pour cela, du haut des chaires, soit à l'école, soit à l'église, s'élevât contre lui une accusation d'attentat à la dignité humaine. Quand, il y a peu de temps, le monde apprit que ce mot « parenté » qui jusqu'alors avait été prononcé avec une grande indifférence devait être pris au sérieux et à la lettre, car à une même sève correspond une même souche, la joie d'une découverte éclaira tous les esprits auxquels l'homme apparut comme un être ayant, au même titre que les autres, sa place dans l'intérieur de la nature. Quant à ceux qui ne peuvent concevoir l'homme autrement que doué de priviléges, l'élevant au-dessus de son entourage naturel, ils devaient voir une sorte de sacrilége dans ces déductions logiques dont une théorie universelle faisait à l'homme l'application inéluctable.

La théorie nouvelle de la parenté et de la descendance n'est donc pas uniquement soumise aux controverses de ses partisans ; elle est aussi discutée par des adversaires dont la vue est troublée par l'image plus ou moins nette des dangers qu'elle prépare à leur science fondée sur le miracle. En Angleterre, l'opposition a été grande contre l'homme éminent au nom duquel se rattache cette révolution, surtout depuis qu'il est notoire que, restant fidèle à lui-même, il veut comprendre aussi l'homme dans le domaine de ses recherches et lui appliquer toutes les conséquences de sa théorie. Cependant il me semble que la lutte et l'émotion ont été encore plus vives de ce côté-ci de la Manche, où le darwinisme est devenu le pain quotidien des journaux, des écrits périodiques de philosophie et de théologie. Maintenant ce fait est évident aux yeux de tous, et nous sommes convaincus de l'importance décisive d'une question qui, selon qu'on l'envisage d'une manière ou d'une autre, détermine l'ensemble de nos conceptions vitales. De plus, et c'est ce qui a lieu pour tous les sujets dont la difficulté échappe, parce que tout le monde paraît les connaître, il n'est personne qui ne se croie assez compétent pour se prononcer sur la question de la vie ; or aux yeux du public, l'alpha et l'oméga de la théorie de la descendance, c'est la fameuse parenté avec le singe. De plus il arrive souvent que ce sont les esprits les plus obscurs qui sont infailliblement convaincus de leur propre élévation. Il n'y a donc aucun sujet sur lequel on entende, plus fréquemment que sur celui qui nous occupe, exprimer des jugements superficiels témoignant de la plus grossière et généralement de la plus révoltante ignorance.

Je me propose maintenant de mettre le lecteur à même d'embrasser l'état de ce problème si complexe de la théorie de la descendence ; je veux débrouiller cette trame confuse, établir les points cardinaux, remonter à Darwin. Et d'abord il faut répondre à une question d'une importance générale et d'une signification toute particulière, elle a été souvent posée par les adversaires philosophes ou théologiens ; elle est relative aux limites des investigations naturelles. S'il était prouvé que les êtres animés et les choses inanimées aient des secrets différents, accessibles d'une part et de l'autre insondables, comme on l'affirme si souvent encore aujourd'hui, ce serait s'engager dans des recherches vaines et sans issue que de vouloir scruter la vie. Si, au contraire, nous ne voyons rien à priori qui puisse nous faire hésiter devant ces recherches relatives à la vie et à son développement, si bien plutôt il est vrai que l'investigation et la connaissance n'ont pas d'autres limites pour la nature animée que pour le monde corporel inanimé, notre tâche alors sera justifiée, et nous serons autorisés à l'entreprendre. Je pense que nous atteindrons notre but, en nous mettant un peu au courant de ce qui est l'objet de la théorie de la descendance, nous bornant en cela au monde animal. Si donc j'avance qu'il faut préparer une base à la théorie du développement direct et continu des organismes supérieurs et actuellement existants, issus de formes souches inférieures, c'est-à-dire à la théorie de la continuité de la vie, j'entends par là qu'il faut d'abord jeter un coup d'œil sur les formes animales actuellement répandues sur la terre. De même que la cosmographie débute tout simplement par fixer la place des étoiles et des constellations et par déterminer leurs mouvements apparents ; de même nous dessinerons à grands traits notre sujet, en suivant la marche qui nous est indiquée par le développement progressif de la science.

Ce qui attire d'abord les regards, quand on observe le monde animal, c'est l'immense variété des formes. Le besoin de distinguer et classifier s'impose tout d'abord. La zoologie, la botanique et la minéralogie, dans la première période de leur développement, durent être purement descriptives et se borner à l'étude des objets déterminés ; mais la physique et la chimie avaient à s'occuper de phénomènes dont la nature fait immédiatement penser à l'origine, c'est-à-dire de séries de phénomènes reliés entre eux par la relation de cause à effet, et dont la connaissance par conséquent conduit à des résultats qui satisfont et reposent l'esprit. Cette description qui primitivement se bornait tout simplement à l'extérieur, attira peu à peu à elle l'intérieur, se transforma en zootomie et en anatomie comparée; et il y a déjà soixante ans qu'accumulant des détails infinis elle s'était avancée si loin dans cette voie que Cuvier entreprit d'établir le système naturel.

Mais cette description des animaux est incomplète sur deux points, et dans le cours de la formation de la science, il a été suppléé presque du même coup à cette double insuffisance. A la connaissance de l'être d'un animal appartient aussi la description de son développement Je dis à dessein description, car l'histoire du développement de l'animal n'est pas une science naturelle, au même titre que les doctrines physico-mathématiques; ce n'est qu'une description pure et simple de la nature; mais cette description donne une idée plus exacte des organes; on pourrait citer mille cas où elle en dévoile la première l'importance et fournit à l'anatomie comparée la certitude, et maintes fois surtout la possibilité d'une explication. L'aile de l'oiseau, telle qu'elle est, dans ses diverses parties, peut sans difficulté se ramener à l'extrémité antérieure d'un reptile ou d'un mammifère; en retour la patte de l'oiseau, à l'état d'organe achevé, ne répond pas à celle des autres vertébrés; mais si l'on étudie le développement de l'oiseau dans l'œuf, on voit que l'ébauche des diverses parties et articulations présente ici et là une entière concordance et que les anomalies apparentes ne sont produites que par des accroissements ultérieurs de certaines parties qui sans cela restent séparées. La patte de l'oiseau, quand elle est formée (A), nous présente en *a* le fémur, en *b* le tibia, mais au lieu des os du tarse et du métatarse, nous ne trouvons qu'un os long *c*, et à son extrémité inférieure, un petit os porteur du quatrième doigt. La description d'autrefois se bornait à dire que l'os *c*, remplace le tarse et le métatarse. Il n'en est pas ainsi; mais l'oiseau dans l'œuf montre (B) que la patte se compose du fémur (*a*), du tibia (*b*), de deux os formant le tarse (*m*, *n*), de trois ou quatre os formant le métatarse et des doigts; par suite l'os supérieur du tarse se confond par la croissance avec le tibia

et l'os inférieur avec les parties du métatarse qui se soudent
ensemble. C'est ainsi que fut pour la première fois inter-
prété, sinon expliqué l'état de A. L'exemple suivant est un
peu plus difficile. L'anatomie comparée ne peut, sans recourir à l'histoire du développement, expliquer pourquoi,
l'homme possédant trois petits os dans l'oreille, l'oiseau n'en

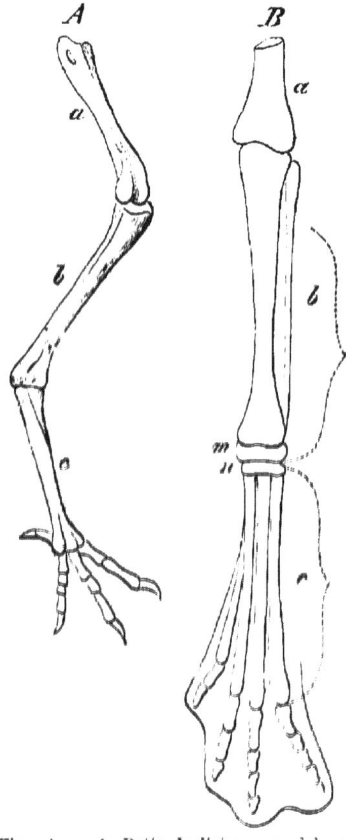

Fig. 1. — A. Patte de l'oiseau en dehors de l'œuf. B. Patte de l'oiseau dans l'œuf.

possède qu'un. L'histoire du développement montre que les matériaux employés à former l'enclume et le marteau chez l'homme se transforment en deux autres parties du crâne qui n'ont peut-être rien de commun avec l'appareil auditif. Bref, l'histoire du développement qui décrit la formation de l'organisme éclaire, pas à pas, l'anatomie comparée. Isolément aussi, elle demeure au rang d'une science purement descriptive. Considérons maintenant que tous les êtres, des inférieurs aux supérieurs, forment, dans les divers degrés de leur développement, des séries analogues à celles que présentent les membres voisins des groupes d'animaux correspondants; le mammifère, par exemple, parcourt dans son développement des états qui restent fixés dans les for-

mes achevées des vertébrés inférieurs. Nous voici arrivés à
voir une concordance mystérieuse entre le développement
de l'individu et celui du règne animal tout entier, concordance qui appelle une solution scientifique, un retour aux
causes, d'autant plus vivement qu'une troisième série de

phénomènes, que la description de la nature a su la première soumettre à ses lois, révèle encore davantage ces rapports intimes qui sont demeurés jusqu'ici cachés. Je veux parler de la découverte du monde préhistorique.

A la base nécessaire de nos opérations, appartient donc aussi la connaissance des faits paléontologiques. La géologie, depuis plus de quarante ans, a trouvé la bonne voie. Il est maintenant acquis que la terre ne s'est pas formée par saccades, mais par des transformations et des progrès continus. Nous osons donc et nous devons conclure qu'à une certaine époque du refroidissement, la vie est éclose d'un épanouissement naturel, c'est-à-dire sans un acte incompréhensible de création, et nous voyons peu à peu, pendant cette lente transformation de l'écorce terrestre, les êtres animés croître, se spécifier et se perfectionner.

Bien plus! Voici ce qu'un des adversaires de la doctrine, exact dans le détail, a prouvé le premier : dans les séries paléontologiques ou historiques suivant un ordre progressif, on retrouve les phases progressives de l'individu. Il reste encore ici de grandes lacunes à combler; on y parviendra peut-être par des observations ultérieures; toutefois il est permis, et pour beaucoup de motifs, de douter de ce succès. Que le développement paléontologique ait été en général celui que nous avons indiqué, cela ne peut être contesté que par des naturalistes qui, à l'exemple de Barrande, sont demeurés, depuis longtemps, inébranlables dans leurs convictions, comme s'ils avaient foi, pour ainsi dire, dans des dogmes.

Ces groupes de faits s'indiquent l'un l'autre; il faut pour les comprendre en avoir en quelque sorte une vue d'ensemble. En d'autres termes, nous devons jeter un coup d'œil général sur cette vaste matière, avant de nous emparer de la formule merveilleuse, grâce à laquelle ils se disposeront d'eux-mêmes et se mettront à notre portée. La tâche est rude, mais le gain considérable! Car le désir de connaître les causes, le besoin de causalité, naturel à l'esprit humain, ne peut être satisfait, relativement au monde des organismes, que par la théorie de la descendance. Nous ne la

tenons pas encore pour parfaite; elle ne dénoue pas, jusqu'ici, certaines difficultés; mais en somme, elle rend les
services que l'on peut attendre d'une conception de génie :
elle fait comprendre à l'aide d'un seul principe toutes ces séries de phénomènes qui, sans elle, resteraient un dédale de
miracles inexpliqués. Elle élève au rang de sciences proprement dites les sciences naturelles organiques. Aujourd'hui
encore on décore bien souvent du nom de science, ce qu¹
n'est que savoir acquis par le travail manuel. Mais, en embrassant la vie, la théorie de la descendance ne peut se limiter à l'homme. Quand même on serait incertain sur l'origine du langage, quand même on avouerait sur ce sujet
une complète ignorance, on ne saurait, à cause du privilége
de la parole, exclure l'homme de l'application de notre doctrine, sans briser arbitrairement, il nous semble, la chaîne
des opérations intellectuelles.

Ici maintenant nous revenons à la question préliminaire,
plus haut indiquée, des investigations naturelles. Cette question préliminaire n'est pas sans intérêt, car souvent des
personnes incompétentes ont reproché à notre science de
depasser les bornes. La légèreté avec laquelle se sont élevées ces protestations surpasse tout ce qui est permis. Prenons par exemple, les « *apologetischen Vorträge über die
Grundwahrheiten des Christenthums*, » par Luthart, et
voyons comment ce savant défend la réalité des miracles.
« Les miracles, dit-il, ne sont jamais des miracles! Il n'arrive jamais que le miracle lui-même transgresse les lois de
la nature; il ne fait que combiner des procédés réguliers, et
les ranger sous une volonté maîtresse et une force supérieure.
Dans un ordre inférieur de faits, il y a beaucoup d'analogies. Que mon bras lance une pierre dans l'espace, cet acte
contrarie la nature de la pierre, la trajectoire décrite n'obéit
pas à la loi de l'attraction ; une force dominatrice, une volonté plus haute interviennent et produisent des actions qui
ne sont point celles des forces moins énergiques. De la sorte
ces lois naturelles ne sont pas annulées, mais elles demeu-
rent en leur état. » Arrêtons-nous ici un instant. Affirmer
que la prétendue victoire momentanée des muscles sur l'at-

traction soit contraire à la nature de, la pierre, c'est un non-sens physique. La pierre conserve toujours son poids et sa nature, même lorsqu'elle devient projectile, et il est complétement injuste et illogique, de parler de la force musculaire comme d'une force supérieure à la pesanteur. Si la pierre pèse deux quintaux, que devient la force dominante? Lorsque l'apôtre du surnaturel a induit en erreur son auditoire par ces fausses analogies et qu'il l'a ainsi préparé, il continue de la sorte : « Dans le miracle, une causalité supérieure agit et produit une action qui n'est pas la conséquence des rapports qui relient entre elles les causalités inférieures; mais cette action s'ajoute ensuite à ce système. Cette causalité maîtresse, dans ce dernier cas, coïncide avec les fins morales les plus élevées de l'être. Répondre à ces fins est l'œuvre la plus relevée et la plus belle de la nature. Si donc le miracle est d'accord avec eux, il est moralement déterminé, mais non arbitraire. Il ne viole donc pas la nature; il lui est, au plus haut point, conforme. » Dès que la croyance aux miracles est entrée en lutte avec la science de la nature, la première dit : « Tu dépasses tes limites et tu dois ici suspendre ton jugement. Il s'agit d'une fin morale plus relevée; le domaine de l'éthique est supérieur à celui de la physique, et possède une causalité supérieure dont l'étude est hors de la portée du physicien, c'est-à-dire hors de l'enchaînement familier aux naturalistes de la cause et de l'effet. » Ce passage (1), où un des défenseurs les plus instruits et les plus honorables de la croyance aux miracles, sophiste au demeurant, indique les bornes de la science de la nature est ce qu'il y a de plus modéré dans le genre. Notre manière de voir et notre raisonnement sont diamétralement opposés à la doctrine de nos adversaires, car pour nous le contraire de la science est l'ignorance, tandis qu'eux, ils remplacent la science par une prétendue science supérieure et par la foi.

Doit-on s'en tenir à la proposition d'un Pic de la Mirandole : « La philosophie cherche, la théologie trouve, la reliron possède la vérité (2)? » Ce serait oublier qu'il y a vérité

____

(1) Luthardt, *apologetische Vorträge*, 7ᵉ conférence, page 129.
(2) Philosophia quærit, theologia invenit, religio possidet veritatem.

et vérité. Les visions et les bruits subjectifs qui agitent et effraient les hommes en démence sont pour eux la réalité, mais cette réalité diffère essentiellement des images et des bruits que perçoivent les hommes sains. Philosophie et science cherchent la vérité qui consiste dans le rapport saisissable des choses. Quant aux autres vérités qui nient si souvent la première de ces sciences, elles sont insaisissables et incommensurables avec les vérités scientifiques. Nous abandonnerons ce sujet, en nous en tenant au mot de Goëthe : « Qui possède science et art possède religion. Qu n'a pas ces deux choses, je lui souhaite religion. »

Maintenant, après avoir réfuté les objections téméraires ou spécieuses, nous pouvons considérer tranquillement les limites de la science naturelle. Nous aurons pour nous guider, la conférence faite avec tant de succès par le physiologiste Dubois-Reymond à la cinquantième réunion des médecins et naturalistes allemands. L'orateur cite un passage des œuvres classiques de Laplace, passage qui est extrait de l'introduction à la théorie de la science et que nous ne pouvons nous dispenser de reproduire en entier. L'auteur de la « Mécanique céleste » dit :

« Les événements actuels se rattachent aux événements passés par un lien qui repose sur ce principe évident qu'une chose ne peut avoir commencé sans une cause qui l'a produite. Cette proposition fondamentale connue sous le nom de principe de la cause suffisante, s'étend même à des événements que l'on ne croirait pas en être touchés. La volonté même la plus libre ne peut les produire sans un motif déterminant. Nous devons donc considérer l'état actuel du monde comme la suite de son état antérieur et comme la cause du suivant. Un esprit qui connaîtrait à un moment donné toutes les forces qui animent la nature et la relation réciproque des êtres qui la composent, un esprit qui posséderait en outre une force de conception suffisante pour soumettre tous ces faits à l'analyse pourrait comprendre sous une même formule les mouvements des plus grands corps célestes et ceux de l'atome le plus léger : rien ne serait incertain pour lui, et l'avenir, comme le présent, serait ouvert à ses yeux. L'esprit humain présente dans la perfection qu'il a su donner à l'astronomie une faible image de cet esprit. » « Tous les efforts de l'esprit humain dans la recherche de la vérité, tendent à se rapprocher de cet esprit représenté par nous; mais il en restera toujours infiniment éloigné. »

Le physiologiste berlinois mentionne ensuite ces mots de Faust : « Tu égales l'esprit que tu comprends, » et pense qu'en principe la formule du monde n'est pas fermée à l'esprit humain. Quant à nous, nous avons peu souci, nous l'avouerons, d'une perfection idéale qui ne se manifeste jamais; nous nous consolerons facilement de l'impossibilité de saisir cette formule nébuleuse et les limites tracées de ce côté aux investigations humaines; mais si nous en faisons bon marché, nous accorderons avec Dubois-Reymond que les bornes prescrites à la plus vaste intelligence sont les bornes mêmes de l'esprit humain.

D'accord avec les théories actuelles des physiciens et des biologistes, Dubois-Reymond a tracé comme il suit cette limite assignée au domaine des investigations naturelles (1). « La connaissance dans les sciences naturelles, telle qu'elle a été plus haut précisée n'est pas une vraie connaissance. Veut-on saisir la constante à laquelle ont été ramenées les transformations dans le monde des corps, on se heurte à des difficultés insolubles, à d'inextricables contradictions. S'imaginer qu'un atome considéré comme une petite masse indivisible, sans action, émette des forces est un non-sens. L'impossibilité de comprendre la nature de la matière et de la force est donc l'un des points où s'arrête la connaissance scientifique. Tout ceci a besoin d'explications. Supposons que nous soyons arrivés à la limite de la division mécanique de la matière. Il existera encore des parties plus petites, mais indivisibles, des atomes. Il faut, dans l'état actuel de la science, admettre autant d'espèces différentes d'atomes, qu'il y a de corps simples ou indécomposables. Il n'est pas douteux que ces atomes ne soient, dans le sens propre du mot, des grandeurs imaginaires, hypothétiques, et la théorie semble conduire à ce

(1) *Tageblatt der Naturforscher-Versammlung* in, Leipzig, 1872, page 12. Ce discours a été aussi publié séparément.

principe que, dans le monde corporel, les apparences les plus variées de la matière ne sont produites que par le jeu d'une seule et unique espèce d'atomes. On verra, dans tout ouvrage de physique ou de physiologie, que pour se représenter clairement et soumettre au calcul les propriétés de ces atomes et de leurs combinaisons chimiquement décomposables, il faut se les figurer sous des formes diverses, sphériques, cubiques, etc. Il faut de plus, si l'on veut expliquer leur dépendance mutuelle et leur action réciproque dans les corps, s'imaginer autour de ces atomes une atmosphère infinitésimale d'une matière éthérée, partout répandue. Toutefois il est impossible de représenter et d'atteindre l'atome lui-même, et par suite l'essence de la matière. Aux atomes sont inhérentes des forces qui produisent des attractions ou des répulsions, en un mot, du mouvement. Quelle est, du reste, la cause profonde de ces mouvements et comment leur existence est-elle liée à l'existence des atomes et confondue avec elle, c'est là une des propriétés inexplicables de la matière.

« Levons cette difficulté, » dit plus loin Dubois-Reymond, « le cosmos s'explique immédiatement. L'apparition elle-même de la vie sur la terre cesse d'être incompréhensible ; car la vie, au point de vue de l'examen théorique usité dans les recherches qui ont les sciences naturelles pour objet, n'est pas autre chose qu'un arrangement de molécules, dans un état d'équilibre plus ou moins stable, une circulation de la matière produite soit par les forces de tension qui lui appartiennent, soit par le mouvement qui vient de l'extérieur. C'est se méprendre que voir, en cela, quelque chose de surnaturel. » Tel est le point sur lequel ont porté les plus vives discussions. Que l'on explique tous les états d'équilibre ou du mouvement du monde inanimé, l'inexplicable doit commencer avec les causes de la vie. Un physiologiste de grand savoir et de grande valeur, A. Fick (1), a formulé comme il suit les conséquences que cette hypothèse entraîne avec elle : « La caractéristique plus haut définie

____

(1). A. Fick, *Physiologie*, 1860.

d'une de ces parties infiniment petites, reste-t-elle valable
et suffisante pendant le séjour dans l'organisme ? Le mouvement d'une molécule d'oxygène par exemple, subira-t-il
pareillement, dans l'organisme et à l'extérieur, des influences et des perturbations exercées par une molécule
voisine d'hydrogène ? » Répondre non, c'est professer la
conception vitale ; c'est recourir à des forces inconnues, situées en dehors de la matière ; c'est supposer qu'une seule
et même parcelle, selon qu'elle se trouve en dedans ou en
dehors de l'organisme, peut changer de nature ; en d'autres
termes, c'est croire au merveilleux.

Mettons en regard de cette théorie, la théorie physique
« qui, dans sa perfection, fait de tout phénomène organique
un problème de mécanique pure, » il suffira de citer les
paroles certainement impartiales de ce savant cité plus
haut : « Je crois que pour démontrer la théorie mécanique
de la vie organique, il faut prouver que tous les mouvements de l'organisme sont produits par les actions des
forces inhérentes aux atomes. De même je considérerais
comme démontrée la théorie vitale, si l'on me prouvait,
même dans un seul cas particulier, l'impossibilité mécanique d'un mouvement déterminé, réellement observé dans
l'organisme. Il ne faut, pour le moment, espérer ni l'une
ni l'autre de ces preuves. Toutefois, s'il est possible de décider sans avoir la preuve complète, je me range, sans hésiter, du côté de la théorie mécanique. Elle se recommande
par sa plus grande vraisemblance et par sa simplicité évidente à priori ; bien plus, les développements successifs de
la science en font pour ainsi dire une certitude. Si l'on voit
par exemple, que certains phénomènes, — telle est la production de la chaleur animale que l'on croyait autrefois
inexplicable sans l'intervention de la force vitale, — si l'on
voit que ces phénomènes sont considérés, même par ceux
qui, en général, admettent l'hypothèse d'une force vitale
particulière, comme l'effet des forces partout actives des parties matérielles, *on se voit presque amené à subir cette conviction, que tous les phénomènes de la vie deviendront ainsi
successivement accessibles à l'explication mécanique.* »

Ajoutons, pour éclaircir l'exemple précédent, que la physique moderne considère la chaleur comme une espèce particulière de mouvement. Le mouvement du marteau qui tombe sur l'enclume n'est pas perdu ; il se transforme en un mouvement des atomes des parties frappées, mouvement invisible, mais sensible à l'état de chaleur. De même, lorsque l'oxygène est introduit dans le corps par la respiration, et se combine avec certains éléments du sang qui en renferment peu, le mouvement produit pourrait être calculé. Il se traduit par l'oxydation, la combustion ou le développement de la chaleur animale; et le mouvement de la machine organique est entretenu par ce phénomène chimique et mécanique. La physiologie moderne, suivant cette voie de l'application des principes mécaniques, a ramené à leurs causes un grand nombre de phénomènes de l'organisme. Le fantôme de la force vitale qui régnait sans partage dans tout le canal digestif, qui attirait dans le cercle de son activité, les cavités glandulaires et les fibres musculaires, et qui glissait sur les nerfs, ne sait plus aujourd'hui où cacher son néant.

Les investigations naturelles ne craignent donc pas de faire rentrer la vie et les phénomènes vitaux dans le monde de l'intelligible. Notre hésitation commence quand il s'agit de définir la force et la matière. Toutefois nous sommes bien plus avancés que Schopenhauer et ses disciples, qui substituent à la notion de la force celle de la volonté, car nous avons réduit à leurs éléments une foule de phénomènes que devrait complétement expliquer le mot incompréhensible de volonté. Nous allons bien plus loin que Hartmann, le philosophe aujourd'hui à la mode, qui, dans le domaine du monde organique, nous leurre des effets de l'inconscient.

Dubois-Reymond indique encore une autre limite. « Il est encore, dit-il, une chose qui nous échappe : c'est la conscience même sous sa forme la plus simple, la sensation du plaisir et de la douleur. On ne comprend pas que des molécules d'azote, d'oxygène, d'hydrogène, de carbone, de phosphore, puissent être affectées par tel ou tel de leurs divers modes d'agrégation stable ou de mouvement : c'est là que se trouve l'autre limite de la connaissance naturelle. L'esprit même, imaginé par Laplace, ne saurait la franchir; à plus forte raison le nôtre sera-t-il impuissant. Peut-être, du reste, les deux limites que rencontre notre esprit se confondent-elles. Il est impossible de le décider. » C'est par ces dernières paroles que se trouve indiquée cette possibilité : la conscience, attribut de la matière, ou appartenant à la nature essentielle des atomes. Nous ajouterons que plusieurs tentatives encore toutes récentes ont eu pour objet de généraliser le phénomène de la sensation et de le présenter comme propriété universelle de la matière : telle est l'idée de Zöllner dans son ouvrage sur la nature des comètes, qui a produit une si vive sensation. Ce philosophe pense que si l'homme était doué d'une ouïe assez fine pour percevoir les mouvements moléculaires dans un cristal, et observer ceux que ferait naître une action mécanique ayant pour effet de l'endommager plus ou moins, on ne pourrait pas nier d'une manière absolue que les mouvements ainsi produits ne coïncident avec des sensations simultanées.

Il faudrait donc renoncer à comprendre le phénomène de la sensation dans les organismes ou « forger une nouvelle hypothèse, ajouter une propriété nouvelle au nombre des propriétés de la nature, et relier, par la sensation, les phénomènes les plus simples et les plus élémentaires. » On pourrait craindre de se laisser entraîner par ces idées à de vaines et illusoires spéculations. Considérons, cependant, les divers organismes, et descendons l'échelle des êtres. Voici l'homme et les animaux supérieurs : le plaisir et la peine ont des expressions qui revèlent une conscience plus é[l]evée ; quant aux êtres à protoplasma, nous voyons que toute réaction tentée en vue d'obtenir une excitation extérieure, se perd en un mouvement à peine sensible. Il est clair qu'il ne peut être question ici ni de conscience ni de volonté. Nous ne pouvons pas, comme nous avons coutume de le faire pour les animaux supérieurs, séparer des propriétés élémentaires de la matière, la notion des sensations de plaisir ou de peine qui sont la cause des mouvements (1).

(1) Si l'on veut approfondir le problème de la sensation considérée comme dérivant d'une propriété générale primitive des éléments constituants de la ma-

Il y a déjà plusieurs années que le regretté Lazare Geiger s'est exprimé dans ce sens (1) : « Comment ne pourrait-il pas exister au-delà du monde des nerfs, quoique plus bas, une sensation que nous ne comprenons pas? Il en doit cependant être ainsi : Un corps dont nous avons la sensation ne peut exister s'il n'est composé d'atomes que nous ne sentons pas ; et nous ne pouvons voir un mouvement s'il n'est accompagné d'ondes lumineuses que nous ne voyons pas : de même dans aucun être vivant, il ne pourrait se produire une sensation assez forte pour que nous la percevions à l'aide du mouvement qui la manifeste, si dans les atomes il ne se passait quelque chose de semblable, mais beaucoup plus faible et se dérobant à nous.

Qu'on réfléchisse que nous ne pouvons savoir si la pierre qui tombe éprouve quelque chose ou rien : nous pouvons donc adopter la théorie la plus vraisemblable, celle qui explique l'ensemble du monde. »

Nous avons touché les limites des investigations dans le domaine de la nature. Le monde organique ne se dresse pas devant nous comme un obstacle invincible. L'énigme de ce sphynx n'est pas indéchiffrable; et celle-ci résolue, les secrets des choses inanimées apparaîtront sous un jour nouveau. Nous allons maintenant passer en revue une grande partie de la nature vivante, et cet examen nous conduira à ces mêmes résultats que des considérations historiques ont imposés avec une certitude absolue au philologue dont je citerai encore les paroles : « L'homme est issu d'un degré animal inférieur. »

tière, il faut consulter l'ouvrage très-clair et très-intéressant : « Das Unbewousste vom Standpunkt der Physiologie und Descendenztheorie. » (L'Inconscient au point de vue de la physiologie et de la théorie de la descendance.) Berlin, 1872, sans nom d'auteur.

(1) L. Geiger, *Ueber den Ursprung der Sprache* (Stuttgart, 1869), p. 207.

CHAPITRE II

Pour initier le lecteur à la théorie de la descendance et lui en faire sentir la nécessité, nous esquisserons à grands traits l'état actuel du monde animal. Les organismes se distinguent des corps animés, par des caractères évidents : une certaine variabilité de l'être, une série de phénomènes divers qui se rattachent à une absorption et une émission continues de matières. Tous les changements qui surviennent s'expliquent en dernier lieu par un mouvement moléculaire; c'est dire qu'ils sont accessibles à l'observation, à l'expérience, au calcul. Les cellules sont gonflées, imbibées d'eau et de liquides aqueux. C'est là un fait essentiel et bien qu'il soit purement mécanique, il suffit à la démonstration et à l'intelligence d'une série de phénomènes vitaux. L'expérience apprend que l'imbibition et la mobilité dépendent essentiellement des combinaisons du carbone; ce que l'on appelle la *vie* n'est que la somme des mouvements et transformations dont une grande partie déjà a été l'objet de recherches d'une exactitude mathématique. On ne peut pas se défendre de cette impression que les êtres animés se divisent en simples et composés, inférieurs et supérieurs. De plus, on sent, plutôt qu'on ne peut l'exprimer, une certaine opposition entre la plante et l'animal. Dans le sens poétique, la

plante est l'organisme passif, tel que Rückert le décrit :
« Je suis la fleur du jardin, et j'attends humblement que tu
t'approches de moi. » Toutefois l'opposition des caractères
entre la plante passive, repliée en quelque sorte sur elle-
même, et l'animal qui se défend et agit par lui-même, cette
opposition s'efface de plus en plus lorsque nous descendons
la série des deux règnes. L'animal à développement supérieur annonce son animalité par l'énergie avec laquelle il
réagit contre les influences et les excitations extérieures,
tandis que les phénomènes de la vie chez les animaux inférieurs présentent un caractère végétatif plus prononcé. Que
l'on examine ces animaux dont Haeckel a fait tout récemment le groupe des *protistes*. Il y a bien circulation de la
matière, nutrition et reproduction, mais d'une manière si
simple et si indifférente que l'on est tenté d'attribuer à ces
êtres une place neutre entre les plantes et les animaux. Nous
acquérons la conviction que les racines du règne végétal et
celles du règne animal ne sont pas complétement séparées,
mais qu'elles se confondent insensiblement dans un réseau
inextricable. Dans ce règne intermédiaire on a vu reparaître
avec honneur le « mucilage primitif » de la philosophie
naturelle. Combien de kilomètres cubes de terrain maritime
consistent en une vase ou un limon gras au toucher et composé soit de parties inorganiques, évidemment terreuses,
soit de corpuscules calcaires d'une conformation particulière et d'une nature peut-être encore douteuse (les cocco-
lithes et les rhabdolithes), enfin, c'est là l'essentiel, d'une
matière albuminoïde qui vit ! Ce mucilage vivant, le *bathy-
bius*, tel est le nom qu'on lui donne, ne présente ni l'individualité, ni l'indépendance d'un être isolé; il ressemble
aux substances minérales amorphes dont chaque partie possède les caractères de la masse totale.

Nous avons été élevés dans cette idée que tout l'organisme
est un être composé de diverses parties affectées à diverses
fonctions, et se développe sous une forme déterminée. Cette
conception est tellement inhérente à notre époque que nous
avons quelque peine à nous figurer une masse vivante in-
forme ou limitée par des contours vagues et arbitraires.

Êtes-vous arrêté par cette difficulté, vous est-il impossible ou vous répugne-t-il de voir les choses à ce point de vue, considérez un autre être animé extrêmement simple, tel que la « *protamœba* » de Haeckel. Une petite boule d'albumine s'accroît par susception de nourriture et assimilation jusqu'à ce qu'elle ait acquis un certain développement; puis elle se reproduit en se scindant en deux parties. Relativement à nos moyens d'observation, ces êtres et d'autres semblables sont les plus simples organismes sans organes. Lorsque nous faisons remarquer que l'insuffisance de nos moyens d'observation trace une limite à nos recherches, nous insistons sur une objection de Rollet : notre intelligence, selon luï, ne peut pas précisément comprendre ces organismes homologues n'accomplissant toutes les fonctions de la vie qu'en vertu de leur constitution atomique; il s'agit de la structure encore complétement inconnue des molécules qui est le résultat de la conjonction des atomes; et s'il faut, d'après Brücke, « attribuer aux cellules vivantes une structure indépendante de la structure moléculaire et différemment agencée : celle que nous désignons sous le nom d'organisation », il faut aussi, répond Rollet, attribuer aux monères de Haeckel, cet arrangement qui nous est encore inconnu.

Négligeons cette complication de la structure moléculaire ; il n'en sera pas moins de la plus haute importance, si l'on veut étudier la nature animée, de connaître ces corps qui paraissent les plus simples de tous, lorsque l'on s'arme du microscope et que l'on a recours aux procédés anatomiques. La substance à laquelle ils doivent leur cachet se retrouve aussi dans les plantes comme dans les animaux. Ce sont là, pour nous, deux classes d'organismes, dans lesquelles la matière primitivement homologue s'est séparée en différentes formes et différents organes. Les phénomènes de la conservation et de la reproduction ont alors montré, dans des directions diverses, les caractères d'une composition et d'un développement supérieurs.

Nous aurons encore l'occasion de nous prononcer sur les origines de la vie animale et ses points de contact avec les protistes et les plantes. Aussi négligerons-nous provisoirement les difficultés de démarcation, pour nous transporter au milieu du monde animal, en embrasser l'ensemble et pour le dominer. La première impression est celle d'une infinie diversité. Bientôt on s'aperçoit qu'il y a des animaux inférieurs et des animaux supérieurs. Sur ce point, l'accord est complet.

Que l'on se place, en effet, pour examiner la nature, au point de vue téléologique, insuffisant selon nous, et que l'on considère chaque être comme parfait, c'est-à-dire comme répondant à son but et à son idéal, tout le monde admettra comme un fait acquis et évident qu'il y a une échelle de valeur. Il ne sera même pas nécessaire de se rendre compte des différences qu'elle accuse. Toutefois on s'en fera une idée nette, si l'on compare un animal inférieur avec un animal supérieur. Considérons le polype d'eau douce et l'abeille.

Il y a un animal dont la longueur ne dépasse pas quelques millimètres. Il vit ordinairement attaché aux plantes aquatiques de nos contrées. C'est un utricule dont les parois consistent en deux couches de cellules, une couche musculaire et une feuille de soutien, cette dernière servant d'appui à l'ensemble et comparable à un squelette. Quatre à six bras de même structure entourent la bouche. Dans la couche superficielle du corps se trouvent un grand nombre de saillies qui rappellent les piquants des orties et dont le contact étourdit les animalcules plus petits qui s'aventurent dans les parages que hante le polype. Il en fait alors facilement sa proie. Voici la description sommaire de cet animal. Il n'a pas de système veineux, pas d'organes de respiration particuliers. Le rôle des nerfs et organes des sens est rempli par les cellules composant la surface. Il se multiplie par des bourgeons qui tombent lorsqu'ils sont mûrs, et parfois aussi par les produits d'organes sexuels très-simples.

Pour décrire l'abeille au contraire des heures entières ne suffiraient pas. Déjà la vue de ses nombreuses articulations indique un riche développement intérieur. Les organes de manducation ne peuvent être compris que lorsqu'on les compare avec les parties buccales de tout le monde des insectes. Les diverses parties du tube digestif sont chacune munies de glandes spéciales. La vie intellectuelle est bien dotée. Elle est servie par un système nerveux très-développé. Les organes des sens présentent une merveilleuse complication. Tout témoigne qu'il y a perception du monde extérieur, intelligence et calcul. Enfin les organes de reproduction sont composés d'un grand nombre de parties principales et accessoires. Quant à l'histoire de la multiplication et du développement de l'abeille, elle exige une étude spéciale.

C'est aux facultés corporelles que l'abeille semble devoir le rang qu'elle occupe dans la vie animale, c'est par le développement qu'elle s'élève au-dessus du polype. La complication et la diversité plus grandes des parties sont prouvées par l'anatomie. Si la vie revêt un mode plus élevé, si l'énergie de l'être est plus grande, si l'abeille est parfaite, lorsqu'on la compare au pauvre polype moins bien pourvu, c'est la conséquence ou plutôt l'expression d'une plus grande division du travail mécanique et physiologique. Pour l'un et l'autre de ces animaux la vie se passe à accomplir les fonctions qui ont pour objet la conservation personnelle et celle de l'espèce. Pour tous deux le cercle des phénomènes est fermé et complet. Seulement bien différents sont les moyens d'action et par conséquent l'effet total. La diversité et la corrélation des organes affectés aux diverses manifestations de la vie nous servent à fixer la place des individus dans l'échelle animale. Cette place a un double caractère : l'un est général, l'autre particulier. En d'autres termes : le rang d'un animal dans le système est déterminé d'abord par les propriétés générales qui lui sont communes avec les formes concordantes par les traits fondamentaux de l'organisation, et en second lieu par les signes spéciaux qui le font connaître au milieu de sa parenté. Il est évidemment indispensable de jeter un coup d'œil sur cette ramification du règne animal, lorsqu'on a le dessein d'en rechercher les causes et de les vérifier ; cette tâche est tout particulièrement la nôtre et convient à ces études.

Depuis que Cuvier a fondé la zoologie dans le premier tiers de ce siècle, notre science s'est enrichie de cette expression de « type » ou « forme fondamentale » que Buffon, longtemps auparavant, avait déjà fait connaître. C'est en effet Cuvier qui, le premier, établissant des divisions générales et des comparaisons, a prouvé que les animaux n'ont pas été coulés dans un même moule, comme on le croyait autrefois, mais qu'ils se divisent en plusieurs groupes caractérisés chacun par une nature, un groupement et une disposition particulières des organes, bref par un cachet spécial. L'ensemble de ces particularités, ainsi que des espèces qu'elles réunissent, était désigné sous le nom de type.

L'étendue de ces types, ou plutôt de ces souches, c'est le nom que nous leur donnerons maintenant, est, il est vrai, diversement appréciée dans la science; mais, si l'on fait abstraction des formes douteuses et contestables que l'on désigne généralement sous le nom de protozoaires, on est d'accord sur le nombre des types animaux, ci-dessous énumérés, mais moins sur la série que sur ces groupes dont chacun présente une physionomie propre et des traits particuliers.

La souche des *Coelentérés* embrasse les polypes et les méduses. Près d'elle, la classe des éponges si intéressante au point de vue de la démonstration directe de la théorie de la descendance. Les organes de ces animaux sont presque toujours placés circulairement autour d'un axe passant par les pôles du dos et du ventre. La cavité qui se trouve chez le plus grand nombre des autres animaux, et qui est désignée sous le nom de cavité générale (tel est pour l'homme l'espace compris entre les parois intestinales et la paroi musculaire), manque complétement chez eux, elle est en quelque sorte remplacée par un grand nombre de canaux et de rayons issus de l'estomac. La fig. 2 représente une méduse, la *Tiaropsis diadema* d'après Agassiz. Les organes ombrés représentent ce que l'on appelle l'appareil coelentérique.

Parmi les *Echinodermes*, le lecteur connaît certainement les étoiles et les oursins dont la forme est généralement rayonnée. Indépendamment d'un dépôt de chaux caractéristique et plus ou moins prononcé sur les surfaces pelliculaires, ils ont pour caractère de souche un système de canaux aqu

fères. Ceux-ci alimentent les séries de vésicules qui, se dila-
tant et se contractant, contribuent à la locomotion. Cuvier,
se fondant sur la prédo-
minance de la structure
rayonnée, croyait que les
échinodermes, les médu-
ses et les polypes étaient
unis par une étroite pa-
renté. Il les a tous réunis
sous le nom de rayonnés;
mais cette ressemblance
n'est qu'accessoire, et si
l'anatomie prouve qu'il y
a une grande différence

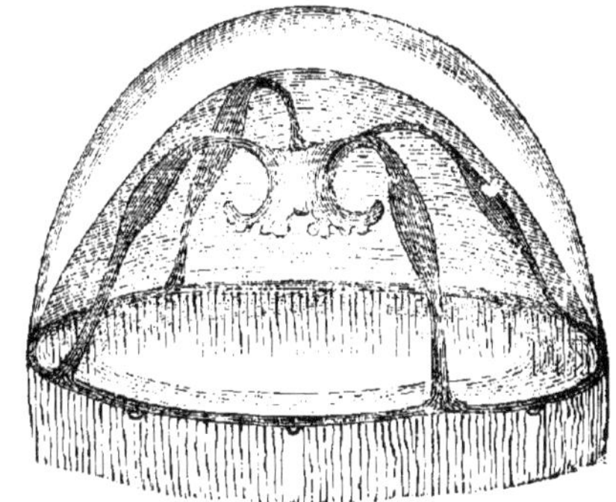

Fig. 2. — Tiaropsis diadema.

entre les coelentérés et les échinodermes, l'histoire du développement éloigne encore bien plus nos échinodermes de
ce voisinage et les met en relation étroite avec la division
suivante.

Dans celle-ci, celle des *Vers*, les théoriciens de l'ancienne
école s'égarent, tant les vers diffèrent les uns des autres,
tant est grande la distance entre les formes inférieures et
les supérieures; car il reste bien peu de caractères communs, lorsqu'on a supprimé les caractères d'ordre et de
classe, et les petits groupes d'animaux isolés et même d'espèces qui réclament leur admission dans le système des
vers sont très-disparates entre eux. Pour exprimer en quelques mots leurs caractères typiques, nous dirons : les vers
sont des animaux symétriques, plus ou moins allongés, qui
ne possèdent pas de véritables pattes, mais qui exécutent
leurs déplacements, à l'aide de muscles étroitement réunis
avec la peau externe et se transformant souvent en utri-
cules musculaires proprement dits. Ajoutons que les confu-
sions et les difficultés systématiques se transforment pour le
partisan de la théorie de la descendance en sources de connaissance.

Les relations de la souche précédente avec le type des *Articulés* sont si évidentes que leur « parenté » n'a jamais été
mise en doute, même par les anciens zoologistes. Cette rela-

tion est déjà indiquée par le nom de la division la plus haute des vers, celle des vers articulés. Ce qui distingue les crustacés, arachnides, myriapodes, insectes, c'est que leur corps est composé d'anneaux ou articulations nettement séparées, et que les pattes, les antennes, les organes de la bouche sont également articulés. Cette segmentation extérieure est fidèlement représentée par la forme du système nerveux qui est placé, comme une corde à nœuds, dans le ventre, c'est-à-dire sous le canal digestif, et n'entoure le pharynx que par un collier. Une circonstance qui favorise l'articulation, c'est qu'il se produit dans la peau un dépôt de substance cornée qui la transforme en une sorte de squelette.

Le contraire a lieu pour la peau des *Mollusques* de nos coquillages, des gastéropodes et des seiches; car bien qu'un grand nombre d'entre eux soient pourvus d'écailles protectrices et de coquilles, ces organes ne sont que de simples sécrétions de la peau proprement dite qui reste molle, conserve une humidité et une viscosité caractéristiques, par l'effet des sécrétions des glandes nombreuses qui s'y trouvent, et qui tend à se replier et à envelopper le tronc comme d'un manteau. Le corps reste alors plus ou moins ramassé sur lui-même; il n'a pas l'élégance de l'articulé ni surtout celle de l'insecte; il n'a pas non plus d'articulations, et cette absence se répète également dans le système nerveux. Celui-ci se réduit à un anneau œsophagien circulaire et à quelques masses nerveuses.

Quant aux *vertébrés*, la souche à laquelle l'homme se rattache d'une manière inséparable, il est facile de s'entendre. La plus grande partie du système nerveux est logée dans une partie du squelette intérieur, osseux, ou resté cartilagineux, je veux dire la colonne vertébrale.

Il est donc établi que la base de la division systématique du règne animal consiste dans certaines particularités saillantes de la forme et de la structure intérieure, et il est très-facile de déduire de chaque type des formes auxquelles on puisse appliquer en toute perfection les signes rassemblés dans la diagnose systématique. A ces observations vient s'en joindre immédiatement une autre, celle de la variété à *l'intérieur des types.* Si nous avons plus haut comparé le polype à l'abeille, et si nous leur avons assigné un rang très-différent, une partie de cette différence tient à la diversité de la souche; mais les formes mêmes qui sont réunies par les propriétés caractéristiques de la souche s'éloignent beaucoup les unes des autres, et la systématisation parle de classes inférieures et supérieures des divers types, d'ordres inférieurs et supérieurs dans l'intérieur de chaque classe. L'opinion que l'on se forme à cet égard est déterminée par les mêmes considérations qui se sont imposées à nous, lorsque nous avons comparé le polype et l'abeille. Pourquoi le moule est-il inférieur à l'escargot? Parce qu'il n'a pas encore de tête, parce que son système nerveux n'est pas aussi concentré ni aussi volumineux, parce que ses organes des sens sont plus défectueux. Les matériaux se trouvent ici et là en quantité suffisante pour le développement du type; mais dans le gastéropode, ils ont été plus mis en œuvre; et cette circonstance que diverses parties se sont rapprochées pour former la tête communique à l'animal un aspect supérieur. Il est inutile d'expliquer, par plus d'exemples, cette gradation dans l'intérieur des souches; la comparaison la plus superficielle d'un poisson avec un oiseau ou un mammifère, d'un crustacé parasite avec une écrevisse d'eau douce ou un insecte fait voir que les plans fondamentaux ou les types idéaux, pour nous servir des expressions de l'ancienne zoologie, n'ont été reproduits que d'une manière très-inégale, par les formes réelles.

Un autre résultat de ces investigations descriptives, c'est *le groupement arborescent des branches issues de la même souche.* Les rapports des souches entre elles ne peuvent pas non plus être figurés par une ligne droite; toutefois on se bornait autrefois à des indications générales sur la valeur relative des divers types. La zoologie descriptive, au contraire, se vit longtemps forcée de dresser des tableaux de parenté soumis au criterium de la perfection anatomique, et ces tableaux, comprenant les sous-divisions systématiques, jusqu'aux espèces, représentaient des arbres à nombreuses ramifications. Certaines branches se terminaient brusquement; il y en avait d'autres qui étaient allongées et émettaient elles-mêmes des rameaux secondaires. Chaque branche présentait des phénomènes et des séries caractéristiques. Que l'on tente de faire rentrer les vertébrés dans ce cadre. Les poissons nous présenteront une première et grave difficulté : lesquels faudra-t-il placer au sommet? Que ce soit du reste le requin ou nos poissons osseux, les amphibies ne s'y rattachent pas linéairement, et le rameau qui part de ces derniers n'aboutit pas aux reptiles, comme on pourrait le penser. Les oiseaux, de leur côté, se distinguent nettement des mammifères. Ces scissions et ces divergences s'étendent à toutes les sous-divisions. Nous avons à représenter schématiquement des branches de familles, des fascicules de genres, des faisceaux d'espèces, et ces dernières se subdivisent en sous-espèces et variétés. Avec cette image de l'articulation du système, on reviendra facilement à la comparaison des membres de différents types, sous le rapport de leur valeur effective. L'abeille, par elle-même, est évidemment un organisme beaucoup plus compliqué que l'animal le plus inférieur parmi les poissons, c'est-à-dire l'*amphioxus*, et nous comparons, dans ces deux termes, une forme inférieure d'un type plus élevé avec une forme supérieure d'un type inférieur. Si l'on varie et que l'on combine cette sorte de comparaison, et que l'on considère les points d'attache des divers types que nous allons immédiatement indiquer, on complétera l'image des arbres systématiques, et l'on aura un grand arbre dont les types sont les branches principales.

Si les systématiciens de l'ancienne école avaient été chargés de la création des plantes et des animaux, ils auraient d'abord fixé les diagnoses et les caractères; puis ils auraient appelé à la vie les types et leurs espèces; car ce fut toujours leur plus grand tourment de voir parmi les diagnoses tant d'exceptions et de constater que *les caractères des formes fondamentales n'ont pas de valeur absolue*. Ainsi, les polypes sont rayonnés ; mais il y en a beaucoup qui sont bilatéraux ou symétriques de deux côtés. La plupart des gastéropodes possèdent des plis mantellaires développés, mais il serait té-

méraire de parler du manteau de nombreux gastéropodes nus
vermiformes. La tête et le crâne nous paraissent être des
caractères inaliénables des vertébrés ; mais l'*amphioxus* n'a
pas de tête, il n'a qu'une extrémité antérieure. Cependant,
jira-t-on, il a une colonne vertébrale ; mais celle-ci, le
véritable signe de noblesse des vertébrés, est, avec l'organe
de l'ouïe et la moelle épinière, une propriété, transitoire il
est vrai, des ascidies, c'est-à-dire d'une classe d'animaux qui
ne rappelle nullement les vertébrés. Lorsque nous consta-
tons ces déviations à des lois de forme et de structure qui
paraissent solidement établies, nous sommes préparés à une
infraction évidente du système, aux *formes de combinaison*
et aux *formes dont la place systématique est inconnue.*

Si l'on peut figurer par un arbre l'ensemble des résultats
obtenus lorsque l'on a systématiquement séparé et ordonné
les détails compris dans les types, les formes de transition
trouveront tout naturellement leur place dans cette image,
et l'on y trouvera sans effort les membres des types, des
classes, des ordres, etc. ; car, si la figure est exacte, toutes
les branches doivent contenir des espèces dont s'éloignent
très-peu les sous-espèces des rameaux. Tel fut autrefois le
but : toute la systématique revint à insérer entre deux
formes profondément différentes les formes intermédiaires
exactes, et dans nombre de cas, on se vit même amené à
chercher des formes intermédiaires là où il n'y en a pas.
L'ancienne zoologie a toujours regardé le monotrème comme
le mammifère le plus rapproché des oiseaux, tandis que le
motif de l'analogie entre les mammifères les plus inférieurs
que l'on connaisse et les oiseaux doit être cherché non
pas dans une parenté immédiate, mais dans un cousinage
éloigné. Quant à nous, notre dessein n'est pas d'insister sur
ces formes de combinaison qui, selon l'histoire naturelle,
n'exigent pas de commentaires, mais sur celles qui, pour
ainsi dire, préparent des difficultés à l'explication systématique et menacent de rendre illusoires les bases que l'on a
péniblement fondées. Il y a quelques animaux analogues
aux poissons, et qui possèdent la double respiration (les lé-
pidosirens et consorts). Ils présentent les caractères des am-

phibies. Les infusoires ont un grand nombre de propriétés caractéristiques des animaux dits primitifs ; d'autre part, ils s'en éloignent et rappellent les vers turbellariés. Un petit animal qui vit dans nos mers, en quantité incalculable, la sagitta, n'est ni un ver véritable, ni un mollusque bien légitime. La classe des rotifères ne rentre ni dans le cadre des vers proprement dits, ni dans celui des véritables articulés ; mais elle doit être sous-ordonnée dans le système, et si l'on conserve les types comme les formes fondamentales, idéales, invariables, on se trouve bien embarrassé quand il s'agit d'assigner une place aux rotifères.

C'est ainsi que l'on accumula exemples sur exemples, et qu'à peine établies, les barrières élevées par le système étaient franchies de toutes parts, et cela dans la mesure même de l'accroissement des connaissances spéciales. Cette observation, on l'a dit, ne put échapper à l'histoire naturelle. Elle parla alors d'exceptions et d'irrégularités, sans pouvoir expliquer comment les classes et les types pouvaient dépasser leurs limites, et même sans éprouver le besoin de se rendre compte de la faiblesse du système.

CHAPITRE III

Il y a dans tout ce qui vit un caractère spécial constant, c'est de donner l'existence à une nouvelle vie. Un cristal ne se reproduit pas ; il ne lui est donné que de se résoudre en ses parties élémentaires, et celles-ci, soit par le cours naturel des choses, soit par voie artificielle, peuvent être apportées à une **autre** combinaison cristalline ; mais ce n'est point cette continuité de la reproduction qui rattache l'individu à l'individu, ce n'est point la génération enveloppée des nuages du mystère. Le contraste paraît donc tranché ; toutefois le mystère disparaîtra si l'on reconnaît que la différence entre la nature animée et la nature inanimée n'est pas absolue, surtout si l'on a reconnu la possibilité, je dirai même la nécessité de la génération primitive ou de l'origine spontanée des êtres organiques inférieurs sortant de la matière inorganique, sans intermédiaire de parents, et si plus tard on part de ce principe pour admettre que la nutrition et la croissance ont pour cause dominante la faculté de foisonnement de la matière. La génération n'est donc plus un phénomène mystique, et s'il se produit **un** organisme dans un autre ou par un autre organisme, la dissolution ou le développement des germes innombrables peuvent être, comme l'accroissement d'un nouveau cristal, décomposés et réduits aux mouvements des atomes qui ne sont plus accessibles qu'à l'œil intellectuel. Nous voulons dire par là que les limites des investigations dans le domaine de la reproduction n'ont rien d'étroit et de particulier. Nous allons donc exposer les faits de la reproduction et du développement dans le règne animal.

Si, comme il faut généralement le reconnaître, les caractères essentiels sont communs aux êtres les plus élevés et à ceux qui occupent les degrés inférieurs de l'échelle, si les différences graduelles ne peuvent être attribuées qu'à la complication des phénomènes de la vie et à la multiplicité des parties où ils s'accomplissent, c'est naturellement aux organismes les plus simples que nous devrons nous adresser pour découvrir ces phénomènes essentiels. Les êtres les plus simples que Haeckel ait découverts, les *protamœba*, ces pelotes gélatineuses, s'accroissent jusqu'à un certain volume. Pourquoi ces limites étroites et déterminées ? Pourquoi tel volume atteint, les molécules gravitent-elles dans des sens différents, et pourquoi cette scission en deux parties ? Nous l'ignorons ; en tout cas, il s'agit ici des effets de la cohésion dont les principes sont originairement accessibles au calcul. Bref, pour certaines dimensions de la masse, les attaches sont brisées, la zone moyenne se déchire, et l'individu, devenant infidèle à son nom, se sépare en deux parties dont chacune commence, dès le moment de la séparation, une vie individuelle, qui se préparait de plus en plus depuis le commencement de la division. Tel est le cas le plus simple de la reproduction, c'est-à-dire la *multiplication par division*. Le phénomène se continue et le mouvement des plus petites parties qui a provoqué la division se poursuit, les deux moitiés se segmentent à leur tour, puis les quarts qui en résultent. L'ensemble se divise ainsi en un grand nombre de portions, et l'être-mère se résout en un essaim de rejetons.

Cette multiplication par simple division de la masse suppose que l'organisme qui se reproduit ainsi ne porte pas l'empreinte d'une extrême complication. On ne peut imaginer que le coléoptère ou l'oiseau se reproduise en se divi-

sant en deux. Cependant les excellentes observations de
Stein sur les modes de reproduction des infusoires nous ont
fait connaître des organismes qui sont bien supérieurs à ces
monères simples et dont les moitiés de segmentation traversent une série de nouvelles et profondes transformations,
avant de se séparer à l'état d'individus propres. Cette transformation combinée avec la division, conduit à la *reproduction par bourgeonnement*. Comme la division de ces
organismes inférieurs est subordonnée à une certaine limite
de croissance à laquelle ils parviennent par assimilation de
nourriture, il arrive souvent que l'excès de matière se dispose à une place déterminée du corps et y forme un bourgeon. Nous connaissons déjà la reproduction par bourgeonnement ; nous savons qu'elle est mise en œuvre chez les
organismes les plus simples, les cellules, et qu'en général
toute guérison ou cicatrisation chez les êtres supérieurs,
jusqu'à la guérison des membres mutilés chez les amphibies, n'ont lieu que par la reproduction des parties élémentaires, fondée sur la division et sur le bourgeonnement. Ce
dernier mode est bien supérieur au premier. Il élève plus
haut, dans l'échelle animale, les êtres qui en sont doués.
C'est à proprement parler la formation d'un nouvel être sur
un être préexistant, conservant en tout, ou en partie, son
individualité, et capable de transmettre complétement ses
propriétés à ses descendants.

Le cas le plus simple de bourgeonnement est celui-ci : un
animal-mère pousse un ou plusieurs bourgeons semblables
à lui, et ceux-ci, à leur tour, produisent des bourgeons semblables. Tout banc de polypiers le prouve, et montre que la
différence d'aspect des différents genres de polypiers ne repose que sur de petites modifications de ce mode de reproduction. Il y a quelques polypiers chez lesquels une observation attentive fait découvrir non-seulement des modifications
accidentelles, mais des différences qui se répètent régulièrement entre la mère et le rejeton, ainsi que Semper l'a fait voir
récemment sur des coraux en éventail et des coraux champignons. Nous sommes ainsi conduits au phénomène important de l'*alternance de génération* que nous éclaircirons

par quelques exemples, avant de passer aux caractères essentiels de la génération sexuelle.

La fig. 3 représente, en A, un être à forme de polype, à bras préhenseurs croisés, et désigné par Dujardin qui l'a découvert, sous le nom générique de polype en croix (*stauridium*). Cet animal qui s'accroît, fixé sur une tige à la manière des polypes, forme au-dessus de sa croix brachiale inférieure, des bourgeons qui s'avancent comme des ballons arrondis, revêtent peu à peu la forme d'une cloche, et se détachent après avoir pris graduellement la structure et la

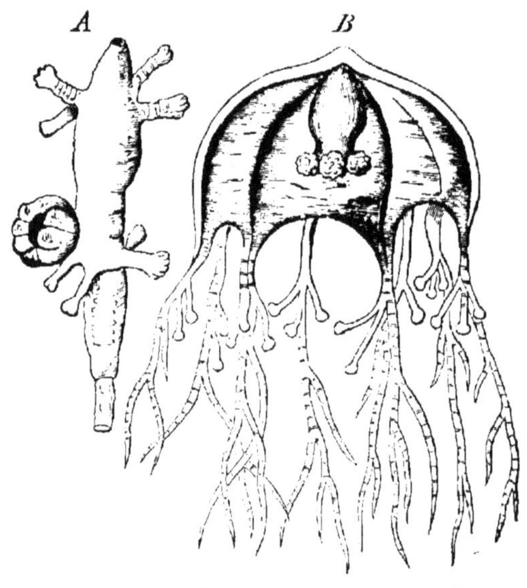

Stauridium.   Fig. 3.   Cladonema radiatum.

forme d'une méduse. La méduse appelée *Chladonema radiateur* (fig. 3, B) est donc la fille du *stauridium* qui ne lui ressemble nullement. Elle se reproduit par voie sexuelle et de ses œufs sortent les *stauridium*. Les deux modes de génération alternent donc l'un avec l'autre. Le polype en croix est une génération intermédiaire dans le développement de la méduse, en sorte que la génération sexuelle ne tire jamais son origine des œufs mêmes de cette méduse. Le tœnia nous offre un exemple semblable, bien qu'un peu plus complexe. On sait que le canal intestinal des individus affligés du ver rubané, laisse sortir des morceaux de ces vers, et que ceux-ci sont ordinairement remplis d'une telle quantité d'œufs qu'ils ont l'air de n'être que des paquets. Cependant, il résulte de l'histoire du développement des vers rubanés, et de leurs rapports avec d'autres vers et notamment les vers suceurs et turbellariés, que ces vers, en dépit de leur imperfection et du manque d'organes, ont la valeur d'individus parvenus à maturité sexuelle ou de personnes, selon l'expression de Haeckel. Si le ver rubané se comportait comme la plupart des animaux, ses œufs donneraient immédiatement naissance à des individus articulés.

Mais il y a de longs détours. Un œuf de ver rubané tombe-t-il heureusement dans un estomac qui lui convient, ainsi par exemple l'œuf du ver rubané de l'homme, le *Tœnia solium*, parvient-il dans le porc, l'embryon émigre de l'estomac où il a abandonné son œuf et se loge dans les muscles où il se gonfle et forme une espèce d'ampoule. Cette ampoule est la première génération intermédiaire. Elle présente un bourgeon héliçoïdal qui toutefois reste inutile, tant que le cysticerque demeure dans la chair du porc. Que ce bourgeon, enveloppé dans la chair incomplètement préparée, arrive dans l'estomac humain, l'heure de la libération sonne alors pour lui. Il sort de la vésicule génératrice, celle-ci périt et le descendant, dans lequel nous reconnaissons maintenant la tête avec le cou du tœnia représente une seconde génération intermédiaire. Sa fécondité se manifeste aussi immédiatement. Il s'allonge et plus il s'accroît en forme de ruban, plus s'y marquent des segmentations transversales à partir de la partie postérieure du cou, et des « articulations de tœnia, » c'est-à-dire les individus de la troisième génération ou génération sexuelle.

Dans les cycles de développement que nous venons de mentionner, on voit alterner la reproduction sans sexes et la reproduction sexuelle. Avant d'examiner quelques cas de la première, nous avons d'abord à connaître les phénomènes de la *reproduction sexuelle*.

Celle-ci est caractérisée par ce fait que pour produire le nouvel individu, il faut la réunion de deux produits ou éléments de forme différents, l'*œuf* et la *semence*. L'œuf, à l'origine, est toujours une cellule simple (fig. 4, *o*) dont le noyau s'appelle utricule germinative, le corpuscule du noyau tache germinative, et qui, chez beaucoup d'animaux, est pourvu d'une enveloppe ou membrane particulière, chez

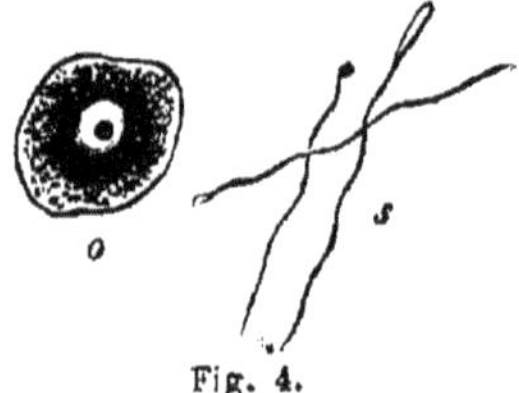

Fig. 4.

Cellule ovarienne.   Corpuscules spermatiques.

d'autres au contraire reste nue et montre souvent alors les mouvements merveilleux du protoplasma. Les cellules ovariennes des diverses classes d'animaux diffèrent assez les unes des autres par leurs dimensions microscopiques, mais elles sont essentiellement pareilles pour tout le règne animal depuis les éponges et polypes jusqu'aux mammifères, y compris l'homme. Se présente-t-il quelques différences insignifiantes, c'est seulement lorsque la cellule ovarienne primitive, richement pourvue de vitellus et d'albumine, s'est enveloppée d'une coquille assez épaisse et poreuse comme chez les insectes et les poissons, ou qu'elle s'est entourée d'une enveloppe affectant une forme particulière, telle que celle d'une lentille biconcave, ainsi qu'il arrive chez beaucoup de vers turbellariés. Généralement alors les cellules ovariennes se forment dans des organes particuliers, les ovaires. L'autre matière sexuelle, la semence contient, comme éléments actifs, ce que l'on appelle les corpuscules spermatiques (fig. 4, *s*) qui consistent en une petite tête punctiforme ou elliptique et même recourbée en crochet, et en un corps filamenteux. Tant que la semence est capable de produire la fécondation, l'appendice filamenteux exécute des mouvements oscillatoires, et le développement des corpuscules de semence issus des cellules, de même que la comparaison de leurs mouvements avec les mouvements oscillatoires des cellules miroitantes ou vibratiles, nous les fait immédiatement reconnaître pour des formations cellulaires modifiées.

La lutte très-vive qui eut lieu, au siècle dernier, entre les évolutionnistes et les épigénésistes n'a plus qu'un intérêt historique. Les uns affirmaient que tout l'organisme à venir se trouvait formé de toutes pièces soit dans l'œuf, soit dans

les spermatozoaires et que les organes d'une finesse extrême
n'avaient plus besoin que de se développer. Les autres, et
c'est à eux que resta la victoire, voyaient dans l'œuf les
matériaux non encore différenciés qui devaient, par suite de
la fécondation, se transformer et produire ainsi les divers
éléments de forme et les organes. Il y a vingt ans à peine
que l'on a découvert le mode suivant lequel se fait la fécondation. Il faut, pour qu'elle soit efficace, qu'un corpuscule
au moins, et généralement plusieurs et beaucoup d'entre
eux, pénètrent dans l'intérieur de l'œuf et se combinent
matériellement avec l'albumine.

Nous avons été amenés, par la marche de notre exposition, à faire ressortir d'une manière très-nette l'opposition
entre la génération sexuelle et la génération sans sexes.
Mais ici aussi l'époque moderne a fait, dans un but de comparaison, une série d'observations que nous ne pouvons
passer sous silence, car notre but est de toucher les préliminaires de la théorie de la descendance et d'indiquer la transition partout présente dans la nature. Dans les exemples de
génération alternante que l'on a choisis plus haut, les générations qui ne préparaient pas des œufs et des semences
se reproduisaient par formation extérieure de bourgeons.
Entre les deux procédés, la différence au point de vue
physiologique n'est pas grande. D'une part la substance
même de la postérité se dépose à l'extérieur ; le dépôt, d'autre part, se fait dans des organes intérieurs déterminés. Le
cas le plus fréquent de la multiplication sans sexes dans
l'intérieur de l'animal-mère est la *formation de bourgeons*. Un
des exemples les plus connus se trouve dans le cycle de développement ou l'alternance de génération du genre dis-
tome (*distomum*) des vers suceurs. Dans la cavité du corps de
l'une des générations de larves se produisent des paquets de
cellules : ce sont les bourgeons qui, en se développant, forment la seconde génération, les cercaires.

Il y eut aussi surprise profonde, lorsque l'on découvrit
que les larves de quelques diptères (*Cecidomya Miastor*) sont
produites par des bourgeons. Dans la cavité du corps des larves de ces mouches, il se produit en effet une seconde généra-

tion de larves, dont on attribuait primitivement l'origine à une simple formation par bourgeons, jusqu'à ce qu'il fût prouvé que ces bourgeons procédaient de l'ovaire, pas encore développé complètement, qui paraît de très-bonne heure chez beaucoup d'insectes, et par conséquent devaient être considérés comme des œufs non fécondés. La seconde génération de larves vit aux dépens de sa mère, en dévore le corps graisseux, en dévore aussi les autres organes, et, du pélican maternel, il ne reste bientôt plus que la peau comme enveloppe protectrice des filles qui la traversent bientôt. Sans mentionner d'autres exemples où il peut être douteux que des germes ou des œufs non fécondés parviennent à leur développement, nous n'en citerons que quelques-uns où le développement sans fécondation est tout à fait certain. La reine des abeilles, dans le cours naturel de sa vie, pond régulièrement un grand nombre d'œufs non fécondés d'où éclosent les bourdons ou individus mâles; cela se présente parfois à la suite de différentes circonstances où la fécondation n'a pu avoir lieu; et si, par exception, des abeilles travailleuses, abeilles femelles incomplètement développées et qui ne pouvaient être fécondées, pondent des œufs, ceux-ci ne donnent aussi que des bourdons. Les très-intéressantes recherches de Siebold sur la reproduction d'une guêpe, la *Polistes gallica*, ont prouvé que les femelles fécondées qui ont passé l'hiver et qui fondent, au printemps, une nouvelle colonie pondent des œufs d'où éclosent des individus femelles, exceptionnellement des mâles. Cette jeune génération féminine produit alors les œufs d'où se développent les mâles. Chez différents papillons au contraire, les œufs non fécondés ne produisent que des femelles; de même chez différents crustacés inférieurs.

Revenons maintenant à la considération des modes de développement qui se présentent dans la génération sexuelle, lorsque la fécondation a eu lieu. Le développement commence en général par une formation de cellules qui a lieu suivant un mode particulier : le cloisonnement par la formation d'enveloppes cellulaires. Le développement achevé, on trouve, au lieu d'une cellule ovarienne primitive, une quan-

tité souvent considérable de cellules qui sont comme les
matériaux sur lesquels s'élèvera et sera construit l'embryon.
Les œufs mêmes qui se développent, sans fécondation, par
voie de parthénogénèse, commencent leur développement
par cette multiplication des cellules. Quant aux œufs des animaux, chez lesquels le développement n'a jamais lieu qu'après
fécondation préalable, ils présentent aussi un fractionnement incomplet, lorsqu'ils n'arrivent pas à la fécondation
dans une certaine période de la maturité. Jusqu'à présent
du reste, ces phénomènes n'ont été observés qu'avec les
œufs de la grenouille et de la poule, mais ces cas ne sont
pas suffisants, pour dépouiller le fractionnement du caractère d'un phénomène immédiat qui se présente exclusivement dans le courant de la reproduction sexuelle

Déjà, avant que n'eût paru le travail véritablement classique et fondamental de C. E. von Baer sur l'histoire du développement des animaux (1), cette opinion s'était établie que les
animaux supérieurs, dans les degrés de leur développement,
passaient par les formes des animaux inférieurs. La philosophie naturelle, en cela, ne se bornait pas simplement aux
limites des types, elle dépassait même cette hypothèse selon
laquelle l'embryon du vertébré serait tour à tour poisson,
amphibie et même oiseau, si l'on prend cette expression
dans un certain sens et si l'on veut parler de développement
déterminé et graduel des organes; mais elle voulait que
l'embryon reproduisît et dépassât les types inférieurs. Le
grand naturaliste que nous avons nommé arrêta ce mouvement dirigé par de vagues analogies. Il montra qu'il y avait
du reste, un grand nombre de coïncidences entre l'embryon
des animaux supérieurs et la forme permanente des animaux inférieurs, mais que cette ressemblance reposait sur
le fait que la séparation de la masse fondamentale générale
dans l'embryon n'était pas encore effectuée, et que celui-ci
se trouvait à un degré du développement où s'arrête la série
des animaux inférieurs. Par contre il réfuta définitivement
cette opinion, que les embryons des types supérieurs pas-

(1) Karl Ernst von Baer, *Ueber Entwickelungsgeschichte der Thiere,*
Beobachtung und Reflexion, 1828.

saient réellement par les formes permanentes des animaux
inférieurs. Il dit que le type de chaque animal paraissait dès
le commencement se fixer dans l'embryon et dominer tout
le développement. Quant aux vertébrés en particulier, plus
on pénétrait dans l'histoire de leur développement, plus les
embryons se ressemblaient, par l'ensemble et par les parties. « D'abord paraissent progressivement les caractères des
divisions supérieures, puis ceux des divisions inférieures des
vertébrés. Le type spécial est donc issu d'un type général. »

Baer ne trouva donc l'homologie que dans les états embryonnaires des diverses formes animales, mais il dut sortir
des cercles des types, et il lui parut vraisemblable que
parmi tous les embryons des vertébrés et des invertébrés qui
se développent d'un œuf véritable, il y a identité lorsqu'ils
sont à l'état de germe proprement dit, à une époque où le
type n'est pas encore paru. Il fut ainsi amené à poser cette
question : « Tous les animaux au commencement du développement se ressemblent-ils par les traits essentiels, et
existe-t-il pour tous une forme primitive commune (1)? »
« On pourrait avec quelque raison, conclut-il, affirmer que
la forme vésiculaire simple, serait la forme fondamentale
commune, de laquelle se développent tous les animaux,
non-seulement idéalement, mais historiquement. »

On avait, comme nous l'avons dit, reconnu qu'il n'y a
rien de bien tranché dans la démarcation que l'on avait cru
devoir autrefois tracer entre la reproduction sans sexes et
celle qui a lieu par la fécondation; on savait que tout le développement se ramène à la multiplication et à la transformation de la cellule germinative ou cellule ovarienne primitive. Il fallait donc considérer la cellule comme la forme
fondamentale commune, dans le sens qu'attachaient à ce
mot les anciens naturalistes. Or, l'histoire descriptive du
développement, ne nous ramène pas inévitablement à cet
organisme élémentaire, et le fractionnement même paraît
une préparation encore trop indifférente au développement
proprement dit. Il faut donc comparer entre eux les diffé-

1. Voir l'ouvrage indiqué page précédente, I, 223.

rents types, à l'état de larves, lorsque celles-ci sont aussi récentes que possible. Les découvertes sur ce terrain sont devenues si nombreuses de dix en dix années, et l'on a trouvé **tant** de coïncidences surprenantes que l'on peut aller beaucoup plus loin que Baer n'a pu le faire. Il ne s'agit pas seulement de ces coïncidences générales dans la séparation des tissus, mais de ces homologies dans la disposition, la forme et la composition des embryons et des larves, dont l'action ultérieure marquera d'une empreinte profonde les types proprement dits. Considérons en effet la larve un peu schématique, à cet état que Haeckel a désigné sous le nom de *phase-Gastrula*. Notre dessin (*fig*. 5) donne la coupe d'une de ces larves qui n'est qu'un estomac pourvu d'une ouverture buccale, et dont la paroi consiste en deux couches de cellules. La couche extérieure des cellules diffère de la couche intérieure par sa forme allongée et par la possession de cils qui servent d'organes de locomotion. Les différenciations et les

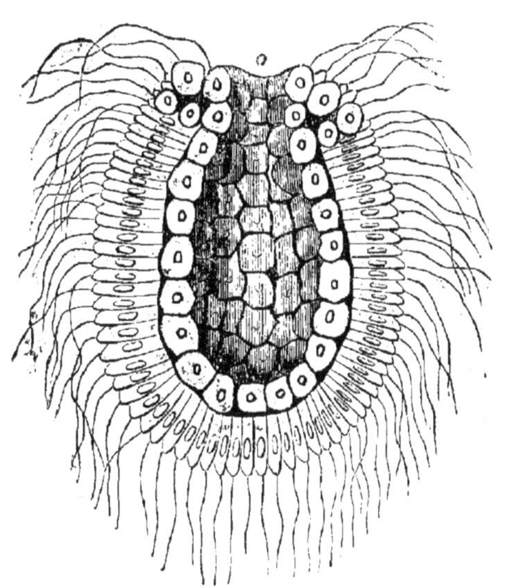

Fig. 5. — Larve pendant la *phase-gastrula*.

développements ultérieurs ne sont pas considérables; mais, quand ils ont lieu, ils se ramènent à des modifications de ces deux feuillets, le feuillet extérieur (ectoderme **ou** exoderme) et le feuillet intérieur (entoderme). Cette période de la larve ciliée, à deux couches, pourvue de la cavité stomacale primitive et de la bouche, se trouve chez les coelentérés, et avec de faibles modifications chez les échinodermes, chez différents vers, chez la sagitta, les ascidies et l'*amphioxus*. De l'accord de tous ces animaux, **et**

notamment des derniers, nous pourrons plus tard tirer
d'importantes conclusions. Que si, au contraire, l'on n'attache aucune importance aux cils de la couche cellulaire extérieure, et cela est permis lorsque l'on considère les relations
des cils et de la cellule; que si l'on interprète la présence de
l'ébauche des larves en ce sens que, de leurs deux feuillets,
tous les organes tirent leur origine, alors il faudra joindre
aux animaux que nous avons précédemment nommés, non-
seulement l'ensemble des articulés, mais aussi les autres
vertébrés; car chez eux la bande germinative se sépare en
deux couches de cellules ou feuilles, immédiatement après
son ébauche. Quelle est du reste l'origine du troisième feuillet germinatif moyen, et comment les deux feuillets primitifs participent-ils à la formation de ce dernier? Les observateurs ne sont pas d'accord sur ces deux points.

C'est à dater de ces observations seulement, que le développement des grands groupes d'animaux prend une direction
différente. Ce sera l'impérissable honneur de Baer d'a-
voir déterminé ces types de développement, indépendamment de l'exposition des formes zoologiques et anatomiques
fondamentales de Cuvier, et d'avoir ainsi scruté plus profondément la nature intime des types. Nous allons, sur deux
de ces types, justifier notre dire. Lorsque l'œuf des articulés
s'est enveloppé d'un blastoderme, une partie de celui-
ci s'épaissit en une longue bande germinative, ressem-
blant à une ellipse allongée. C'est là l'ébauche de la face
ventrale de l'animal futur. Un sillon divise ensuite cette
bande et forme les deux bourrelets germinateurs. Des raies
transversales apparaissent ensuite. Ce sont les limites de ce
que l'on appelle les segments primitifs. On prévoit déjà que
les organes seront symétriquement disposés et que le corps
se composera d'articulations placées les unes à la suite des
autres. Tout le développement ultérieur procède de ces segments primitifs qui se retrouvent aussi et présentent la
même signification chez les vers supérieurs, annélides ou
vers articulés, tandis que, chez les articulés dans le sens
étroit du mot, des excroissances et des appendices de ces
segments se développent en antennes, organes de mandu-

cation et pattes, et par leurs transformations variées dans les régions de la tête et des parties moyennes et postérieures du corps, produisent une grande diversité dans le type. Dans chaque cas particulier, nous voyons ce qui est spécial sortir de ce qui est plus homogène et plus indifférent. La fig. 6, représentant un embryon à une époque assez avancée de son développement, en fournit un exemple. C'est l'embryon d'un grand coléoptère noir (*Hydrophilus piceus*) vu du côté du ventre.

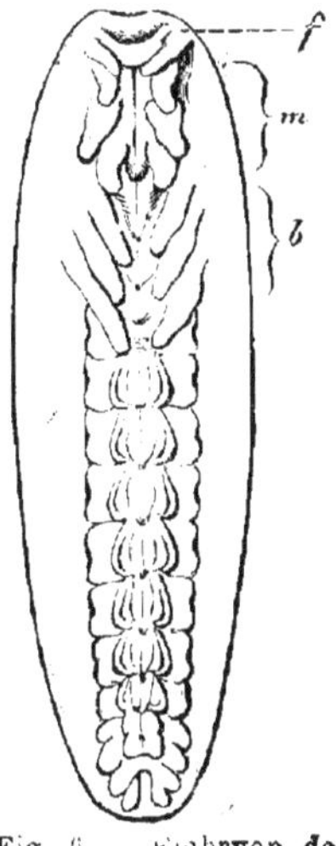

Fig. 6. — Embryon de *l'hydrophilus piceus*.

On distingue encore les antennes (f), les trois paires d'organes de manducation (m) et les trois paires de pattes b. Dans le cours ultérieur du développement, les parties latérales s'accroissent vers le dos, au milieu duquel elles finissent par se rencontrer. On peut donc dire que par rapport aux vertébrés les articulés ont le nombril sur le dos.

Le type de développement des vertébrés est donc inversement caractérisé par ce fait que la tache germinatoire correspond au côté dorsal de l'animal. A l'ébauche du sillon dorsal, qui se rattache plus tard au canal de la moelle épinière, en s'entourant peu à peu d'une gaîne qui s'accroît d'en bas et l'enveloppe, succède une ébauche de plaques obliques, les plaques vertébrales primitives. Les plaques latérales situées extérieurement à celles-ci s'accroissent du côté du ventre et finissent par se rejoindre au nombril. A la place de la colonne vertébrale proprement dite, laquelle se compose de vertèbres séparées, on trouve toujours à l'origine une corde cartilagineuse, la corde dorsale, et comme, à partir de cet axe, l'ébauche germinative se transforme en haut et en bas en tubes, moelle épinière avec gaîne et cavité gastrique avec canal intestinal, Baer caractérisait le développement par l'épithète de doublement symétrique. Le développement des articulés était pour lui simplement symétrique, et il désignait sous le nom de développement massif celui des mollusques. Ces distinctions se justifient en ce sens que, jamais chez les mollusques il n'y a d'allongement produit par l'articulation, ni répétition de parties semblables articulées, ce que Haeckel appelle la formation de métamères.

Il faut encore une fois revenir sur une remarque que nous avons déjà faite, savoir : les premières observations un peu étendues des formes de développement des différents animaux ont conduit à cette remarque que les embryons et les animaux supérieurs aux divers degrés de leur développement se trouvent transitoirement en relation étroite avec les formes animales inférieures à leur état fini ou définitif, ou tout au moins avec celles de la même souche.

De là s'est développée cette idée déterminée que l'embryon des animaux supérieurs passait par les formes permanentes des animaux inférieurs. La philosophie naturelle avait, surtout en Allemagne, développé cette théorie d'une manière assez fantastique et proclamé que l'homme, par sa structure et son développement, résumait en lui tous les animaux. « Alors, dit Baer, parut la brillante découverte de Rathke. On indiqua les fentes branchiales chez les embryons des mammifères et des oiseaux, et bientôt on trouva les vaisseaux qui parcourent ces parties. Une nouvelle importance était dès lors acquise à la théorie de la concordance de la métamorphose individuelle avec l'obscure métamorphose de tout le règne animal. »

Quant aux applications particulières et aux fausses conclusions tirées des analogies générales observées, lorsqu'on se représentait confusément les types planant sur l'ensemble et dominant le développement individuel, Baer a raillé ces tentatives et s'exprime à ce sujet comme il suit : « Pour nous convaincre qu'il est bien permis de douter de la théorie, imaginons, dit-il, que les oiseaux aient étudié l'histoire de leur développement, et que ce soient eux qui comparent la structure du mammifère adulte et de l'homme, ne pourrait-on pas rencontrer dans leurs ouvrages de physiologie des passages comme celui-ci ? « Ces animaux à deux et à quatre pattes présentent une grande analogie embryonnaire, car les os du crâne sont séparés. Ils n'ont pas de bec, comme nous, dans les cinq ou six premiers jours qui suivent la couvée. Leurs extrémités sont sensiblement égales entre elles, et à peu près aussi grandes que les nôtres. Il n'y a pas, sur tout leur corps, une seule plume véritable. Ils ne possèdent qu'un léger duvet, en sorte que nous sommes, dès le nid, à un état d'avancement auquel ils ne parviennent jamais. Leurs os sont peu friables et, comme les nôtres pendant la jeunesse, ils ne contiennent pas d'air. Les sacs à air manquent, et les poumons, comme les nôtres à l'âge le plus tendre, ne sont pas développés. Le gésier manque absolument. Le jabot et les muscles de l'estomac sont plus ou moins fondus en un sac : dispositions qui, chez nous, disparaissent rapidement. Les griffes présentent, chez la plupart d'entre eux, une largeur incommode, comme chez nous avant l'éclosion. Seules les chauves-souris possèdent la faculté de voler. Et ces mammifères, qui, si longtemps après la naissance, sont incapables de chercher eux-mêmes leur nourriture, et qui jamais ne peuvent s'élever librement au-dessus du sol, se prétendraient mieux organisés que nous! »

Toutefois, il reste le fait du parallélisme, du développement individuel et de la série systématique à laquelle appartient l'individu. Nous choisirons, entre mille, quelques exemples faciles et concluants. Les polypes, dans le système, ont toujours été placés au-dessous des méduses. Il est un moment du développement où beaucoup de méduses présentent la « forme de polypes ». La Comatule (*Comatula*), très-commune dans la Méditerranée, se meut librement, lorsque sa croissance est complète. Avant cet état de développement définitif, le corps repose sur une tige (fig. 7). L'animal, pendant qu'il reste larve, ressemble à celui qui demeure fixé toute la vie et qui, d'après toutes les règles de la systématisation et l'époque géologique de l'apparition du genre, occupe un rang inférieur dans la série des échinodermes. Les crabes ou crustacés à courte queue s'élèvent par plusieurs caractères au-dessus de ceux à longue queue auxquels appartient l'écrevisse des rivières. Il y a un moment du développement où la queue est longue, comme le montre la larve (fig. 8). Le raccourcissement de cet appendice, organe de natation, facilite la course, et chez quelques crabes, la vie sur la terre. C'est, en quelque sorte, un fardeau enlevé. Une des séries systématiques, parmi les vertébrés, conduit par les reptiles aux oiseaux. Si les oiseaux, dans les considérations physiologiques que Baer leur a prêtées, s'enorgueillissent bien à tort de leur vêtement de plumes qui fait défaut à l'homme comme aux autres mammifères, il faut convenir que les oiseaux, sous ce rapport, sont mieux pour-

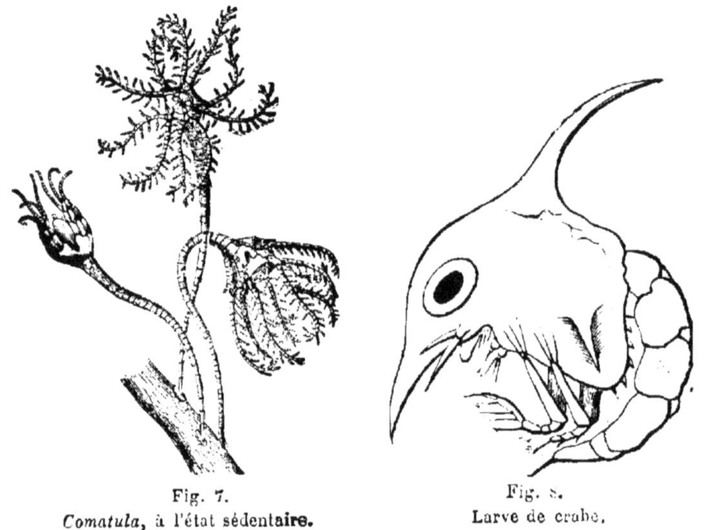

<table>
<tr><td>Fig. 7.
Comatula, à l'état sédentaire.</td><td>Fig. 8.
Larve de crabe.</td></tr>
</table>

vus que les reptiles, car l'ébauche embryonnaire de la plume est l'écaille. De même pour l'articulation embryonnaire du pied. Chez l'oiseau, l'état embryonnaire est court et transitoire ; chez le reptile, il reste permanent. On se rappelle que la cheville du pied de l'embryon de l'oiseau n'est pas placée, comme celle des mammifères et de l'homme, entre l'extrémité du tibia et le métatarse, mais bien dans le métatarse lui-même. Bien que les mammifères ne soient jamais de véritables poissons, les organes, au degré embryonnaire, ont beaucoup d'analogie avec ceux des poissons. Les fentes embryonnaires du cou correspondent aux fentes branchiales. L'ébauche du cerveau correspond au cerveau com-

plet du requin et de la lamproie, etc. Pour réfuter cette
théorie que l'embryon parcourrait toute la série animale,
Baer se contentait de prouver que l'embryon ne passait jamais
d'un type à l'autre. Restait la seconde partie de la théorie,
et ce n'était pas la moins invraisemblable. On prétendait
que, dans l'intérieur des types au moins, les groupes supérieurs, à leurs degrés embryonnaires, rappelaient les formes
permanentes des groupes inférieurs. Baer prouva qu'il n'y
avait que des analogies. L'embryon, se formant peu à peu,
par différenciation histologique et morphologique prolongée,
doit, *à ce point de vue*, concorder avec les animaux moins
développés, et d'autant plus qu'il est plus jeune. « Il est donc
très-naturel de dire que l'embryon des mammifères ressemble à celui des poissons, et il le serait moins de renverser
les termes de cette comparaison. Que si, dans le poisson,
on ne voulait voir qu'un mammifère peu développé (et
l'hypothèse n'est pas fondée), il faudrait tenir le mammifère
pour un poisson parvenu à un développement supérieur,
et il serait conséquent de soutenir que l'embryon du vertébré est, à l'origine, un poisson (1). »

Nous n'avons pas tenu tout à fait la promesse que nous
avions faite en commençant, de n'avancer que des faits dans
ce chapitre. Mais ces faits accumulés provoquent des commentaires. Aussi, est-ce à titre de faits historiques que nous
avons rapporté les réflexions précédentes et avons-nous à
nous demander si elles nous satisfont réellement. Je ne le
crois pas. La ressemblance des formes supérieures imparfaites
avec les formes supérieures parfaites ne tient pas seulement
à une différenciation générale, histologique et morphologique. Pour nous en tenir à un exemple : On ne compren-
drait pas la formation de fentes branchiales pendant le développement des os de l'oreille chez les mammifères, s'il ne
s'agissait que d'une différenciation histologique et morphologique. Toute une classe de phénomènes resterait inexpliquée. Je veux parler des organes défectueux et atrophiés
(abortifs).

____

(1) Voir l'ouvrage indiqué page 39, I, 230 et suite.

Enfin, et pour revenir au « type de développement » lui-même, comment domine-t-il les groupes, et régit-il le développement individuel, tantôt l'achevant, tantôt le laissant incomplet? Ces diverses questions ne recevraient pas de réponse satisfaisante.

CHAPITRE IV

DÉVELOPPEMENT HISTORICO-PALÉONTOLOGIQUE DU MONDE
ANIMAL.

Une observation, facile à faire, n'a pas échappé à l'antiquité : des vallées les plus profondes aux cîmes les plus élevées, l'écorce terrestre renferme d'innombrables restes d'a-
nimaux. Mais il s'écoula quelques milliers d'années avant
que l'on ne découvrît quelles relations rattachent au monde
actuel ces témoins des temps passés. Jeux de la nature,
produits d'une force créatrice s'exerçant à l'aventure ou s'es-
sayant à la véritable création des êtres animés, tels étaient
ces débris, dans la pensée de plusieurs personnes. D'autres
considéraient les fossiles comme des restes d'êtres animés,
semblables à ceux qui existent encore, et pensaient que ces
animaux avaient trouvé la mort dans les inondations et les
reflux de la mer. La tradition du déluge universel trouva
dans cette seconde opinion une puissante confirmation. Ce
fut à la fin du siècle dernier, et lorsque la succession des
couches de l'écorce terrestre eut été dévoilée à la science,
que Kant et Laplace eurent tracé les premiers linéaments
d'une histoire du système solaire et d'une histoire spéciale
de la terre ou géologie, ce fut alors seulement qu'apparut la
possibilité ou la nécessité d'une véritable paléontologie, ou
histoire des êtres animés préhistoriques. On découvrit, au

commencement de ce siècle, que les fossiles, correspondant aux diverses assises de l'écorce terrestre, se succèdent régulièrement, et que les membres de cette série ne diffèrent pas moins entre eux que de la création actuelle.

L'écorce terrestre est un livre gigantesque dont les feuillets soulevés laissent apercevoir les restes des végétaux et des animaux. Il faut connaître la pagination de ce livre, si l'on en veut tirer quelque profit. Lorsqu'il s'agit pour la première fois d'entreprendre cette tâche, il fallut reconnaître dans quel ordre se succèdent les divers organismes. Nous ferons le contraire aujourd'hui. Nous supposerons connue la superposition des diverses couches ; mais nous ne perdrons naturellement pas de vue notre but et nous ne considérerons que les couches et les roches dans lesquelles se trouvent ou peuvent se trouver des fossiles, ce mot étant pris ici dans son sens le plus large. Nous ne nous occuperons donc que des couches sédimentaires, c'est-à-dire de celles qui ont été formées par les eaux. Nos connaissances se bornent à une grande partie de l'Europe, à un grand nombre de districts de l'Amérique et à quelques points isolés du reste de la terre.

Le tableau suivant donne, de haut en bas, la série des couches sédimentaires :

1. ALLUVIUM.
2. DILUVIUM.
3. FORMATION TERTIAIRE.
   Pliocène.
   Miocène.
   Eocène.
4. FORMATION DE LA CRAIE.
   Senonien.
   Turonien.
   Cenoman.
   Gault.
   Neocomien (Wealdien).
5. FORMATION JURASSIQUE.
   Jurassique supérieur, blanc (Malm).

Jurassique moyen, brun (Dogger).
Jurassique inférieur, noir (Lias).
6. FORMATION TRIASSIQUE.
Keuper.
Muschelkalk.
Grès bigarré.
7. FORMATION PERMIENNE OU DYAS
Groupe du zechstein.
Rothliegende.
8. FORMATION HOUILLIÈRE.
Charbon de terre proprement dit :
Grès non stratifié.
Calcaire carbonifère.
9. FORMATION DÉVONIENNE.
10. FORMATION SILURIENNE.
11. FORMATION DES SCHISTES HURONIENS.
12. FORMATION DES GNEISS DU LAURENT.

Nous ne voulons pas ici écrire un traité de géologie, mais il ne sera pas inutile d'expliquer brièvement en quoi consistent ces couches, parce que leur origine et leurs relations réciproques mettent en évidence la nature et la distribution des organismes contemporains. A l'*alluvium* on attribue tous les mouvements de terrain que nous voyons se produire actuellement sous l'influence des pluies, des fleuves, des mers et autres forces naturelles, et ceux, qui, depuis les temps historiques, en un mot pendant ce que nous nommons l'époque moderne, ont formé les grands deltas, rassemblé les moraines au pied de nos glaciers, etc. On croyait pouvoir limiter cette période à l'apparition de l'homme rapprochée du *diluvium;* mais on n'est guère plus fixé aujourd'hui sur ce point qu'on ne l'était alors, et si quelques-uns de tous ces organismes dont les restes se rencontrent dans les couches diluviennes sont morts, un grand nombre d'entre eux, au contraire, sont encore vivants; aussi ces deux formations se pénètrent-elles si profondément qu'on ne peut les séparer. **Au** diluvium appartiennent les puissantes alluvions des grands fleuves ainsi que les bancs de sable alternant avec ces dépôts, les formations de lehm et de lœss et les dépôts accumulés par les crues périodiques et colossales des eaux courantes et de celles qui s'écoulent des glaciers. Pendant la période diluvienne, en effet, des contrées entières et même toute la moitié du globe furent, à plusieurs reprises, paraît-il, couvertes de glaciers dont le Groënland aujourd'hui nous offre encore une image.

L'époque de la série des couches réunies sous le nom de *formation tertiaire* peut être considérée comme celle pendant laquelle se forma l'ossature actuelle des continents. C'est alors que se soulevèrent les grandes chaînes de montagnes, les Cordillères, les Alpes, l'Himalaya, etc. Les contours des grandes masses de terre étaient alors en mouvement continu. Toutefois ce dernier phénomène est commun à toutes les formations, et si l'on veut indiquer le caractère géologique de la période tertiaire, il faut plutôt signaler le commencement de la séparation de l'écorce terrestre en zones climatériques qui se rapprochent des zones actuelles. Les noms des sous-divisions indiquent les rapports des animaux de cette époque avec le monde animal actuel. Dans l'éocène se trouvent les premières espèces identiques avec celles d'aujourd'hui. Il s'en trouve un plus grand nombre dans le miocène et un nombre encore plus grand dans le pliocène. A la *formation de la craie* appartiennent des roches très-différentes, que la nature des fossiles peut seule réunir sous la rubrique d'une grande période géologique. Si, pour le centre de l'Allemagne, le grès à bâtir représente la formation, celle-ci a conservé le nom de la craie blanche de l'Angleterre et du nord de la France. Le grès en Amérique est souvent réduit en sable, et ailleurs les couches sont purement calcaires ou marneuses. Il suffira, pour montrer combien il est peu rationnel de limiter les couches dans l'espace et surtout dans le temps, de rappeler la formation crétacée qui continue encore aujourd'hui, ainsi que nous sommes en droit de l'affirmer d'après les belles recherches de Carpenter et de W. Thompson sur la constitution des couches inférieures du bassin de la mer Atlantique. Pendant l'époque crétacée primitive, une grande

masse d'eau douce se condensa ; il y eut des soulèvements à
la suite desquels les marais dans les bas-fonds apparurent.
C'est la formation de Weald qui contient les restes d'un
grand nombre d'animaux d'eau douce et d'animaux terrestres avec une houille particulière.

Les *couches du Jura* qui sont généralement superposées
dans un ordre régulier paraissent mieux tranchées ; elles forment des dépôts bien caractérisés et il est rare qu'elles aient
été redressées par des soulèvements ultérieurs. Les roches
elles-mêmes témoignent suffisamment que le dépôt a eu
lieu dans de vastes mers, généralement tranquilles ou profondes. Ce témoignage est confirmé par les quelques débris
végétaux qu'on y retrouve et par la plupart des restes d'animaux qui s'y rencontrent en quantité énorme. Considérant
les limites si nettes de la formation jurassique, l'ancienne
géologie se fortifia dans cette opinion que de longues périodes d'un repos relatif avaient alterné avec de subites
catastrophes. Elle vit, sous des chocs inattendus, s'ébranler
notre globe et la nature se tordre et s'écrouler, tandis que
de nouvelles créations surgissaient. Il faut, du reste, pour
éviter toute méprise au sujet de ce qui vient d'être dit,
ajouter que de grands continents émergèrent pendant la
période jurassique et qu'avec elle, les animaux terrestres
supérieurs firent leur apparition.

Les trois étages principaux de la formation du *trias* présentent entre eux, au moins en Allemagne, des caractères
très-différents. La partie allemande du Keuper doit être considérée, d'après ses débris fluviatiles, comme une formation
de rivages et de baies ; et son équivalent à plusieurs membres
dans les Alpes, comme un dépôt puissant de la haute mer.
Le muschelkalk qui manque en Angleterre renferme des
dépôts de sel et de nombreux restes d'animaux marins. C'est
une formation marine. Le grès bigarré tire son nom de
sa coloration variable. Les rivages et les dunes qui se forment encore de nos jours peuvent donner une idée de l'origine de ces couches qui renferment des argiles, des marnes
et souvent de puissants dépôts de gypse ; mais rarement ils
recèlent des restes d'animaux et de végétaux. On n'en ren-

contre pas davantage aujourd'hui le long des côtes et des dunes de la mer. Elle ne tarderait pas à les emporter. Ceux de l'époque du trias ont parfois laissé de singuliers témoins de leur apparition : les empreintes que le sable avait conservées se sont remplies de fine argile qui en a pris la forme et que les flots ont ensuite entraînée.

Les aspects différents des horizons successifs des plantes et des animaux préhistoriques dépendent essentiellement du genre de leur habitation ; la nature des diverses régions de chaque horizon devait, comme maintenant, influer sur le caractère des organismes qui y vivaient. Aussi est-ce ici le lieu de renvoyer aux causes qui motivent la forme et la diversité de la vie. Donnons la parole à un représentant de la géologie, Credner (1). Il nous représentera le *dyas* et la *formation carbonifère*. Nous apprendrons avec lui par quelles phases est passée l'écorce terrestre et comment l'organique est soumis aux formations de l'inorganique. « Dans les contrées où la formation carbonique est typiquement développée, elle se compose d'un ensemble de couches, les unes inférieures, calcaires (calcaire carbonifère), les autres moyennes, conglomérées ou sablonneuses (grès non stratifié) et les troisièmes, les plus élevées, qui renferment le charbon. Il y a donc une formation maritime, une formation côtière et une formation de marais et d'eau douce. Il est facile de se rendre compte de ce phénomène. Il a pour cause le soulèvement séculaire du fond primitif de la mer.

Il y eut d'abord un dépôt de calcaire carbonifère, plus tard le niveau du fonds de la mer s'étant élevé, les cailloux et les sables du rivage restèrent sur le sol desséché ; puis vint le tour des produits des marais, lagunes et estuaires. Il arriva parfois que plusieurs parties du jeune continent s'enfoncèrent de nouveau, engloutissant les couches de charbon exploitable qui s'y étaient développées. Les terrains qui avaient été soulevés s'affaissèrent de nouveau sous les eaux et les premiers dépôts marins se superposèrent alors à la formation houillère dans un ordre inverse de celui que

1. Credner, Elemente der geologie, 1872. Page 353.

nous connaissons. En Allemagne et en Angleterre, le groupe explorable du charbon est suivi d'une formation de grès et de conglomérats, c'est-à-dire d'une formation de rivage, tout à fait semblable au grès et au Millstone-grit, qui se trouve au-dessous du charbon, puis vient une formation de calcaire, de dolomie, de gypse, correspondant au membre inférieur du système houiller, le calcaire carbonifère. C'est à cause de cette double division qui se manifeste par de profondes différences paléontologiques et lithologiques que l'on désigne sous le nom de dyas la formation ainsi développée et divisée. Voici donc les diverses phases de ce cycle de phénomènes d'où est sortie la formation carbonifère et dyasique. Il faut lire le tableau de bas en haut.

5. Fonds de la mer.	Formations marines.	Calcaire.	Animaux marins.	Zechstein.	Dyas.
4. Affaissement au-dessous de la mer.	Formations de rivages.	Conglomérats et grès.		Rothliegende	
3. Repos.	Formations d'eau douce et de marais.	Couches carbonifères.	Plantes terrestres.	Rothliegende carbonifère. Couches exploitables de charbon.	Formation carbonifère.
2. Soulèvement au-dessus de la mer.	Formations de rivages.	Conglomérats et grès.		Grès non stratifié Kulm.	
1. Fond de la mer.	Formations marines.	Calcaire.	Animaux marins.	Calcaire carbonifère.	

De cet exposé il résulte clairement que, lorsque le soulèvement est incomplet, comme il a été dans le Nord de l'Amérique, la formation de la période moyenne est ou troublée ou complétement supprimée et que, si les limites des sous-divisions sont plus ou moins confondues, cela peut dépendre de la durée des oscillations, comme dans la formation *permienne* russe, correspondant au dyas allemand.

Au-dessous de la formation houillère se trouvent deux séries de couches qui atteignent 3000 et 6000 mètres de profondeur. Ce sont les formations *dévonienne* et *silurienne*, c'est-à-dire les premières qui portent nettement l'empreinte de leur origine, accusée par les dépôts marins. On réunissait

autrefois les deux groupes sous le nom de FORMATION DE
TRANSITION OU FORMATION DU GRAUWAKE. Là aussi alternent les
roches sablonneuses, argileuses, calcaires, avec des modifications de nature locale d'où sont sortis, vers la période
de la formation carbonifère, les premiers commencements
des soulèvements continentaux.

Les granites, les gneiss et les schistes qui précèdent l'é-
tage silurien sont connus sous le nom de « couches primitives » et de « formations primitives ». Leurs masses principales se sont également formées par sédimentation dans
les mers primitives bouillantes ou très-chaudes et, sous
l'influence de la chaleur, ont subi de nombreuses transformations intérieures. Ce groupe a également été appelé
azoïque, c'est-à-dire ne contenant pas de restes de vie, jusqu'à ce que la découverte de l'*Eozoon* (l'animal aurore), qui
se trouve en quantités énormes dans les couches lauren-
tiennes du Canada, vînt aux exigences d'une série nécessaire de déductions prêter l'appui des faits.

C'est par l'*Eozoon* que commence du bas en haut la série
des animaux préhistoriques. Les restes de cet être consistent en un système plus ou moins irrégulier de chambres à parois calcaires, dont l'intérieur a été rempli de ser-
pentine ou d'augite. On a voulu nier l'origine organique de
ces habitations calcaires que l'on peut comparer aux coquilles des foraminifères. Il est vrai que, dans la plus grande
partie des roches à l'*Eozoon*, qui se présentent en couches
puissantes, les modifications subies par le corps dont nous
parlons ont empêché d'en reconnaître la véritable nature
ou ont rendu cette tâche presque impossible : c'est ce qui
résulte des recherches les plus récentes ; mais on rencontre
de temps en temps des pièces dont le cloisonnement est
bien net et qui ne peuvent avoir appartenu qu'à un être
inférieur analogue aux foraminifères. Cela est d'une grande
importance car le grand nombre des êtres qui ont vécu
dans les couches siluriennes et dévoniennes suppose une
longueur incalculable de temps, pendant laquelle la vie
existait et augmenta de plus en plus jusqu'à la *période silurienne*. Celle-ci ne nous a légué que des restes incomplets

de plantes et d'animaux marins, mais ces restes sont si variés et si nombreux que nous en devons conclure la présence de côtes, de districts marins bas ou profonds, bref, une série de conditions géographiques dont nous voyons dépendre la diversité et le nombre des êtres vivants.

Près des nombreux groupes coralliaires qui se rattachent

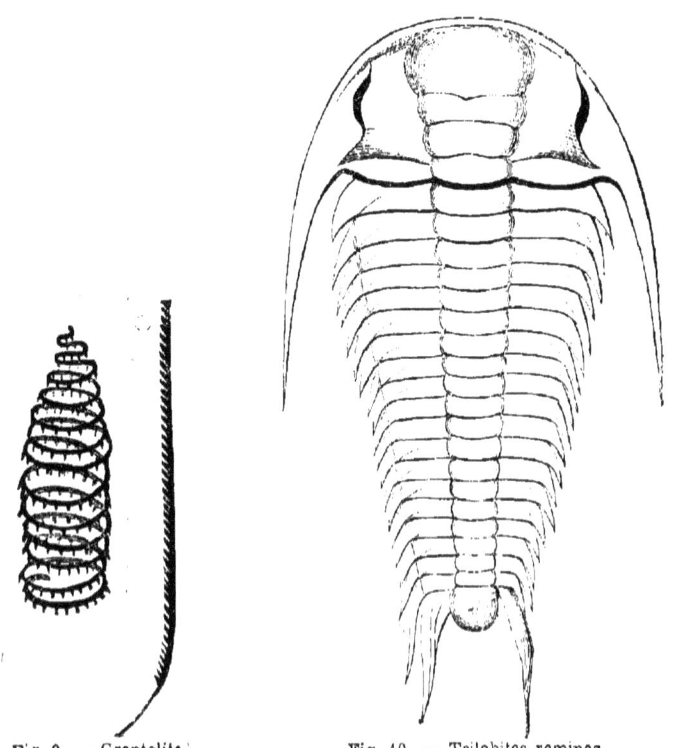

Fig. 9. — Graptolite.   Fig. 10. — Trilobites remipes.

plus étroitement à des familles encore vivantes, nous trouvons le groupe tout à fait caractéristique des *graptolites* (Fig. 9). Ces derniers ne sont pas des polypes proprement dits, mais ils se rapprochent beaucoup des polypes-méduses, et nous autorisent à conclure qu'à cette époque aussi se généralisa l'apparition des méduses, forme supérieure des coelentérés.

Les articulés sont représentés par les *Trilobites* (Fig. 10,

Trilobites remipes), forme de crustacé qui rappelle le
groupe actuel des phyllobranches, mais que l'on n'a pas
encore pu déterminer rigoureusement, parce qu'il a été impossible de retrouver les pattes d'aucun des milliers d'exemplaires des formes connues qui sont au nombre de 2000 environ. La tête, le tronc et la queue de ces trilobites sont
parfaitement indiqués ; il en est de même de la triple division transversale. Les deux yeux composés indiquent un
degré déjà élevé d'organisation. La faculté de se replier en
boule leur est commune avec plusieurs crustacés qui vivent
aujourd'hui dans les eaux peu profondes et sur les rivages ;
jointe à l'ensemble de leurs formes, elle permet de conclure
qu'ils habitaient aussi les côtes.

Les mollusques étaient représentés surtout par les *Brachiopodes* et les *Céphalopodes*. Cependant, comme on trouve
aussi des *Acéphales* et des *Gastéropodes*, l'aspect de cette faune
mollusque, la plus ancienne qui soit connue, ne diffère de
celui de la faune actuelle que par le rapport numérique et
par cette circonstances du reste très-importante que, parmi
les céphalopodes, il ne s'est trouvé que des nautiles. Les
brachiopodes parviennent alors à leur complet épanouissement. Ils se sont conservés jusqu'à la période actuelle, mais
leur extension s'est restreinte. Dans le cours de la période
suivante, les dimyaires se trouvent à la tête des lamellibranches. Quant aux gastéropodes, nous nous bornerons à faire
observer qu'en se rapprochant de la période nouvelle leur
organisation intérieure et leur diversité s'accroît, que les
habitants de la terre et de l'eau douce sont déjà séparés
entre eux, et que, bien qu'ils soient dits appartenir à la période carbonifère, c'est à la période tertiaire qu'on les voit
pour la première fois apparaître nombreux et variés. Nous
aurons encore à plusieurs reprises l'occasion de revenir
aux céphalopodes. Quant aux vertébrés de l'étage silurien,
on ne connaît que les restes de quelques *poissons* particuliers, dont il faut chercher les congénères parmi les requins
et les raies.

A l'époque *dévonienne*, c'est-à-dire à l'âge des couches de
transition supérieures, la surface de la terre avait, du moins

par places, pris un aspect plus serein. C'est de cette période que datent les premières plantes terrestres. Relativement au caractère de la faune, il faut remarquer la rapide diminution des trilobites, l'apparition du genre *clymenia,* genre important de céphalopodes remplacé plus tard par les ammonites, et surtout le grand nombre des poissons qui restent toujours les seuls représentants des vertébrés et règnent sans conteste dans les mers de cette époque. Près des requins sont les GANOÏDES A CUIRASSE. Il est vrai que le pois-

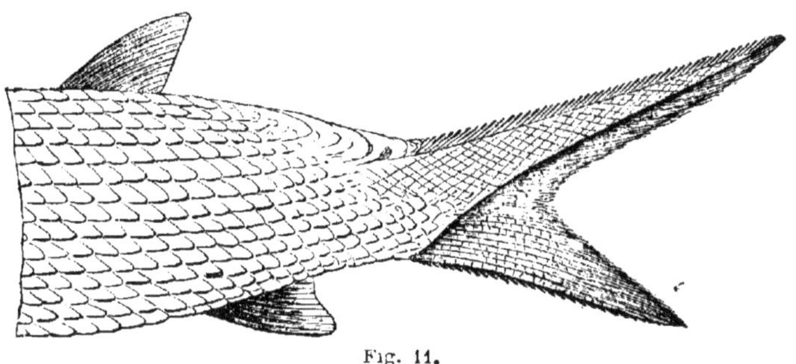

Fig. 11.

son dont on représente ici la partie postérieure (Fig. 11, *Paleoniscus*) n'appartient qu'aux couches supérieures du charbon et à la formation du zechstein, mais il est nécessaire d'indiquer les caractères des *ganoïdes* proprement dits, qui se sont multipliés dans les mers siluriennes, et leurs formes fantastiques. Agassiz les a nommés poissons placoïdes, parce qu'ils sont couverts d'écailles rhombiques, enduites d'une couche d'émail très-favorable à la conservation, et répandues, par séries obliques, sur toute la surface du corps. La colonne vertébrale, comme chez les requins, aboutit à l'extrémité supérieure de la nageoire caudale et leur communique un aspect qui manque absolument de symétrie. Les ganoïdes sont, comme l'anatomie comparée le montre avec certitude, une formation plus développée de poissons analogues aux requins, sinon de poissons supérieurs; mais les ganoïdes surpassent les requins.

Vers le milieu de la période houillère s'accumulèrent en quantités immenses (de là le nom de cette époque) les restes de plantes terrestres, de calamites rappelant les fougères, mais surtout de sigillariées et de lepidodendrons, plantes intermédiaires entre les cryptogames vasculaires et les arbres à feuilles aciculaires. Ils formèrent les bois marécageux des tropiques, que Franz Unger, dans une œuvre de génie, a tenté de restaurer. Par leur étendue et leur riche végétation, ces forêts primitives, où régnait une chaleur humide, se distinguaient des commencements de la période précédente.

De nouveaux animaux apparurent alors : *scorpions, myriapodes* et *insectes*, c'est-à-dire des *articulés à respiration aérienne*, et aussi des *vertébrés à respiration aérienne*. Ces derniers, les *labyrinthodons*, présentent d'une manière très-nette les caractères des amphibies. C'est ainsi qu'ils montrent plusieurs particularités du crâne de la grenouille, mais ils sont couverts d'écailles qui rappellent celles des lézards : nous voyons là combinés des caractères qui sont plus tard répartis parmi différents groupes. Il y a aussi des traces de grands *lézards marins*. Ces amphibies, ici comme dans la formation du zechstein, se retirent devant les *ganoïdes* qui deviennent assez nombreux pour caractériser quelques couches de la formation du zechstein, telles que le kupferschiefer. Ce n'est donc pas sans raisons que l'on clôt au zechstein une grande période du développement systématique; que l'on qualifie de *paléozoïque* la série de formamations qui correspond depuis l'étage silurien jusqu'au zechstein, et de *mésozoïque* la série suivante : triasique, jurassique et crétacée.

Les trilobites, les ganoïdes à cuirasse, etc., sont maintenant disparus, et le puissant développement du *monde des reptiles* marque d'un cachet particulier cette importante période moyenne. Le trias ne possède pas encore de véritables poissons à arêtes. Les labyrinthodons règnent encore. L'archéosaurus et le protérosaurus qui ont déjà paru dans le dyas sont remplacés par des formes plus nombreuses qui se rapprochent des véritables reptiles. *Les traces les plus anciennes* de vertébré, ont été révélées par une découverte unique faite dans le Keuper. On y a trouvé des dents de marsupiaux carnassiers; le caractère lithologique des roches jurassiques a, par lui seul, permis de conclure qu'en général cette période avait été beaucoup plus propice au développement du monde animal que la période bien plus troublée du trias, ou que du moins on pouvait compter sur une conservation plus complète des restes organiques, car les couches jurassiques ont été formées par des dépôts qui se sont accomplis sans perturbation. Les requins et les ganoïdes qui jusque-là régnaient, presque sans conteste, sur la mer, trouvèrent des adversaires dans les véritables lézards marins ou *énaliosaures*, notamment les *ichthyosaures* et les *plésiosaures*. La tête rappelle le lézard et le crocodile, les vertèbres les poissons, et leurs extrémités, comme l'a montré Gegenbauer, font également songer à la classe plus simple du requin. Leurs nodules excrémentitiels pétrifiés permettent de conclure avec une complète certitude à une propriété très-caractéristique de la partie moyenne du canal intestinal, qui renfermait un pli contourné en spirale, comme chez les requins et poissons congénères. La curiosité que ces animaux excitent est donc doublement méritée, d'abord à cause de leur singulière apparence extérieure, de leur rôle dans l'économie de la nature, puis parce qu'ils sont, comme les labyrinthodons, des formes mixtes de combinaison entre les reptiles et les poissons. Il faut, outre ces animaux, mentionner dans la faune maritime les *ammonites* qui se présentent en masses considérables et qui constituent avec les nautiles la seconde forme principale des céphalopodes d'autrefois, dont l'étude paraît devoir contribuer très-prochainement à élucider les points les plus importants de notre science. Avec les ammonites pullule déjà le grand nombre d'espèces des *bélemnites* issues du trias. On a prouvé que ces bélemnites étaient les précurseurs des céphalopodes à deux branchies qui prédominent maintenant. Sur des plaques calcaires d'Eichstaedt et de Solenhofen, plaques appartenant au jurassique blanc, on a aussi retrouvé des empreintes de méduses qui montrent que cette classe avait déjà atteint le développement qu'elle présente aujourd'hui.

La faune terrestre de l'époque jurassique s'est également

enrichie de nouvelles formes et de nouveaux groupes. Nous trouvons les premiers véritables *crocodiles*, les premières *tortues*, et la variation la plus surprenante du type saurien, les *sauriens volants* ou ptérodactyles. Leur squelette bien conservé permet de conclure que la peau des ailes était tendue entre l'extrémité antérieure et l'extrémité postérieure, que par derrière elle s'étendait jusqu'à la patte, comme chez les chauves-souris, mais qu'en avant elle s'accroissait suivant la ligne du petit doigt prolongée. On a aussi trouvé un premier et unique oiseau dans les célèbres couches à ptérodactyles, les schistes lithographiques de Solenhofen, en Bavière (*Archæopteryx lithographica*). La propriété la plus caractéristique et la plus surprenante de cet oiseau reconnaissable à des empreintes de plumes très-nettes est sa longue queue munie de deux rangées de plumes rigides. Malheureusement, la tête a été écrasée au point d'être méconnaissable. L'ordre inférieur des mammifères que nous avons déjà signalé, celui des marsupiaux était aussi représenté, ainsi que le prouvent les découvertes faites dans le terrain jurassique moyen d'Angleterre, et dans les couches jurassiques supérieures de Purbeck.

On trouve des formes intermédiaires plus curieuses que l'archæopteryx. Je veux parler d'*animaux qui rappellent les oiseaux*, et que l'on trouve dans la *craie*. Des vertèbres en forme de sablier les rattachent directement aux sauriens marins du terrain jurassique. Ils possèdent des dents. L'archæoptéryx en avait peut-être aussi. Plus tard on ne trouvera plus de ces êtres qui remplissent une lacune aujourd'hui très-sensible. C'est avec cette nouvelle période que coïncident le plus grand développement et la disparition des *ammonites*. Il y eut dans l'intervalle des formes de dégradation : c'est ainsi que l'on envisage les *turrilites, scaphites, baculites*, etc. Le règne des grands sauriens maritimes est également passé, mais les marécages de l'époque de Weald recèlent de nouvelles formes de lézards terrestres. Aux crustacés à longue queue s'associent les crabes, formes les plus développées de la classe. La période jurassique et crétacée est également l'époque culminante de l'histoire des échinodermes analogues aux oursins. Si jusqu'à présent nous n'avons pas encore mentionné cette classe, c'était afin de faire ressortir quelques phases importantes de son apparition géologique. Desor (1), très-érudit en cette matière, a tout récemment étudié comment s'opère peu à peu le progrès de l'organisation dans ce grand groupe des oursins, et, à cette occasion, il a présenté quelques considérations générales sur le principe du perfectionnement des échinodermes dont les représentants, étoiles de mer et oursins, sont bien connus de nos lecteurs. Si l'articulé comme le vertébré atteint un degré plus élevé, lorsque les parties successives du corps deviennent inégales, le corps de l'échinoderme acquiert plus d'unité et se perfectionne lorsque les piquants reculent au second plan, et laissent ressortir l'ensemble. Plus ces éléments apparaissent nettement, et plus bas est placé l'échinoderme. Il en est de même pour les articulés. Aussi les étoiles de mer et les crinoïdes occupent-elles le degré inférieur de l'échelle. Ici, malheureusement, la paléontologie nous abandonne et les documents nous font défaut. On se borne à savoir que, dans les anciennes couches à pétrifications, les deux divisions sont largement représentées. On a trouvé aussi une forme intermédiaire très-curieuse et très-importante dans le terrain silurien supérieur de Dudley : l'*Eucladia Johnsoni*, qui est d'autant plus importante que l'on n'a encore trouvé qu'un petit nombre de formes représentant le passage d'un ordre à l'autre. On ne connaît pas encore bien les relations entre les étoiles de mer et les oursins. Il y a, par contre, une transition bien nette entre les crinoïdes et ces derniers. Les crinoïdes proprement dits ne changent pas de place. Auprès d'eux apparaissent, pendant la formation houillère, les cystidés et les blastoïdés qui sont mobiles, puis les tessellés qui ressemblent davantage aux oursins. Le dyas et le trias sont encore pauvres en véritables oursins, mais le jurassique est très-riche. Pendant cette grande période s'accomplit lentement la transformation des oursins en un nombre infini de variétés. On peut la suivre pas à pas, depuis la couche juras-

1. Bulletin de la Société des sciences de Neufchâtel, IX, 2,

sique la plus ancienne, le lias, jusqu'au calcaire corallien.
Les cidarides annoncent la série, puis viennent dans l'oolite
les échinoconides et les cassidulides. Dans les étages plus
récents du Jura supérieur, la séparation plus nette des
espèces est le trait caractéristique. Desor indique comment
les longs repos qui interrompent ce développement sont
occasionnés par la nature du fonds de la mer à cette époque. « La loi du progrès, dit-il, est ici évidente : les échi-
nides inférieurs réguliers ou endocycliques apparaissent les
premiers, d'abord sous la forme de *tessellés*, puis sous celle
de cidaridés, tandis que les spatangides, avec leur symétrie bilatérale bien nette, paraissent les derniers. Entre
ces deux termes extrêmes, nous trouvons une foule de
genres et de groupes, qui ne se distinguent les uns des autres que par des nuances, de telle sorte qu'entre deux genres
voisins, il est souvent difficile et même presque impossible
de décider lequel est supérieur à l'autre. Le perfectionnement remonte d'abord dans l'ensemble, mais il n'est généralement pas possible de l'indiquer dans un cas concret. »
Quelques découvertes récentes d'animaux analogues aux
oursins et recouverts d'une peau molle et flexible confirment
un fait que la théorie rendait très-vraisemblable, savoir :
que de ces animaux dans la période moderne est sorti l'ordre très-élevé des holothuries. C'est ainsi que la division des
échinodermes contribue, elle aussi, à prouver que les formes inférieures et indifférentes s'élèvent aux formes supérieures.

Avec l'*époque tertiaire* commence l'ordre de choses qui
règne encore aujourd'hui. Les palmiers et les arbres à
larges feuilles caractérisent la végétation. Quant au monde
animal, ses traits caractéristiques n'ont pas varié depuis
les dernières périodes de cette époque jusqu'à nos jours.
On trouvera plus de détails, à leur sujet, dans le chapitre
qui traite de la distribution géographique. Les poissons,
pendant la plus ancienne série de formation, les reptiles,
pendant le cours de la série moyenne, avaient représenté
le plus haut développement du monde animé ; les mammifères allaient maintenant marquer de leur puissante

empreinte les nouveaux continents qui, sauf certaines variations locales, nombreuses à la vérité, se rapprochaient de la configuration qu'ils présentent aujourd'hui. Sous l'influence des soulèvements, des affaissements et de plusieurs périodes glaciaires, ainsi que par l'effet de l'apparition toujours plus prononcée des zones climatériques, plusieurs divisions se manifestèrent dans le monde végétal et animal. Il y eut spécialisation et développement ultérieur. Comme on l'a déjà indiqué, on reviendra sur ce sujet pendant le cours de ces études. A une certaine époque de la géologie, on croyait que les périodes de développement de la terre s'étaient succédé dans un ordre rigoureux, indiqué par celui des étages qu'elles avaient vu surgir, et sous le nom de fossiles, on comprenait tout ce qui avait vécu avant l'apparition de l'homme, jusqu'à l'aurore des temps d'alluvion. On a trouvé depuis lors, que la présence de l'homme est beaucoup plus ancienne, que des espèces et des genres qui entouraient le berceau de l'humanité sont morts; je me bornerai à citer le mammouth. Ils ne sont donc fossiles que pour nous, ils ne l'étaient pas pour nos ancêtres diluviens. Il y a, par contre, nombre de formes animales qui existaient avant l'homme et qui se sont conservées jusqu'à nos jours. En somme, à dater de la période tertiaire, les mammifères herbivores précèdent les carnivores. Les singes apparaissent immédiatement avant l'homme.

Malgré de nombreuses lacunes dans les découvertes paléontologiques, le progrès est évident dans le développement de la vie organique, y compris le monde végétal. Aucun animal fossile n'est en opposition avec le système. Bien loin de là, les animaux préhistoriques donnent lieu aux comparaisons et aux transitions les plus variées. Si par exemple les pachydermes actuels se distinguent nettement des ruminants, les formes éteintes combleront la lacune apparente. Si l'époque actuelle ne nous présente que quelques genres épars d'édentés, l'époque diluvienne en possède une assez grande quantité, et la diversité des formes est considérable. Le système procède donc, dans les types, non moins que dans les divisions de classes, des périodes les plus anciennes aux plus récentes. Les anciens groupes s'accroissent progressivement, puis diminuent, tandis que de nouvelles formes plus complètes ou plus spécifiquement développées s'insèrent entre les précédentes qui disparaissent totalement ou traversent les nouvelles périodes. C'est ainsi que quelques-unes de ces dernières comptent encore de nos jours quelques rares représentants. Les formations ont bien généralement leurs organismes caractéristiques, mais on a presque partout indiqué tous les anneaux de la chaîne. Tout prouve qu'il s'agit d'évolution et non de révolution et s'il se présente un arrêt subit, la marche se continue comme dans les révolutions de l'histoire humaine. Les seules réformes qui éclatent subitement sont celles qui, préparées de longue date, sont devenues pratiquement nécessaires.

En embrassant l'ensemble des résultats acquis par la comparaison du monde animal fossile avec le monde vivant, on sera d'abord frappé de l'identité qui existe entre les degrés du développement historique et ceux du système actuel. Après cette première constatation, viendra naturellement celle du parallélisme entre la succession géologique des animaux, et les degrés du développement individuel des animaux actuels. Déjà, dans son grand ouvrage sur les poissons fossiles, Agassiz avait mis ce fait en lumière, et dans ses ouvrages ultérieurs jusqu'aux recherches sur le développement et la croissance des coraux, il l'a confirmé par de nouvelles observations précieuses et convaincantes. Les mêmes exemples qui, au chapitre précédent, nous ont servi à expliquer le parallélisme du développement individuel avec la gradation systématique, pourraient être reproduits ici. Les recherches spéciales des dix dernières années ont fait connaître maintes preuves encore plus frappantes. Agassiz a, pour exprimer ces relations, introduit l'expression de « types embryonnaires » ou « représentants embryonnaires. » C'est ainsi que les crinoïdes pédonculés sont les types embryonnaires du genre actuel *Comatula*, et que les oursins les plus anciens sont les représentants embryonnaires de la famille supérieure des clypeastrides et des spatangoïdes. De même, le mastodonte, en vertu de ses molaires permanentes, est le type embryonnaire de l'éléphant, chez lequel elles n'apparaissent que transitoirement. Si par ces mots on n'entend que la notion obscure de « l'activité d'un seul et même esprit créateur, à travers tous les temps et sur toute la surface de la terre (1), » le profit pour l'intelligence sera faible. Suivons plutôt Rütimeyer dans ses belles recherches sur les chevaux fossiles (2); les faits que nous avons cités et d'autres semblables nous feront apercevoir « une étroite relation entre les phases du développement de l'individu et celles de l'espèce, » c'est-à-dire une relation naturelle. Tous ceux qui invoquent un Dieu personnel dans l'histoire du développement successif de la création, ne tirent des faits avancés d'autre conclusion que celle-ci : leur Dieu aurait eu la fantaisie de commencer par créer des organismes imparfaits pour passer ensuite à des organismes de plus en plus parfaits et rappeler les premiers dans le développement des derniers.

Une formule différente de celle des types embryonnaires a été mise en avant par Agassiz, et n'a pas plus de valeur que la première : certains effets mécaniques et physiologiques n'étant atteints que d'une manière imparfaite chez certains groupes fossiles, les organismes ultérieurs auraient eu pour objet de remédier à cet état de choses à l'aide de dispositions plus convenables et complètes. Ce sont là ses « types prophétiques. » Tel est, par exemple, le rapport du lézard volant (ptérodactyle) à l'oiseau. Ce jeu de mots fait-il comprendre l'un ou l'autre? Y a-t-il là quelque explication, quelque conception raisonnable? A-t-on le droit d'ajouter un appendice à la prophétie du lézard volant, de considérer comme le prophète de ce dernier, l'insecte qui le précède géologiquement, et de faire de l'oiseau le saint Jean de la chauve-souris? Une seule chose est raisonnable : c'est de transformer le prophète en souche originelle, mais, dans le cas qui nous occupe, ce serait une erreur éclatante.

---

1. Agassiz, Essay on classification, 1858. » It exhibits everywhere the working of the same creative Mind through all times and upon the whole surface of the globe. »

2. Rütimeyer, Beiträge zur Kenntniss der fossilen Pferde. Verhandlung der naturforschen Gesellschaft in Basel, 1863, III, 642.

CHAPITRE V

« Oui, j'entends le messager; mais il me manque la foi.
Le miracle est l'enfant chéri de la foi. »

C'est par ces paroles de Faust que l'histoire naturelle in-
vestigatrice abordera sans détour ce domaine du merveilleux dont le sceptre n'est pas tenu par la raison, mais par la
fantaisie projetant sur les objets les couleurs variées de son
prisme, ce domaine où l'arbitraire dans la pensée tient lieu
de logique, où les lois de la causalité ne sont rien. Beaucoup
d'hommes honorables y trouvent sans doute la satisfaction
de l'habitude, mais aussi que d'illusions légèrement accep-
tées, et quel repos facile pour l'esprit paresseux ! Nous prendrons place délibérément et sans regarder derrière nous. Déjà
nous avons exposé l'état présent du monde animal à trois
points de vue : état actuel des formes finies, développement
des individus, et succession historique pendant la plus
récente période de la formation du globe. Après ce travail
superficiel de nomenclature, pénétrons au cœur de notre
sujet. Cela n'est possible qu'à la condition de nier absolument le miracle de la création. Tout observateur au contraire qui croirait possible l'ombre même d'un miracle, la
plus légère déviation du cours naturel des choses devrait

auparavant se dépouiller de sa science biologique, et jeter loin de lui le savoir esquissé plus haut et complété par d'innombrables connaissances spéciales. « La foi, » selon Gœthe, « n'est pas le commencement mais la fin de tout savoir. » Nous interprétons ces paroles en ce sens que la foi est incompatible avec la science, et par conséquent aussi la foi à la création des êtres vivants incompatible avec la philosophie.

Si la vie n'a pas surgi d'une manière incompréhensible, elle s'est développée. De longues années se sont écoulées avant que cette pensée pût venir au jour avec toutes ses conséquences. Pour comprendre la ténacité avec laquelle on s'attachait à l'opinion contraire et on faisait valoir des considérations que la biologie moderne a entrepris avec succès de réfuter, il est nécessaire de rappeler quelques phases décisives de l'histoire de la zoologie et de ses défenseurs. Nous arriverons ainsi au point de départ de la connaissance.

Vers le milieu du siècle dernier, l'anatomie comparée était entrée dans une voie très-heureuse, et, sans parler de l'achèvement de la zoologie systématique, elle était plus riche d'idées que toutes les autres parties de l'histoire naturelle descriptive. Elle n'eut que le seul tort de conserver la doctrine de la fixité et de l'invariabilité de l'espèce. Cette théorie est le centre des opinions de Linné. L'influence prolongée de l'autorité de ce grand écrivain ne s'explique que par la sûreté, le style et la commodité de ses diagnoses qui mirent fin à la confusion de l'histoire naturelle et le firent apparaître comme le législateur du présent et de l'avenir. On n'avait jamais si formellement exprimé que l'espèce était la base de toute conception systématique. Son opinion à cet égard est tout entière dans cette phrase (1) : « La raison nous apprend qu'au commencement des choses fut créé un couple de chaque espèce. » Toutefois

---

1. Les passages cités sont extraits d'un discours de circonstance : *Oratio de tellure habitabili*, qui se trouve dans les *Amœnitates academicæ*. « *Initium erum ex omni specie viventium unicum sexus par fuisse creatum, suadet atio.* »

il paraît singulier que cette raison chez Linné soit soumise
aux croyances bibliques les plus étroites et qu'il cherche
à la faire concorder avec ses conceptions géologiques. Un
phénomène géologique très-important avait attiré son attention, l'élévation d'une partie des côtes scandinaves. Elle
est plus rapide que la dépression d'une autre partie et ses
manifestations sont plus puissantes. On pouvait donc penser
que le continent est sorti peu à peu de la mer. « Je ne
crois pas, dit Linné, m'éloigner beaucoup de la vérité en
affirmant que pendant l'enfance du globe toute la terre
ferme était plongée sous l'eau, et recouverte d'un immense océan, sauf une seule île émergeant de cette mer
incommensurable. Sur cette île les animaux habitaient et
les plantes poussaient joyeusement » (1). Toutes les espèces
de plantes se trouvaient dans ce jardin enchanteur. N'est-il
pas dit expressément qu'Adam a nommé tous les animaux?
Tous les insectes étaient donc aussi rassemblés dans le
paradis. Mais comment imaginer les insectes sans les plantes?
Linné fait alors le premier essai de géographie animale, en
supposant que tous les animaux sont partis de ce point cen-
tral. Cependant il conserve toujours l'ensemble de ses idées
sur la définition de l'espèce : « Nous comptons autant d'espèces que l'Être infini en a créé au commencement des
choses » (2); et son autorité était si puissante que le siècle de
Voltaire et de Diderot (3) accepta comme digne de foi ce qui
n'était qu'un dogme manifeste et le transmit aux descendants avec la valeur d'un fait indiscutable.

Toutefois Linné était si peu anatomiste que la zoolog·
avait besoin d'être complétement réédifiée au point de vu
anatomique. Cuvier (4) parut alors comme un second Linné.
L'école de Cuvier se nomme l'école des faits; toutefois le

1. Même source que plus haut : *Non multum à veritate me aberraturum
confido si dixerim omnem continentem terram fuisse in infantiá mundi
aquis submersam et vasto oceano obtectam, præter unicam in immenso hoc
pelago insulam, in quâ commodè habitaverint animalia omnia et vegetabilia
læte germinaverint.* »

2. « Tot numeramus species, quot ab initio creavit infinitum ens. »

3. Mais non pas Diderot lui-même et ses amis.

4. E. Geoffroy St-Hilaire écrivait à Cuvier : « Venez jouer parmi nous le
rôle de Linné, d'un autre législateur de l'histoire naturelle. »

maître n'était nullement étranger à la philosophie. Au contraire la nature simple et précise de ses principes et de ses abstractions devait en imposer. Il embrassa sous le nom de « lois de l'organisation » l'ensemble des résultats qu'il avait observés ; et il appliqua avec grand succès, pour reconnaître et reconstruire les animaux préhistoriques, la méthode d'examen par le *principe des causes finales*. La question de la constance ou de la variabilité des espèces se présenta nettement à son esprit. L'étude des animaux donnés à la suite de la campagne d'Egypte lui fournit une réponse. Étienne Geoffroy Saint-Hilaire et Lamarck contestaient la constance de l'espèce et pensaient que la période égyptienne est beaucoup trop courte pour que l'on puisse, de la ressemblance des momies avec les espèces actuellement vivantes, conclure à l'invariabilité de l'espèce, d'autant plus que les conditions extérieures n'ont pas varié. La question fut bientôt tranchée par l'école de Cuvier. Ce dernier cependant ne se bornait pas à accumuler les faits ; il les groupait philosophiquement avec assez de bonheur pour se rapprocher du but : le système naturel. Il fut le premier qui prouva d'une manière certaine l'extinction des espèces antérieures. Quant à l'apparition des espèces qui avaient remplacé les premières pendant les périodes suivantes, il n'était pas, comme on l'admet en général, le partisan quand même d'une création nouvelle, mais il n'avait pas d'opinion arrêtée. « Je ne veux pas prétendre, dit-il (1), que pour produire les animaux actuels une nouvelle création ait été nécessaire. Je dis seulement qu'ils ne vivaient point à la même place et qu'ils devaient venir d'ailleurs. » Pour Geoffroy au contraire il n'était pas douteux que les animaux actuellement vivants descendaient des espèces éteintes du monde préhistorique par une série ininterrompue de générations.

La conception de l'espèce par Cuvier présentait le danger d'introduire le dogmatisme dans les sciences naturelles. Aussi ne quitterons-nous pas ce sujet sans parler d'un élève

---

1. Ossements fossiles.

immédiat de Cuvier, Louis Agassiz, qui conservait rigoureusement les catégories systématiques du maître et, les enveloppant de définitions sonores, les représentait comme les « pensées incarnées de la création » (1). Selon lui les *espèces* appartiennent à une période donnée de l'histoire de la terre et présentent des rapports déterminés avec les conditions physiques qui prédominaient à cette époque, et même avec les plantes et les animaux contemporains. Les espèces sont fondées sur des relations bien nettes qui relient les individus à la nature environnante et à leur parenté, sur les proportions et les rapports de leurs parties entre elles et sur leur ornementation. Les individus représentants des espèces ont entre eux les rapports les plus intimes. Ils offrent des relations déterminées avec les individus qui les environnent, et leur être est limité dans l'intérieur d'une certaine période. Quant au *genre*, voici ce qu'il en dit : « Les genres sont des groupes d'animaux reliés entre eux de la manière la plus étroite. Ils ne diffèrent ni par la forme, ni par l'ensemble de leur structure. Ils ne s'écartent les uns des autres que par les dernières particularités de détail de leurs diverses parties. » « Les individus, représentants des genres, ont une structure déterminée et spécifique trèsdélicate identique avec celle des représentants d'autres espèces. » Nous ne pouvons considérer ces définitions que comme des phrases, et nous demanderons, avec Haeckel,

---

1. L. Agassiz, An essay on classification, 1859, page 253 :

« *As representatives of Species*, individual animals bear the closest relations to one another; they exhibit definite relations also to the surrounding element and their existence is limited within a definite period.

« *As representatives of Genera*, these same individuals have a definite and specific ultimate structure, identical with that of the representatives of other species, etc.

Ajoutez, page 261 :

• *Branches or types*, are characterized by the plan of their structure;

• *Classes*, by the manner in which that plan in executed, as far as ways and means are concerned;

• *Orders*, by the degrees of complication of that structure;

• *Families*, by their form, as far as determined by structure;

• *Genera*, by the details of the execution in special parts; and

Species by the relations of individuals to one another and to the world in which they live, as well as by the proportions of their parts, their ornementation, etc. »

« Quelles sont donc ces particularités de structure de quelques parties » qui doivent déterminer le genre et être spéciales à chaque genre? Nous le demandons à tous les systématiciens, cette détermination n'est-elle pas également applicable aux espèces, aux variétés, etc? Enfin ces derniers détails de structure des diverses parties ne sont-ils pas ce qui produit la forme caractéristique de l'espèce, de la variété, etc. ? C'est en vain que dans l'*« Essay on classification »* nous cherchons un seul exemple qui nous explique comment on distinguera précisément *in the ultimate structural pecularities of some of their parts* le genre des bœufs, celui des antilopes, le genre des chiens et des hyènes, les deux grands genres de nos mollusques d'eau douce : *Unio* et **Anodonta**. Ces définitions d'Agassiz sont tellement générales, vagues et insignifiantes qu'on peut sans inconvénient les remplacer les unes par les autres. Il caractérise les espèces par la manière dont le plan du type a été exécuté, en tenant compte des voies et moyens, les genres « par le degré de complexité de la structure des types. » Ces phrases peuvent être immédiatement substituées l'une à l'autre; mais elles font, comme tout ce qui est dogme, une impression sur ceux qui, par suite de l'ignorance des faits, sont incapables d'exercer eux-mêmes la critique. Il en résulte qu'on les cite avec prédilection pour confondre l'incrédulité par la foi dans les investigations naturelles.

On pourrait croire, si la chose était si simple et si les définitions systématiques étaient si solides, qu'il n'y aurait rien de plus facile que d'édifier le système. Telle est aussi l'affirmation d'Agassiz. Si l'on ne connaissait et si l'on ne pouvait étudier qu'une seule espèce d'un grand groupe animal, on pourrait, selon Agassiz, en déduire les caractères de type, de classe, de famille, de genre et d'espèce; l'ordre seul ne pourrait être déterminé. La meilleure manière de prouver l'inanité de ces assertions et autres semblables, c'est d'étudier le fondement de toute systématique dogmatique, c'est-à-dire « l'espèce ». Cette définition est-elle changeante et l'espèce, au lieu d'être immuable, varie-t-elle selon le temps et les circonstances, les définitions plus générales de genre,

famille, etc., suivront ces fluctuations. La critique la plus
rigoureuse et la plus conséquente de la définition scolaire
si bien enracinée de l'espèce a été faite par Haeckel (1),
lorsque Darwin, dans son ouvrage classique sur l'origine
des espèces, eut montré tout le néant de la zoologie et de la
botanique, comprises et pratiquées telles qu'elles l'étaient
autrefois.

Nous avons fait voir plus haut que, pour Linné, le récit
biblique de la création était indiscutable. C'est un spectacle
comique que de voir aujourd'hui maint naturaliste jurer
par ce dogme, après avoir rejeté tous les autres. La Bible
parlant de la création des espèces, on a fait de cette légende
la base de la science. Du reste le nombre de ceux qui procèdent de la tradition biblique est fort petit. Ceux qui soutiennent la stabilité de l'espèce pensent bien plutôt que
les faits parlent en leur faveur, soit qu'ils restent inconsciemment engagés dans le préjugé héréditaire, soit qu'à
l'aide d'artifices ils se refusent à voir le contraste tranché de
l'invariabilité. Lorsque Linné se référait à la création, il
attribuait les individus à une espèce dont l'arbre généalogique conduisait directement au couple sorti de la main du
Créateur. L'étude de cet arbre souche n'était pas possible de
son temps, vu l'état de la science, mais elle était à peine
nécessaire, lorsqu'on s'appuyait sur la sainte tradition.
Cuvier, observateur hardi et indépendant, tint compte cependant de la définition de Linné. Selon lui, l'espèce est
« la réunion des individus descendant l'un de l'autre et des
parents communs, et de ceux qui leur ressemblent autant
qu'ils se ressemblent entre eux (2). » Haeckel fait à ce sujet les
remarques suivantes : « Dans cette définition à laquelle la
plupart des autres se rattachent plus ou moins étroitement,
deux conditions sont évidemment exigées pour les individus
appartenant à une espèce : d'abord un certain degré de res-

----

1. Haeckel, generelle Morphologie der Organismen (Berlin 1866), II,
p. 323 et suite.

2. L'espèce est la réunion des individus descendant l'un de l'autre et des
parents communs, et de ceux qui leur ressemblent autant qu'ils se ressemblent
entre eux. » Cuvier, Le Règne animal.

semblance ou de similitude approximative des caractères, et en second lieu une relation de parents consistant dans le lien d'une commune origine. Les auteurs qui ont succédé à Cuvier ont proposé beaucoup de définitions, en vue de perfectionner la précédente. Les uns ont attaché plus d'importance à la parenté généalogique de tous les individus ; les autres ont pris surtout en considération la concordance morphologique de tous les caractères essentiels. En général, on peut affirmer que, lorsqu'il s'est agi d'appliquer la définition de l'espèce, de discerner et de dénommer les espèces spéciales, on n'a eu égard qu'à la dernière partie de la définition et on a complétement négligé la seconde. Plus tard, la conception généalogique de la commune origine de tous les individus d'une espèce fut complétée par cette définition physiologique que tous les individus d'une espèce pouvaient en s'unissant entre eux, avoir une postérité féconde, tandis que le mélange sexuel d'individus de diverses espèces ne pouvait donner lieu qu'à une postérité stérile. Toutefois dans la pratique systématique, après avoir examiné un certain nombre d'individus très-ressemblants, on se contentait généralement de constater la concordance de tous les caractères essentiels, et on ne se demandait pas si tous ces individus réunis sous le nom d'espèce avaient réellement une origine commune, s'ils étaient capables de produire une postérité féconde. Bien plus, lorsqu'il fallait dans la pratique, discerner des espèces végétales ou animales, on ne s'occupait pas plus de la définition physiologique que de savoir s'il y avait origine commune remontant à un seul et même couple de parents. D'autre part, on considérait sans hésiter deux formes approchées comme deux bonnes espèces différentes, dès que l'examen d'un certain nombre d'individus analogues avait fait reconnaître une différence constante, même dans un caractère relativement subordonné. Ici non plus, on ne se demandait pas si les deux séries différentes ne procédaient réellement pas d'ancêtres communs et ne pouvaient pas produire entre elles des bâtards même stériles. »

Cette critique fondamentale de la manière dont on forge des espèces depuis Linné, n'a rien de trop sévère. Il suffira

de rappeler que, dans l'intérieur de l'école, régnait et **règne**
encore aujourd'hui le plus grand désaccord sur la délimitation des espèces, et que l'on ne peut pas s'entendre sur la
base de la description : « les caractères essentiels. » **Malgré**
la formule des espèces par Agassiz, il faut dans chaque cas
particulier se prononcer sur les rapports des parties, l'ornementation, etc. Comme il est impossible, si on n'a pas
sous les yeux le plumage des oiseaux, la coquille des escargots, les papillons, etc., de décider, *à priori*, en quoi consistent les « caractères essentiels » des espèces que l'on en for-
mera. Les considérations subjectives et le pur arbitraire **ont**
beau jeu lorsqu'il s'agit de créer des espèces, et parmi **les**
systématiciens, on ne trouverait pas deux autorités qui,
dans une douzaine donnée dont les formes seraient bien
connues, se trouveraient d'accord pour diviser en un même
nombre d'espèces, les matériaux soumis à leur examen. Les
paléontologistes ont, pendant quelques dizaines d'années,
donné l'exemple de la licence la plus effrénée présidant à la
formation des espèces ; et leur tendance à distinguer **les**
sous-groupes des couches géologiques par les restes organiques qu'elles renferment, a poussé la division des espèces,
d'une manière incroyable, jusqu'aux modifications les **plus**
insignifiantes, souvent même jusqu'aux modifications purement individuelles. Une certaine variabilité des espèces devait frapper les yeux même les plus aveugles. Certaines
sous-espèces et espèces accidentelles, étaient distinguées **des**
variétés que l'on reconnaissait par des caractères « moins
essentiels » dus au climat et à l'éducation; toutefois on faisait la réserve que ces variétés, en se croisant entre elles et
avec l'espèce principale, devaient produire une postérité
féconde, tandis que vis-à-vis d'autres espèces, elles se com-
portaient comme l'espèce principale.

Naturellement la tradition et la loi participaient encore
moins à l'appréciation subjective de cette division des espèces en sous-espèces, qu'à la description de l'espèce elle-
même. La littérature ornithologique des quarante dernières
années, pourrait fournir des milliers d'exemples de la confusion que nous venons d'esquisser.

Il ne faut pas oublier qu'au point de vue de la description
de la nature, on peut caractériser sous le nom d'espèces la
plus grande partie des organismes actuellement existants,
et qu'on doit le faire pour les reconnaître et surtout pour
les traiter scientifiquement. Mais cette stabilité n'est que
passagère, on peut le prouver directement ou par analogie,
et nous possédons des classes entières d'organismes auxquelles il est impossible, sous les réserves même les plus
étendues, d'appliquer l'ancienne définition de l'espèce avec la
constance de ses caractères essentiels. S'il nous est possible
d'apporter la preuve irréfutable que ces groupes sans espèces existent, nous en aurons fini une fois pour toutes avec
l'ancienne systématique, et nous aurons établi les véritables
bases d'une nouvelle théorie. *Cette preuve a été faite* dans
deux directions opposées. Quelques classes d'organismes présentent, dans leur état actuel, une telle oscillation dans
leurs formes que les « caractères d'espèce » et les caractères
« de genre » ne peuvent être précisés. La variabilité est
parvenue à son plus haut degré, tandis que dans d'autres
classes elle s'est approchée d'un repos apparent. Certains
groupes préhistoriques montrent dans la succession des
formes nommées « espèces, » d'autres séries de faits témoignant de la variabilité la plus évidente de l'espèce.

Déjà avant l'apparition de l'ouvrage de Darwin sur l'origine des espèces, le physiologiste et zoologiste Carpenter
était arrivé, dans le cours de ses recherches sur les *foraminifères*, à prouver en détail, que dans ce groupe d'organismes inférieurs qui secrètent des coquilles calcaires
extrêmement jolies, il ne peut pas être question d' « espèces »
mais de « séries de formes. » Il avait vu que les formes rangées par les systématiciens en différents genres et familles
se développent les unes des autres. Cependant ces foraminifères présentent une structure si simple, on connaît si peu
leur développement individuel ou ontogénie, et il y a si peu
de détails microscopiques permettant de contrôler l'évolution de l'espèce, que les défenseurs de la constance de cette
dernière auraient pu recourir à cet argument : les séries de
Carpenter ne sont que des variétés, et prouvent uniquement

que l'on n'a pas encore trouvé les véritables espèces. De précieux auxiliaires ont alors été trouvés dans la classe des éponges, dont j'ai en premier lieu signalé l'importance dans cette question. Ce qu'il importe d'examiner n'est plus seulement l'aspect général de la forme et le groupement variable des systèmes de chambre. La variabilité apparaît dans les détails microscopiques aussi bien, et plus spécialement, que dans les éléments plus grossiers. S'agit-il des foraminifères, on pourra bien parler de formes microscopiques, mais point de détails microscopiques proprement dits. Dans les éponges, au contraire, nous suivons l'évolution des éléments de forme les plus délicats, des organes élémentaires, et la mutabilité de l'ensemble devient alors évidente. Les éponges calcaires se comportent sous ce rapport un peu autrement que les autres, et surtout les éponges siliceuses. Chez les premières, la variabilité des parties microscopiques est limitée à un petit nombre de formes, mais au contraire l'aspect général des séries d'individus est d'une incroyable flexibilité. Nous nous gardons de méconnaître cette flexibilité de l'ensemble du corps, chez les éponges siliceuses; nous voyons par exemple, dans le genre *Tedania*, que Gray a composé de quelques-unes de mes précédentes *Reniera*, comment ses formes de spicules capricieusement combinées apparaissent, de Trieste à la Floride et à l'Islande, sous les enveloppes les plus diverses. L'une d'elles tend déjà à se diviser en quelques variétés. Ces études prennent un intérêt tout particulier, quand on poursuit dans les détails les transformations de ces organes qui, supposés stables, paraissaient offrir une base solide à l'établissement des genres et des espèces. J'ai déjà emprunté des exemples frappants aux éponges algériennes. Ces exemples s'accumulent au fur et à mesure que notre horizon s'élargit. Pas à pas, nous nous apercevons qu'il ne faut accorder à aucun « caractère » une confiance même relative et que, s'il y a quelque constance des éléments microscopiques, la forme

1. O. Schmidt, Die Spongien dei Küste von Algier, 1868 (Les éponges, de la côte algérienne), et Versuch einer Spongienfauna des atlantischen Meeres, 1870 (Essai d'une faune spongiaire des régions atlantiques).

extérieure du corps, avec ses caractères grossiers, varie bien au delà des limites des espèces et des genres, etc. Nous voyons, même lorsque l'aspect extérieur est semblable, les parties intérieures qui nous paraissent spécifiques, se transformer aussi sous nos yeux. « En voulant diviser les éponges en espèces et en genres, — c'est ainsi que se terminait ce chapitre de mon ouvrage sur les éponges transatlantiques, — on arrive bientôt à l'absurde. » Haeckel l'a montré avec une charmante ironie dans son prodrome à la monographie des éponges calcaires.

Si mes observations spéciales se sont bornées surtout aux éponges siliceuses et si, par des milliers d'observations microscopiques, mesures, dessins, faits et conclusions, j'ai prouvé qu'il n'y a chez elles ni espèces, ni genres, et que par conséquent il n'y a pas d'unités systématiques bien établies, preuve qui n'avait pas été tentée par les adversaires les plus déclarés de la constance de l'espèce ; d'autre part Haeckel, avec une sûreté magistrale inconnue avant lui, a tracé la monographie de l'autre division de la classe, celle des *éponges calcaires* (1). Il a confirmé mes travaux, et, choisissant un sujet moins vaste et plus facile à dominer, il est parvenu à passer de l'observation des détails à l'ensemble et présenter aussi complétement que possible la morphologie, la physiologie et l'histoire du développement. Il a provoqué directement les hommes de l'immobilité, en soutenant que l'on se trouve en présence de cette alternative : ou il n'y a pas d'espèces parmi les éponges calcaires, ou il en existe 591 ; en soutenant « qu'il n'existe pas d'espèce absolue et qu'on ne peut pas séparer rigoureusement l'espèce et la variété. »

Est-il possible, après ces démonstrations, et sans perdre le droit de prendre part au grand combat qui partage l'histoire naturelle, est-il possible, dis-je, de conserver l'illusion des espèces, si l'on n'a pas prouvé d'abord que les faits ont été faussement observés ou qu'ils peuvent être interprétés autrement et en faveur de la stabilité de l'espèce ? Pourra-

---

1. Haeckel, Die Kalkschwämme (Les éponges calcaires), Monographie en deux volumes de texte, avec un atlas comprenant 60 planches de dessins, Berlin, 1872.

t-on déclarer, comme l'a fait récemment Agassiz ne tenant nul compte de tels travaux, que l'on n'a pas, dans un seul cas, prouvé la mutabilité d'une espèce ?

Nous avons dit plus haut qu'on a également démontré la mobilité de « l'espèce » dans un autre sens, non plus en largeur, mais en hauteur et en profondeur. Cette variabilité des éponges conduit nécessairement à une conclusion très-importante : c'est qu'il y a encore, pour ainsi dire, une classe entière qui n'a pas encore aujourd'hui trouvé un repos relatif. Mais c'est avec raison que, pour constater la mutabilité de l'espèce, on veut avoir la preuve de la variabilité dans le cours des temps, la preuve de la transition des formes qui se succèdent historiquement dans les couches terrestres.

Il y a quelques années, on croyait avoir trouvé dans le *Planorbis multiformis*, gastéropode du calcaire d'eau douce de Steinheim en Wurtemberg, décrit par Hilgendorf, une preuve bien nette de la mutabilité de l'espèce, durant le cours des siècles. On s'était trompé. Quelques naturalistes, ayant voulu s'assurer du fait, ont vainement cherché la prétendue régularité (1) dans les couches calcaires de Steinheim et dans les modifications de la forme du *P. multiformis*. Ils ont trouvé, au contraire, que les formes très-diverses que présente ce mollusque, n'affectent aucun ordre régulier de succession dans le gisement. Mais il existe d'autres preuves de mutabilité. Quelques paléontologistes de l'école moderne, Waagen, Zittel, Kayser, Neumayer, Würtemberger (2), ont étudié avec soin le groupe des bra-

---

1. Hilgendorf, *Ueber Planorbis multiformis im steinheimer Süss wasserkalk Monatsbericht der Berliner Academie*, année 1866, pages 474 et suivantes.

2. Waagen, *Die Formenreihe des ammonites subradiatus*. Benecke's Beiträge, 1869, vol. II.

Zittel, *Die Fauna der aeltern Cephalododenführenden Tithonbildungen. Palaeontologische Mittheilunger*, 1870.

Kayser, D. Brachiopoden des Mittel-u. Ober-Devon der Eifel, Jahrh. D. géol. Ges. Berlin, 1871.

Neumayer, Die Fauna d. Schichten mit Aspidoceras, 1873.

Würtenberger. *Neuer Beitrag zum geologischen Beweise der darwinschen Theorie* (Ausland. 1873).

chiopodes et celui des ammonites ; ils ont démontré qu'il est impossible de diviser en espèces ces groupes importants. Écoutons ce qu'ils en disent. Kayser tire la conclusion suivante de ses études sur les brachiopodes dévoniens de l'Eifel : « Il n'y a peut-être aucun ordre d'animaux se prêtant mieux à la théorie darwiniennne que celui des brachiopodes. Le savant qui, comme moi, aura l'occasion d'en suivre beaucoup d'espèces, couche par couche, à travers de nombreux étages ; qui, comme moi, aura entre les mains les espèces les plus communes, représentées par des centaines d'individus, sera certainement frappé du degré de variabilité de beaucoup d'entre elles. Très-souvent il lui sera impossible de les caractériser nettement, et il en arrivera peu à peu à admettre, qu'à la vérité, nos espèces, comme le dit Darwin, ne sont que des notions artificielles ou rubriques. » C'est ainsi que l'auteur se voit forcé de créer des divisions artificielles , d'établir des séries de formes, comme on l'a fait pour les ammonites.

Waagen nous rappelle que Quenstedt, longtemps avant Darwin, avait songé à la connexion génétique des diverses formes provenant des divers terrains. Puis il ajoute : « Parmi les paléontologistes qui, guidés par la théorie de la descendance, se sont sérieusement occupés des ammonites, il y en a peu qui n'aient pas trouvé dans les faits observés la confirmation de la théorie. On ne peut nier, en effet, l'existence, aujourd'hui démontrée, de séries de formes passant graduellement de l'une à l'autre et dont la plus récente constitue un type très-différent du type primitif. Et voilà précisément ce qui nous fait croire à l'existence d'une connexion génétique. »

Le même langage est tenu par Zittel et Neumayer. « Rien, dit celui-ci, ne prouve mieux la vérité du transformisme que l'existence de séries de formes, constatée aujourd'hui dans bien des cas et que l'on constatera désormais plus souvent, l'attention ayant été attirée sur ce point. L'*Ophelia Darwinii*, espèce ici décrite, montre parfaitement le passage de la forme normale des Pennilobates à une forme très-modifiée. »

Plusieurs des principaux résultats obtenus par Würtenberger, et que nous allons rappeler, sont confirmés par Neumayer. L. Würtenberger exécuta ses recherches sur des milliers d'échantillons des groupes *Ammonites planulata* à têt côtelé et *Ammonites armata* à têt garni de pointes. Résumant les résultats de ces recherches, il dit entre autres choses : « Comment séparer les espèces dans les ammonites du groupe *planulata* et celle du groupe *armata?* Je ne pourrais ni ne voudrais me prononcer en aucune façon, car la question me paraît tout à fait mal posée. Il existe en effet des groupes d'organismes fossiles où, comme dans le cas qui nous occupe, il y a entre les formes les plus extrêmes tant de formes de transition que le passage de l'une à l'autre est continuel. L'espèce alors est encore plus difficile à définir que pour les formes organiques du monde contemporain qui cependant désignent les limites actuelles des branches du grand arbre-souche du monde organique. *Quant à ces formes fossiles, il est tout-à-fait indifférent au fond que l'on prenne un fragment plus ou moins long de l'une quelconque de ces branches pour le décorer d'un nom particulier et le considérer comme une espèce.* Les ammonites à pointes que l'on comprend sous le nom d'*armata* se rattachent si intimement les unes aux autres qu'il devient impossible de séparer nettement les espèces que l'on admet ici. Il en est de même de ce groupe dont les formes variées se distinguent par leurs têts côtelés et que l'on désigne sous le nom de *planulata*. » On a constaté de plus que les *armata* procèdent des *planulata*.

Nous reviendrons plus tard sur les communications provisoires de Würtenberger. Jusqu'à ce moment, nous n'avons eu d'autre but que d'indiquer à nos lecteurs où et comment les naturalistes modernes seront délivrés du spectre de l'espèce et de les mettre à même de juger par eux-mêmes quelles séries d'observations contredisent cette assertion que l'on n'a jamais trouvé le passage d'une espèce à l'autre. L'ancienne école, en effet, se trouve souvent embarrassée, lorsqu'il lui faut donner le nom « d'espèces » à des ordres et à des classes entières et celui de variétés à des espèces si bien caractérisées auparavant.

Darwin, puis Haeckel ont prouvé d'une manière convaincante que la partie physiologique de la définition de l'espèce n'était pas soutenable. On sait que de bonnes « espèces », même à l'état libre, se mélangent fréquemment et que les espèces domestiquées, comme le cheval et l'âne, ont été croisées depuis des milliers d'années.

Quant aux produits de ces croisements, les *mulets*, ils ne seraient eux-mêmes fertiles que dans des cas exceptionnels, et en tout cas leur postérité ne serait féconde que pendant quelques générations. Par contre, il serait certain que les produits de croisement des variétés conserveraient une fécondité indéfinie. La théorie de la stérilité des bâtards s'était d'abord formée sans observation expérimentale et générale ; elle fut malheureusement confirmée en apparence par un exemple des plus anciens et des plus connus, celui du mulet, et de l'âne-mulet. A cet exemple si connu, nous n'en opposerons qu'un autre qui est moderne : celui de la reproduction des lièvres et des lapins pendant de longues générations. Ce sont pourtant là deux « bonnes espèces » que l'on n'a pas encore déclarées variétés. Quant aux formes si nombreuses et si différentes du chien domestique, l'école a déclaré qu'elles étaient des variétés d'une espèce, parce que leur mélange est fécond. Cependant si on lit avec attention dans Darwin (1) la comparaison si consciencieuse qu'il établit entre certaines espèces de loups, et les chiens des peuplades sauvages, entre le loup européen et le chien hongrois, on estimera avec ce savant, qu'il est très-vraisemblable qu'en différents points de la terre et à différentes époques on apprivoisa des espèces sauvages du genre *Canis*, et que le croisement produisit des descendants d'une fécondité presque sans limites. Il en est de même du chat domestique. Il n'est guère permis de douter que le chat domestique de l'Europe ne provienne soit d'une espèce nubienne, soit du chat sauvage européen. On tournait donc dans un cercle vicieux : les

1. Variation des plantes et des animaux à l'état de domestication. Traduit par Carus (Stuttgardt, 1867). — Nos citations se rapportent à cette édition.

formes appartiennent à une espèce, parce qu'elles se croisent
et sont fécondes ; et d'autre part, si elles se croisent et
donnent une postérité, c'est parce qu'elles appartiennent à
une espèce. Par suite, si telles et telles formes en se croisant
ne produisent pas de postérité féconde, elles forment des
espèces différentes, et inversement elles ne produisent pas
de postérités fécondes, parce qu'elles appartiennent à des
espèces différentes. Il est vrai que les cas de fécondité persis-
tante des bâtards ne sont pas fréquents, mais ils ont été suffisamment constatés pour que l'on ne puisse affirmer le
contraire sans contredire ouvertement les faits.

Cependant, on ne pourrait soutenir valablement et d'une
manière générale la fécondité des métis, produits de croisement des variétés. La variété qui, dans le Paraguay, s'est
séparée de notre chat domestique, ne s'accouple plus avec
son espèce souche. Il en est de même du petit cochon d'Inde
domestique européen et de l'espèce-souche sauvage brésilienne; mais si, en général, les variétés se croisent plus facilement et plus fréquemment que les espèces, et donnent
plus souvent des produits féconds, il n'en est pas moins vrai
que la stérilité des croisements d'espèces concorde avec la
modification des espèces dans le cours du temps, modification que nous avons mentionnée plus haut. Quant à nous,
nous admettrons provisoirement que les métis et les bâtards,
sous le rapport de la fécondité et de l'aptitude à la constance
de reproduction, se ressemblent par les traits essentiels,
qu'ils ne diffèrent que graduellement, et que ces propriétés
ne peuvent servir à préciser et à limiter la définition de
l'espèce.

Si les anciennes définitions remontent au paradis, et si,
d'après elles, les organismes actuellement vivants descendent en droite ligne des souches de parenté qui ont été
créées miraculeusement dès le principe, et qui n'ont jamais
changé, ces définitions, ainsi qu'il résulte des naïves décla-
rations de Linné, furent admises comme évidentes par elles-
mêmes, et l'on ne pensa jamais à la preuve, qui, du reste,
était absolument impossible. Ajoutons que, dès le siècle dernier, de profonds naturalistes se prononcèrent contre cette

manière superficielle de traiter le sujet, ainsi qu'il résulte d'une lettre de George Forster à Peter Camper et datée du 7 mai 1787. « Que l'on bâtisse des systèmes sur cette définition, ils n'auront aucune stabilité tant que cette expression elle-même n'aura pas été fixée d'une manière immuable. Mais toutes les définitions de ce mot sont hypothétiques ; elles ne présentent aucune clarté par elles-mêmes. Que l'on admette autant d'espèces qu'il en a été créé, comment distinguera-t-on une espèce créée d'une espèce issue du mélange de quelques autres ? Remonter à la création, c'est se perdre dans l'infini et l'insaisissable. Nous ne comprendrons jamais rien par là, et les définitions qui s'appuient sur une base inexplicable, sur un mystère, devraient être à jamais bannies de la science. »

Dans divers groupes d'organismes, on peut reconnaître sans se plier à aucune théorie, une telle instabilité de formes, un tel degré de variabilité qu'une séparation systématique est évidemment forcée et artificielle. Dans beaucoup d'autres groupes, par exemple, dans la plupart des ordres de mammifères, un certain état de repos a succédé à cette période de mouvement, et les espèces soumises à l'observation et à la comparaison paraissent assez bien limitées les unes par rapport aux autres, pour entrer facilement dans le système comme de « bonnes espèces. » Si, au contraire, on juge les bonnes espèces d'après les résultats acquis avec les « mauvaises, » et si on veut écarter cette hypothèse absurde, réfractaire à toute saine intelligence humaine, l'hypothèse d'une création de « bonnes espèces, » création merveilleuse, inaccessible à notre connaissance, tandis qu'on peut analyser l'origine des « mauvaises », l'autre cas seul est possible, et il faut penser avec Haeckel que « toutes les espèces sans exception seraient, si nous les connaissions, complétement mauvaises, dans le sens des naturalistes qui les forgent à plaisir. » Nous connaissons donc assez de mauvaises espèces pour pouvoir conclure avec certitude la loi générale. Ajoutons que toute nouvelle confirmation ou découverte de « mauvaises espèces » sera la bienvenue. Considérées autrefois par les systématiciens comme gênantes, et rejetées par eux comme matériaux inutiles à leur édifice, elles sont, maintenant, devenues la pierre angulaire de la science.

Faut-il donc supprimer complétement les espèces ? Non ; et pour plusieurs raisons. A supposer même **que** ce que l'on appelle « les bonnes espèces » n'existe pas dans le sens des systématiciens, l'esprit humain, tendant à résumer les connaissances acquises, serait obligé de nommer les formes pour ne pas rendre impossible toute méthode scientifique. Du reste, la conservation des espèces est scientifiquement autorisée et nécessaire dès que l'on ne considère que les caractères déterminants, et que l'on veut faire cadrer la définition avec la réalité. L'espèce n'est pas uniquement formée d'individus analogues, car les genres, même dans le cas de développement sans transformation, diffèrent notamment les uns des autres. Mais, si nous rappelons les changements graduels de formes que subissent les organismes soumis à une métamorphose et les formes qui se détachent les unes des autres, en série régulière, dans l'alternance des générations, il nous faudra parler, non plus des individus, mais des cycles de génération embrassant les diverses phases et les diverses séries d'individus. Ces cycles restent semblables à eux-mêmes, tant qu'ils se trouvent soumis aux mêmes conditions extérieures. Quel est l'effet du temps sur leur existence et leur disparition, cette question est obscure. En tout cas, le temps, comme les autres conditions extérieures, est un facteur du changement de l'espèce. Nous estimons qu'elle est absolument variable, et ne possède qu'une stabilité relative ; nous la nommons, avec Haeckel, « l'ensemble de tous les cycles de génération qui présentent les mêmes formes dans les mêmes conditions d'existence. »

CHAPITRE VI

LA PHILOSOPHIE NATURELLE. — GOETHE. — ÉVOLUTION PRÉDESTINÉE
D'APRÈS RICHARD OWEN. — LAMARCK.

Nous nous sommes jusqu'à ce moment occupés principalement des divers modes de manifestation du monde animal,
en les considérant comme des faits connus, et nous avons
évité autant que possible de parler de l'enchaînement des
faits, de critiquer les tentatives d'explication. Cependant il
était nécessaire d'insister sur certaines époques de l'histoire
de notre science, qui ont prolongé leur influence jusque
dans le présent et dont la connaissance nous aide à comprendre les opinions, les tendances et les préjugés qui ont
cours actuellement. Pour ces motifs, nous revenons encore
une fois à l'histoire du développement de la biologie et de
l'anatomie comparée pour découvrir la source des courants
actuels. Depuis la moitié du siècle passé, les sciences naturelles n'ont pas été dépourvues d'idées directrices comme
celles que l'on rencontre dans cette esquisse d'un tableau du
monde, dont Buffon a tracé les contours grandioses. S'il
s'agit d'une vue d'ensemble sur le monde organique, c'est
toujours à la philosophie naturelle que l'on pensera d'abord,
car pendant les vingt premières années de ce siècle, elle
a entrepris d'expliquer l'ensemble du monde par un principe unique et d'en faire dériver, plus que la matière,

même la condition actuelle et future des corps organiques. La philosophie de l'identité avait commencé à établir les lois de l'esprit, en dehors de l'étude de ce qui est corporel et vérifié à sa manière, sur les impondérables et les corps inorganiques, l'identité du monde corporel et du monde intellectuel. Il lui fallut alors étendre ses constructions à l'organisme.

Oken (1) a tenté cette généralisation des principes et, dans son système, a considéré l'ensemble de la nature comme un phénomène de développement. La science naturelle est pour lui la science de l'éternelle transformation de Dieu, c'est-à-dire de l'Esprit, dans le Monde; c'est par conséquent une cosmogénie, dans le sens le plus large du mot. Toute chose, considérée dans la marche génétique de l'ensemble, contient avec la notion de l'être, celle aussi du non-être, ou la position et la négation, en s'élevant à un objet supérieur. Dans ces antithèses est comprise la théorie de la polarité qui se manifeste par le mouvement et la vie des choses. Les corps élémentaires les plus simples se rencontrant se réunissent sous des formes plus élevées qui ne sont que des répétitions et en quelque sorte des puissances de ces corps élémentaires envisagés comme leurs causes. Aussi les différents genres de corps forment-ils des séries parallèles, correspondantes, qui se motivent réciproquement dans leurs articulations et dont l'arrangement systématique résulte, par une nécessité intérieure, de leur développement génétique. Ces séries inférieures reparaissent pendant le développement des individus. Les oppositions du système planétaire et du système solaire se renouvellent dans la plante et dans l'animal, et comme la lumière est le principe du mouvement, l'animal possède le mouvement indépendant, plutôt que la plante qui appartient surtout à la terre. Une proposition générale établira les droits de l'embryologie : « les animaux se perfectionnent peu à peu, ajoutant organe à organe, exactement comme tout corps animal se perfectionne. » Dans l'homme, l'animal le plus élevé, est contenu tout le monde animal. Il est le microcosme proprement dit.

1. L. Oken, La génération, 1805. Traité de philosophie naturelle, 1809-11, 3 parties.

Le système d'Oken arrondi et établi en 3562 propositions, ce système avec ses fantasmagories conséquentes de position, de négation et de polarisation, avec ses formules absolument vides, ne pénètre pas véritablement dans les faits, et ne mérite pas le nom de philosophie naturelle, s'il est vrai que celle-ci doive être l'expression et le lien logique de tous les faits bien observés. Oken cependant a donné par là l'impulsion à de nombreuses et importantes recherches, et nous avons insisté sur ses théories parce qu'elles ont pour le moins un sens aussi clair que les vagues formules et conceptions de développement intérieur, principe de perfectionnement, conversion de l'inférieur en supérieur, et toute la série d'obscurités qui a cours aujourd'hui.

Nous ne suivrons pas, dans ce chapitre, l'ordre chronologique, mais nous caractériserons les diverses conceptions de la nature organique; aussi remonterons-nous à Gœthe qui, selon Haeckel, devança son époque dans la grande question qui nous occupe et doit être proclamé le fondateur indépendant de la théorie de la descendance en Allemagne (1). Nous ne pouvons pas attribuer à l'œuvre de Gœthe cette même signification, car nous nions l'assertion à laquelle Haeckel attache le plus grand poids. Gœthe aurait considéré les espèces non pas comme les manifestations modifiées de la notion mobile du genre, mais comme les sommes des corps, sommes variables dans leur réalité. Ce qui nous décide principalement à insister sur les travaux de Gœthe c'est qu'il a creusé cette idée de type qui, depuis Buffon et pendant le cours de plusieurs générations, fut l'étoile polaire

1. J'emprunte l'exposition suivante à mon essai : « War Goethe ein Darwinianer ? » Gratz, Leuscher et Lubensky, 1871.

Ajouter encore un autre petit écrit de moi : « Goethes Verhältniss zu den organischen Naturwissenschaften. » (Berlin. 1852).

Aux passages reproduits dans le texte, et qui peuvent faire considérer Goethe comme Darwinien, il faut joindre ceux qui suivent et qui sont extraits de l'ouvrage d'Eckermann, intitulé » Gespräche mit Goethe, » (3ᵐᵉ édition, page 191) : « L'homme a donc dans le crâne deux places vides et inoccupées. Demander pourquoi ? ne nous conduirait pas loin, mais la question comment ? me fait savoir *que ces cavités sont des restes du crâne animal qui se trouvent à un plus haut degré dans les organisations inférieures, et ne se sont pas encore complétement perdus chez l'homme malgré sa hauteur.* »

que consultèrent des chercheurs partis d'un point de vue plus élevé, étranger à la systématique pure. Gœthe scruta cette idée en se basant du reste sur une connaissance un peu superficielle des êtres organiques, et resta au seuil de la solution. J'ai exposé dans les mémoires déjà cités comment son activité dans les sciences naturelles découlait nécessairement de son être. Helmholtz et Virchow ont donné d'autres preuves.

Les notes de Gœthe sur la place qu'il occupe dans la nature et ses recherches embrassent un espace de plus de cinquant ans. En 1780, sous ce titre « la Nature », paraît une sorte d'hymne à celle-ci. Cet hymne se termine par ces belles paroles qui font envisager Gœthe comme un panthéiste pur : « Elle m'a amené sur cette terre, elle m'en sortira. Je me confie à elle, qu'elle dispose de moi. Elle ne haïra pas son œuvre. Je ne parlerai point d'elle. Non, le vrai et le faux, elle a tout dit. Elle a fait tout le bien, elle a fait tout le mal. » Peu de temps avant sa mort, en mars 1832, il s'occupait, avec un grand intérêt, de la lutte scientifique brillamment engagée, au sein de l'Académie des sciences de Paris, au sujet des modes d'investigation naturelle et des principes fondamentaux de la conception.

Les deux célèbres naturalistes Cuvier et Gœffroy Saint-Hilaire suivaient des directions différentes : le premier entrait dans les détails, le second recherchait les points de vue élevés pour conclure du général au particulier. Ce que Gœthe a dit à ce sujet, sur le soir de sa vie, est une sorte de profession de foi scientifique, et l'on est saisi d'admiration, lorsque l'on voit ce vieillard de quatre-vingt-trois ans s'élever à la hauteur de son époque et au-dessus des partis, grâce à ces mêmes principes qu'il avait lui même découverts lorsqu'il était dans la force de l'âge.

C'est vers l'année 1780 que Gœthe conçut la première idée de la métamorphose des plantes. Souvent il allait chercher, dans la solitude de la nature, l'oubli des bruits de la ville de Weimar et de la cour. Son attention fut alors attirée par les phénomènes changeants de la vie des plantes, et supposant qu'il y avait, au fond de ces apparences si diverses, une unité, une règle cachées, il était poursuivi par cette idée, lorsqu'en 1787, il résolut de se soustraire complétement aux influences de Weimar et partit pour l'Italie. Ce fut là, en Sicile, qu'il trouva la solution de l'énigme. Il lui sembla que la feuille était l'organe fondamental du développement végétal. Après son retour, une nouvelle étoile s'était élévée, Christiane Vulpius. Gœthe condensa alors la quintessence de ses idées sur la métamorphose des plantes, dans cet excellent poëme dont le passage suivant est présent à la mémoire de tous ceux qui ont fréquenté la muse de Gœthe : « Toutes les formes sont semblables, et aucune ne ressemble à l'autre. Leur ensemble indique une loi cachée, une énigme sacrée. » Ayant appris à voir avec les yeux de l'esprit comme il le demande lui-même au naturaliste, il vit alors dans les diverses parties des plantes le principe unifiant. « Tout organe peut être considéré comme une feuille composée et, comme *stipula* (feuille accessoire), être ramené à la plus grande simplicité. Un seul et même organe, dans des circonstances différentes, se développera en un bourgeon à fleur ou en une branche stérile. Le calice, par une croissance prématurée, peut se transformer en corolle, et la corolle, à son tour, peut redevenir calice. *C'est ce qui rend possibles les transformations les plus diverses des plantes*, et celui qui, dans ses observations, gardera toujours ces lois présentes à l'esprit, en tirera un grand profit et un grand soulagement. » Dans ces quelques lignes se trouve le noyau de la théorie de la métamorphose des plantes qui, dans les vingt premières années de ce siècle, a excité tant d'intérêt.

Gœthe, envisageant les diverses faces de cette idée, la généralisa et en fit l'application au reste du monde organique. Avant Gœthe, tous les naturalistes avaient considéré les insectes comme un ensemble de formations isolées caractérisées par des signes déterminés. Il est vrai que quelques grands hommes comme Malpighi, Swammerdam et Lyonet en avaient étudié les détails, mais on n'avait pensé ni à comparer véritablement les espèces et les genres, ni surtout à expliquer le corps des insectes par ses diverses parties. C'est

ce que fit Gœthe, de la manière la plus ingénieuse et la plus
exacte en considérant comme de simples modifications d'un
seul et même organe fondamental les divers anneaux qui,
dans le corps des insectes, se rattachent les uns aux autres,
depuis la tête jusqu'à l'extrémité postérieure. C'est ce qu'il
avait fait pour les plantes; là la feuille abstraite, la feuille
primitive ou la plante originale, ici l'anneau. Ce fut en 1796,
dans ses leçons sur le projet d'une introduction générale à
l'anatomie comparée, qu'il exprima cette vérité qui fut quarante ans plus tard retrouvée par un des plus éminents zoologistes, Milne-Edwards, et utilisée pour la connaissance du
monde animal. *C'est l'idée du perfectionnement des êtres organiques par la différence de développement des parties fondamentales.* La chenille et le papillon servent ici d'exemple. « Si
incomplet et éphémère que soit dans son espèce le papillon
comparé aux mammifères, sa transformation qui s'accomplit
sous nos yeux, lui donne les avantages que possède un animal plus parfait sur un animal qui l'est moins, c'est-à-dire
que les diverses parties sont bien déterminées et qu'elles ne
peuvent ni se remplacer ni se confondre. Chacune d'elles
est appropriée à sa fonction et l'accomplit, sans s'en dépar-
tir. » Chez les animaux les plus parfaits, les vertébrés, il y a
aussi un organe fondamental, la vertèbre, qui se métamorphose, dans l'intérieur de l'individu. Gœthe en étudia les
transformations dans la longueur de la colonne vertébrale.
Lorsque l'on compare la première vertèbre cervicale avec la
dernière vertèbre caudale, il est difficile de conclure à leur
identité, bien qu'il soit facile de reconnaître cette identité
dans les transitions graduelles. Une nouvelle question se présente alors : de quoi la première vertèbre cervicale est-elle
précédée ? Le crâne est-il quelque chose d'absolument différent, de nouveau, et n'a-t-il rien d'identique avec la colonne
vertébrale? Cette pensée troublait Gœthe; il la suivit pas à
pas. Il réfléchit et compara : une autre explication était
impossible; le crâne devait appartenir à la colonne vertébrale; il ne pouvait être qu'une partie de celle-ci. Les in-
certitudes de Gœthe dans la vérité, « mettaient dans une
sorte d'embarras sa droiture d'observateur. » C'est ainsi que

lui-même il s'exprima plus tard. En 1790, il trouvait un crâne d'agneau blanchi, dans le cimetière des Juifs à Venise. « Ce fut alors que l'origine du crâne lui apparut : le crâne vient des vertèbres. » L'histoire spéciale de l'anatomie comparée a prouvé comhien cette découverte hypothétique avait été fructueuse. Cependant la chose est beaucoup plus compliquée que Gœthe et ses successeurs ne le pensaient.

Nous mentionnerons encore **une découverte de Gœthe**, qui révèle sa manière propre. Je veux parler de l'os intermaxillaire de l'homme. C'était vers l'an 80 du siècle dernier, que Gœthe étudiait la théorie des os, à Iéna, sous la direction de Loder, célèbre anatomiste. Il est facile de voir que tous les animaux les plus élevés dans l'échelle possèdent un os qui maintient les incisives supérieures. « J'entendis soutenir, » dit Gœthe, « une thèse qui me parut étrange. On voulait chercher la différence **entre le singe et l'homme** dans ce fait que le singe possède un os intermaxillaire, tandis que l'homme, disait-on, n'en possède pas. Or la partie dont il s'agit est essentiellement importante, parce que les incisives supérieures y sont implantées. On ne pouvait donc comprendre que l'homme eût des incisives sans posséder en même temps l'os où elles sont fixées. » Si Gœthe ne le comprenait point, c'est qu'il s'était formé de la comparaison dans la nature cette idée « que toutes les divisions de la créature, en détail et en général, doivent se retrouver chez tous les individus. » Imaginer que l'homme fasse exception, qu'il échappe à la règle commune, il ne pouvait s'y résoudre. Il fallait que l'homme eût un os intermaxillaire, et contrairement aux opinions des plus grands anatomistes de cette époque, comme Peter Camper, Gœthe fit voir que cet os intermaxillaire existe chez l'homme, bien qu'à la vérité, il finisse par se confondre avec la mâchoire supérieure proprement dite, mais qu'il est parfaitement distinct et représente une partie isolée, pendant le développement et les premières années de la vie.

Nous avons déjà tiré maint profit de l'exposition qui précède. Gœthe ne trouvait aucun plaisir à étudier les détails et les faits isolés. La considération de la nature et celle des objets naturels parvenus à leur terme et achevés ne lui inspiraient d'autre pensée que d'en rechercher le développement et par suite la cause. Juger les choses par les causes finales, d'après un but supposé, déterminé d'avance par l'hypothèse lui paraissait « un triste expédient. » Il fallait y renoncer complétement. Aussi mit-il en honneur « la méthode génétique de penser, » méthode à laquelle l'Allemand ne peut, dit-il, se soustraire. Il créa le nom de *morphologie* pour désigner cette manière d'envisager la nature, estimant que tout ce qui est vivant est intimement lié ensemble et que la forme extérieure annonce l'intérieur. Il rechercha « comment la nature vit dans la création », et nous l'avons vu, par la recherche et la découverte des formes primitives, sortir de l'étonnement causé par les transformations perpétuelles, de la confusion dans laquelle le plongeait la multiplicité des formes. Déjà avant qu'il n'eût réalisé la métamorphose des plantes, lorsqu'il était entouré d'os et de squelettes entiers dans son ossuaire scientifique d'Iéna, il avait conçu l'idée d'un *type* anatomique, d'un dessin général, « qui contiendrait, autant que possible, les formes de tous les animaux vertébrés et d'après lequel on décrirait chacun d'eux dans un certain ordre. » « C'est l'expérience qui doit d'abord nous apprendre quelles sont les parties communes à tous les animaux et en quoi elles diffèrent entre elles. Quant à l'idée, elle doit dominer le tout et tracer le dessin général d'une manière génétique. » On doit donc faire abstraction des détails et entrer en possession d'un certain dessin primitif. Or l'homme ne peut servir de terme de comparaison pour les animaux, et inversement la complication infinie de l'homme n'est pas complétement expliquée par l'organisation animale; il faut donc recourir à quelque chose qui plane au-dessus de l'homme et des animaux. La nature, selon Goethe, n'a, dans ses créations, qu'à observer cette abstraction, cette image qu'il n'est pas possible de représenter, « sans pouvoir, par aucun point, briser ce cercle ou le franchir. »

Faire de Gœthe le héraut de la théorie de la descendance, ou même se borner à le considérer comme le prophète, en quelque sorte poétiquement inspiré, de cette théorie, c'est attacher une trop grande importance aux opinions qu'il a exprimées sur l'évolution indéfiniment progressive et à d'autres semblables ; c'est méconnaître le sens qu'il y a attaché. Examinons le passage suivant qui paraît décisif à Haeckel, notre ami : « Nous aurions donc obtenu ce résultat : pouvoir affirmer sans crainte que toutes les natures organiques parfaites, parmi lesquelles nous voyons les poissons, les amphibies, les oiseaux, les mammifères et l'homme, sont toutes formées d'après un dessin primitif, dont les parties très-constantes n'oscillent que plus ou moins, et se transforment encore journellement par reproduction. »

Cela ne signifie nullement qu'il faille opposer les parties constantes aux parties inconstantes.

Déjà, avant Geoffroy Saint-Hilaire, Gœthe a parlé d'une loi qui n'est véritablement pas une loi, et qui n'est pas non plus l'expression des faits : la nature ne disposant, pour ses formations, que d'un certain budget, dont elle équilibre les diverses parties. Il ne semble pas avoir su qu'Aristote avait déjà exprimé la même idée et affirmé que la nature n'agrandit jamais un organe qu'aux dépens d'un autre. Gœthe a aussi formulé l'une des prétendues lois, découvertes par le naturaliste français, c'est à-dire qu'un organe disparaîtrait plutôt que de perdre sa place. La nature, selon Gœthe, ne dispose donc jamais que des mêmes parties. La nature lui paraît inépuisable dans la modification et la réalisation du *dessin primitif;* mais « ce qui a une fois été réalisé » persiste par une force tenace de permanence, dont les causes les plus profondes ne peuvent se manifester extérieurement. Aussi lorsqu'il parle du perfectionnement et de la transformation que la reproduction opère tous les jours, il n'entend parler, quant aux créatures déjà réalisées, que de ce cercle des développements et métamorphoses, qui paraît l'image de la nature inépuisable. Pour Gœthe, les influences que la nature a exercées sur les parties continuent à agir; mais il ne parle nullement d'une transformation proprement dite des espèces actuelles en espèces nouvelles, comme le demande la théorie moderne de la descendance de Darwin.

Quel était donc, au point de vue de Gœthe, l'objet destiné à subir la transformation? Ce n'était certainement pas le dessin primitif. Il est vrai que Gœthe dit : « C'est ainsi que l'aigle se forma par l'air et pour l'air, par la montagne et pour la montagne. La taupe se développe pour les terres légères, le phoque pour l'eau, la chauve-souris pour l'air, » et en général : « l'animal est formé par les circonstances et pour elles. » Mais les explications qu'il donne, dans son esquisse de 1796, montrent bien évidemment qu'il ne pense point à la transformation des espèces existantes, *mais à de simples modes de manifestation du type et de l'image primitive, tels qu'ils se trouvent dans les espèces données.* C'est ainsi qu'il écrit : « Le serpent est très-élevé dans l'organisation. Il a une tête bien évidente, avec un organe auxiliaire complet; une mâchoire inférieure attachée en avant. Seulement le corps est pour ainsi dire infini, et il peut l'être, parce que le serpent n'a ni matière, ni force à dépenser pour des organes auxiliaires. Dès que ceux-ci apparaissent dans une autre formation, ne fût-ce, par exemple, que les courtes pattes antérieures et postérieures du lézard, la longueur, qui n'a plus de raison d'être, diminue, le corps se ramasse sur lui-même et se raccourcit. Que le corps de la grenouille se rapetisse, c'est la conséquence de la grandeur des jambes, et le crapaud transformé s'élargit, d'après cette même loi. » Il est bon d'avoir présent à l'esprit ce passage un peu trivial, pour ne pas s'exposer à voir, dans l'embellissement poétique de la métamorphose des animaux, quelque chose de plus que ce qui s'y trouve réellement.

Si Gœthe dans ce magnifique poëme dit :

« La forme détermine donc le mode de vie de l'animal, et le mode d'existence à son tour agit puissamment sur toutes les formes » — nous confessons que la phrase paraît séduisante; mais le charme est rompu et l'on revient à une appréciation plus calme et plus exacte, lorsqu'on lit les remarques de Gœthe sur les squelettes de rongeurs, de d'Alton (1824). Il résulte évidemment de la lecture

de ce passage, que Gœthe était bien éloigné de penser que
la pression des influences extérieures puisse contraindre
un rongeur à se transformer en un autre. Le lecteur
peut juger lui-même : « Cherchons l'être vivant dans la région de l'eau. Dans les marais des rivages, il ressemble à
l'animal connu sous le nom de cochon d'eau. Dans les
eaux fraîches, la créature prend la forme du castor; puis,
tant qu'elle a encore besoin d'un peu d'humidité, elle s'en-
fouit dans la terre, ou tout au moins, recherche les endroits
cachés; craintive et prudente, elle se cache de l'homme et
des autres créatures. Parvient-elle enfin à la surface, elle se
plaît à bondir, soutient son corps verticalement, et se meut
çà et là sur deux pattes avec une merveilleuse rapidité. Dans
les régions les plus sèches de l'atmosphère, nous trouvons
bien évidemment l'influence de l'humidité et de la lumière
qui anime tout. La plus grande mobilité échoit alors en
partage à l'animal; ses mouvements sont très-rapides; il
saute à la manière des oiseaux, puis finit par voler d'une
manière évidente. » C'est ainsi que Gœthe soutient l'influence des milieux et des conditions extérieures sur les
changements de forme; on chercherait vainement quelles
sont les formes réelles modifiées. Le castor ne se transforme
pas en animal fouisseur, rappelant la souris, ni la souris en
gerboise; la gerboise à son tour ne se tranforme pas en écureuil, ni celui-ci en écureuil volant, mais « l'évolution qui
progresse sans cesse » n'est visible que pour l'intelligence.
En réalité, Gœthe ne trouve que des approximations. Malgré sa tendance à attribuer les modifications aux conditions extérieures, il affirme bien positivement ailleurs que
« les parties de l'animal, leurs formes comparées, leurs relations, leurs propriétés particulières déterminent les néces-
sités vitales de la créature, » et si, dans l'intérieur du cercle
restreint du développement, nous voyons se produire à l'infini les modifications de la forme (Entwurf, 1796), nous faisons abstraction des espèces mises au jour par la nature
éternellement une et créatrice, et considérées par nous
comme des variations du dessin primitif.

Avec ce mot d'espèce, nous sommes parvenus au point le

plus important de notre exposition de la manière **dont**
Gœthe considérait la nature, mais de ce qui précède il ré-
sultait incontestablement que Gœthe ne peut pas être considéré comme un véritable précurseur de Darwin. Ce dernier et ses partisans affirment la variabilité des espèces
dites végétales et animales. La question est simple : Gœthe
était-il, comme son contemporain Lamarck, convaincu de
cette variabilité. Lorsqu'il dit que « de la graine se développent toujours des plantes différentes, déterminant les
rapports modifiés de leurs parties entre elles, » cette phrase
est ambiguë ; elle peut se rapporter à l'origine de nouvelles
espèces et aussi à la variabilité de l'espèce invariable dans
son essence. Ailleurs il parle de la « destinée » du cheval.
Je ne puis trouver, dans les œuvres de Gœthe, qu'un passage où il soit question de la véritable transformation
d'un animal, sinon en une nouvelle espèce, du moins en
une variété constante bien tranchée. Un Dr Körte donna,
en 1820, la description d'un taureau primitif trouvé dans
les environs de Halberstadt, et expliqua, par des comparaisons et des considérations particulières, comment peu à peu,
sous l'influence de la domestication, notre veau domestique,
qui en diffère sous beaucoup de rapports, en était issu. Cette
découverte, ainsi qu'une autre qui eut lieu dans la Thu-
ringe (1821) et dont l'exemplaire fut acquis par Gœthe pour
la musée d'Iena, lui donnèrent l'occasion d'acquiescer aux
opinions de Körte et la possibilité de fournir un exemple
réel de cette transformation qui du reste est toujours facile.

De là à la reconnaissance de l'évolution de l'espèce il **y a**
loin, et cette distance, Gœthe ne l'a pas franchie. Nous avons
vu que la pensée de faire dériver d'espèces-souches éteintes
certains animaux actuellement vivants ne lui était point
étrangère : « Nous possédons les restes les plus authentiques
d'êtres organiques qui ne pouvaient se perpétuer vivants par
reproduction ; » cette observation n'empêcherait pas qu'il
n'eût admis en général une solidarité immédiate, basée sur
une génération directe entre le monde animal actuel et les
espèces fossiles tout-à-fait autrement organisées. Or il est
tout-à-fait exact que beaucoup d'espèces, de genres et de

groupes ont brillé, puis se sont éteints et ont disparu complétement avant la période actuelle. Dans des dessins aphoristiques qu'il appelle problèmes et qui ont été tracés avant l'année 1823, il parle de « genres sans caractère, auxquels peut-être il est à peine permis de donner le nom d'espèces, car ils se perdent en des variétés infinies. » Il les oppose aux genres possédant un caractère qu'ils reproduisent dans toutes leurs espèces, de telle sorte qu'on peut s'en approcher par voie rationnelle. Gœthe s'en tient à ce fait, pour expliquer son idée de la métamorphose, que nous avons déjà appréciée ; et nous n'avons pas le droit d'interpréter, dans le sens de notre darwinisme, les genres sans caractère ou « dissolus », en admettant que leurs formes ne se soient pas fixées, tandis que la division des genres caractérisés en espèces bien distinctes, aurait pour cause la disparition des formes intermédiaires qui, dans la suite des temps, auraient succombé dans la lutte pour l'existence. Gœthe confia ces problèmes à son jeune ami, versé dans les arts, Ernest Meyer, le chargeant de les étudier et de lui soumettre ses observations. Meyer s'exprime ainsi : « Autant les genres à caractère son faciles à étudier, autant sont difficiles les caractère sont faciles à étudier, plus sont difficiles les genres sans caractère. Mais si on les observe sérieusement et avec un zèle persévérant, pourvu que l'on ne manque pas d'un tact naturel et perfectionné par l'exercice, bien loin de s'y perdre, *on ne tardera pas à reconnaître, au milieu de la multiplicité des formes, les véritables espèces et leurs caractères.* »

A supposer que, dans tout genre à formes nombreuses, on ne trouvât réellement point de démarcation tracée par la nature elle-même, qui nous empêcherait de considérer ce genre comme une espèce unique et toutes ses formes comme autant de sous-espèces ? Tant que l'on n'aura pas prouvé, ce qui du reste est difficile à faire, qu'il n'y a pas d'espèces dans la nature, mais que toutes les formes, même les plus éloignées, procèdent les unes des autres par les membres qui les composent, *il faudra nous permettre d'user de ce procédé.* — Le maître veut-il maintenant instruire l'élève ou le suppléer selon l'ancienne coutume ? » Et il le supplée, car il admet dans ses écrits morphologiques ce que l'élève, au sujet de ces problèmes, annonce « comme un témoignage de pure communauté d'opinion et d'esprit. »

On ne peut mettre en doute que Gœthe n'eût sur la nature organique des idées plus profondes que ses contemporains. Cependant il ne faut pas oublier que l'idée principale de la transformation du dessin primitif préoccupait déjà, avec Gœthe et avant Gœthe, les esprits les plus éminents, ainsi qu'on le verra dans mon petit ouvrage connu des spécialistes : « *die Entwickelung der verleichenden Anatomie,* » 1855. Si Peter Camper, dans ses cours populaires, amusait ses auditeurs en leur montrant un beau corps de femme qui sortait d'un cheval, s'il disait avoir assez approfondi ses études sur les baleines et leur comparaison avec la formation humaine, pour que toutes les femmes, jolies ou laides, ne fussent à ses yeux que des dauphins et des cachalots, c'est uniquement parce qu'il partait d'un dessin primitif, d'une forme fondamentale. Gœthe n'était que plus conséquent, et en dépit des « observations laborieuses », il demandait chez l'homme comme chez le singe l'os intermaxillaire. Gœthe dit en 1807 : « Si l'on considère les plantes et les animaux dans leur état le plus imparfait, on peut à peine les distinguer. Tout ce que nous pouvons dire, c'est que les êtres sortant d'une parenté presque inséparable, plantes et animaux, se perfectionnent peu à peu, dans deux directions opposées, en sorte que la plante, devenant rigide et durable, finit par se transformer en arbre, et l'animal en homme, pour sa plus grande liberté et mobilité. » Mais ce n'est là qu'une thèse déjà exprimée près de cinquante ans auparavant par Buffon et depuis renouvelée sous toutes les formes. Gœthe l'avait symboliquement embellie, selon sa « manière de chercher, de savoir et de jouir. »

Ce n'est pas Gœthe qui le premier, dans son esquisse de 1796, se livre à la comparaison très-fructueuse des organes identiques d'un seul et même corps. L'ingénieux Vicq-d'Azyr l'a déjà fait en 1786. En un mot, l'idée du type, dessin primitif, plan fondamental, était une conquête de l'époque de Gœthe ; seulement elle a été exprimée par lui d'une manière plus frappante et plus variée, parce qu'il y a rattaché la notion de mouvement et de mobilité, mais, au figuré, par suite de sa tendance à tout symboliser.

Si Gœthe pense avoir trouvé des « lois », il commet une erreur dont se sont bercés les naturalistes, depuis le siècle précédent jusqu'à nos jours, en s'imaginant que constater les faits, ce soit les expliquer, les ramener à leurs causes. Gœthe connait une « tendance héliçoïdale » et une « tendance verticale » des plantes. Immédiatement il en fait les « lois fondamentales de la vie. » Or, s'il est vrai que nous voyons la tendance verticale en haut et en bas, dans la racine et dans la souche, s'il est vrai que nous voyons des tours et des spirales de feuilles, nous avons pu décomposer ces faits en phénomènes physiques et physiologiques plus simples, sans être parvenus à la cause intime, à la vraie loi.

L'opinion de Gœthe sur la place de l'homme dans la nature, n'est point comprise dans ce qui précède. Gœthe ne pouvait avouer que l'homme, création et produit de la nature, fût une exception au milieu des animaux. L'homme reste donc, sans restriction, dans l'intérieur du type « dont les parties continuent à se transformer à travers tous les genres et les espèces des animaux. » Nous avons, je crois, suffisamment prouvé que l'opinion précédemment citée, et d'autres semblables, ne s'appliquent qu'à la variabilité potentielle du dessin primitif, exprimée par les genres et les espèces. Aussi l'homme est-il pour lui parent de l'animal conformément à l'idée du type, mais non par reproduction réelle et descendance. C'est ainsi que Gœthe cherchait à expliquer « la plus belle organisation. » Il était satisfait de ces tentatives (1).

1. V. Carus dans son ouvrage : « Geschichte der zoologie » (histoire de la zoologie), porte un jugement un peu méprisant sur l'importance de Gœthe dans notre domaine. Que le lecteur compare : « Son introduction à l'anatomie comparée prouve combien peu, en dépit de ses fréquentes études d'anatomie comparée, il était parvenu à voir véritablement clair dans la structure régulière des animaux. Entre les détails arides de l'anatomie descriptive, et la morphologie qui flotte vaguement devant ses yeux, il ne peut tracer sa voie, et ne sait qu'indiquer l'idée d'un type primitif pour les animaux ; mais il lui est impossible de le définir et de le rendre en quelque sorte visible par des indications générales. D'après l'ensemble de sa nature particulière, ur

Il semble qu'il y ait loin de Gœthe à notre contemporain, Richard Owen. Mais si nous avons parlé de Gœthe, pour faire connaître comment on a procédé dans la considération de la nature et comment on s'est contenté d'une formule éblouissante, mais qui finalement n'était qu'obscure, au sujet de la dépendance mutuelle de ce qui est vivant, le célèbre professeur anglais d'anatomie comparée nous montrera comment on peut faire le dernier pas et se convaincre que la similitude des espèces n'est résolue que par la parenté sanguine, et comment, en s'en tenant au miracle et au dualisme, on laisse glisser entre ses mains les profits de la vérité qui vient d'être reconnue (1).

R. Owen, à l'instigation de **Cuvier**, dont il était l'élève en 1830, cherchait à se rendre compte de la cause des homologies. Cuvier avait déduit la concordance des organes de la notion des causes finales, car il disait que les organes sont semblables, parce que et quand ils ont des fonctions semblables à remplir. Owen, à la manière de Gœthe, rechercha un type primitif (archétype) pour expliquer l'unité dans la multiplicité et la diversité du développement. Les séries qui se renouvellent dans l'organisme, telles que les vertèbres, la succession des organismes, ne lui parurent pas explicables par des créations miraculeuses, mais bien par des lois naturelles et des causes agissantes qui distribuent les espèces en séries et les perfectionnent progressivement; ces lois et ces causes sont l'œuvre d'une volonté supérieure, intelligente, qui les a déterminées à l'avance (2). Le savant anglais, qui connaissait si bien le monde animal fossile, ne pouvait ignorer que plus les périodes géologiques sont séparées, plus l'organisation des espèces est générale et moins spécialisée. Il pouvait vérifier le fait tout particulièrement,

tel type était pour lui un besoin, non scientifique, mais esthétique, etc. (p. 590).

1. Owen s'est expliqué sur sa position, vis-à-vis de la théorie de la descendance, à la fin de son traité d'anatomie comparée des vertébrés. Ce dernier a été imprimé à part sous ce titre : « Derivative hypothesis, of life and species. » 1868.

2. A la source indiquée : « such curse being the servant of predetermining intelligent will. »

d'après la dentition des mammifères et spécialement d'après
cette circonstance que les ongulés commencent avec les
terrains tertiaires les plus reculés, et prennent peu à peu le
caractère du solipède. Demande-t-on si l'origine des espèces
est miraculeuse ou soumise à une loi, il répond qu'il admet
l'action continue d'une loi. Mais celle-ci est quelque chose
de très-différent de ce que la science désigne ordinairement sous ce nom. Pourquoi le cheval est-il devenu ?
Parce qu'il était prédestiné et préparé pour l'homme par la
divinité (1). Cela doit avoir lieu par la loi de dérivation (derivative law). Mais, c'est là encore un mot vide de sens, une
phrase qui signifie que le cheval s'est peu à peu transformé
en cheval, parce qu'il n'a pu en être autrement. Les précurseurs du cheval se modifient déjà en vue de l'homme qui
n'existe pas encore, mais que prévoit déjà la volonté intelligente. Nous pourrions donc comparer ces prédécesseurs du
cheval à des jeux de la nature ; si l'évolution a lieu, ce n'est
pas qu'elle soit forcée par des causes intérieures, mais parce
qu'il plait à la volonté intelligente qu'il en soit ainsi. Nous
devons nous garder des lois naturelles de ce genre. « Une
tendance native, dit Owen, agissant pendant des périodes
de temps suffisantes pour modifier le type héréditaire, tel
est, me paraît-il, le mode d'action le plus vraisemblable
de la loi naturelle, en vertu de laquelle les espèces sont
issues les unes des autres (2). » Il voit de l'ichthyosaure à
l'homme l'ensemble de la descendance, il nie que l'influence
du voisinage soit décisive, et rejette délibérément tout miracle, ce qui ne l'empêche pas de se renfermer immédiatement dans le merveilleux de la tendance native à un développement qui n'est pas provoqué par les circonstances et

1. No one can enter the saddling-ground at Epsom before the start for the
Derby, without feeling that the glossy-coated, proudly-stepping creatures led
out before him are the most perfect and beautiful of quadrupeds. As such,
I believe the horse to have been predestined and prepared for Man. » A l'endroit indiqué, page 11.

2. « I deem an innate tendency to derivate from parental type, operating
through periods of adequate duration, to be the most probable nature or
way of operation of the secondary law, whereby species have been derived one
from the other. » A l'endroit indiqué, page 22.

ne dépend pas d'elles, mais qui répond à un but à venir.

C'est ainsi que procèdent les esprits incomplets qui redoutent les conséquences, et qui remplacent par un mot la conscience scientifique.

Nous arrivons maintenant à un homme de génie, dont l'œuvre capitale, la *Philosophie zoologique* (1), fut négligée

1. Lamarck, Philosophie zoologique (Paris, 1809). Voici les passages auxquels il est fait allusion dans le texte :

« Aussi l'on peut assurer que, parmi ses productions, la nature n'a réellement formé ni classes, ni ordres, ni familles, ni espèces constantes, mais seulement des individus qui se succèdent les uns aux autres, et qui ressemblent à ceux qui les ont produits. Or, ces individus appartiennent à des races infiniment diversifiées, qui se nuancent sous toutes les formes et dans tous les degrés d'organisation, et qui chacune se conservent sans mutation, tant qu'aucune cause de changement n'agit sur elle. » I, 22.

« La supposition presque généralement admise, que les corps vivants constituent des espèces constamment distinctes par des caractères invariables, et que l'existence de ces espèces est aussi ancienne que celle de la nature même, fut établie dans un temps où l'on n'avait pas suffisamment observé, et où toutes les sciences naturelles étaient à peu près nulles. Elle est tous les jours démentie, aux yeux de ceux qui ont beaucoup vu et qui ont longtemps suivi la nature. » I, 54.

« Les espèces n'ont réellement qu'une constance relative à la durée des circonstances dans lesquelles se sont trouvés tous les individus qui les représentent. » I, 55.

« Les considérations, etc., nous font voir :

« 1 Que tous les corps organisés de notre globe sont de véritables productions de la nature, qu'elle a successivement exécutées à la suite de beaucoup de temps ;

« 2 Que dans sa marche la nature a commencé, et recommence encore tous les jours, par former les corps organisés les plus simples et qu'elle ne forme directement que ceux-là, c'est-à-dire que ces dernières ébauches de l'organisation qu'on a désignées par l'expression de générations spontanées ;

« 3 Que les premières ébauches de l'animal et du végétal, étant formées dans les lieux et les circonstances convenables, les facultés d'une vie commençante et d'un mouvement organique établi, ont nécessairement développé peu à peu les organes, et qu'avec le temps, elles les ont diversifiés ainsi que les parties ;

« 4 Que la faculté d'accroissement dans chaque portion du corps organisé étant inhérente aux premiers effets de la vie, elle a donné lieu aux différents modes de multiplication et de régénération des individus ; et que par là les progrès acquis dans la composition de l'organisation et dans la forme et la diversité des parties ont été conservés ;

« 5 Qu'à l'aide d'un temps suffisant, des circonstances, qui ont été nécessairement favorables, des changements que tous les points de la surface du globe ont successivement subis dans leur état, en un mot, du pouvoir qu'ont les nouvelles situations et les nouvelles habitudes pour modifier les organes des corps doués de la vie, tous ceux qui existent maintenant ont été insensiblement formés tels que nous les voyons ;

« 6 Enfin, que d'après un ordre semblable de choses, les corps vivants

et presque oubliée pendant un demi-siècle, jusqu'à ce qu'elle fût remise en honneur, comme elle le méritait, par Darwin, mais surtout par Haeckel, et récemment, en France, par Ch. Martins. Ce fut J.-B. Lamarck qui formula le premier la théorie de la descendance et qui, en 1804, émit nettement toutes les propositions que Darwin reprit et établit plus tard sur des bases plus solides. Lamarck avança que seules, les limites tracées à notre puissance de conception, nous obligent à forger des systèmes, et que toutes les définitions et gradations sont de nature systématique. « Aussi, l'on peut assurer que, parmi ses productions, la nature n'a réellement formé ni ordres, ni classes, ni familles, ni espèces constantes, mais

ayant éprouvé chacun des changements plus ou moins grands dans l'état de leur organisation et de leurs parties, ce qu'on nomme espèce parmi eux, a été insensiblement et successivement ainsi formé, n'a qu'une constance relative dans son état, et ne peut être aussi ancien que la nature. » I, p. 65 et suite.

« La progression dans la composition de l'organisation subit, çà et là, dans la série générale des animaux, des anomalies opérées par l'influence des circonstances d'habitations, et par celle des habitudes contractées. » I, 135.

« Dans tout animal qui n'a point dépassé le terme de ses développements, l'emploi plus fréquent et routiné d'un organe quelconque, fortifie peu à peu cet organe, le développe, l'agrandit, et lui donne une puissance proportionnée à la durée de cet emploi; tandis que le défaut constant d'usage de tel organe l'affaiblit insensiblement, le détériore, diminue progressivement ses facultés et finit par le faire disparaitre.

« Tout ce que la nature a fait acquérir ou perdre aux individus par l'influence des circonstances où leur race se trouve depuis longtemps exposée, et par conséquent par l'influence de l'emploi prédominant de tel organe ou par celle d'un défaut constant d'usage de telle partie, elle le conserve par génération aux nouveaux individus qui en proviennent. I, 235.

« La volonté dépendant toujours d'un jugement quelconque, n'est jamais véritablement libre; car le jugement qui y donne lieu, est, comme le quotient d'une opération arithmétique, un résultat nécessaire de l'ensemble des opérations qui l'ont formé. » I, 342.

« Les animaux contractent, pour satisfaire à ces besoins, diverses sortes d'habitudes, qui se transforment en eux en autant de penchants, auxquels ils ne peuvent résister et qu'ils ne peuvent changer eux-mêmes. De là l'origine de leurs actions habituelles et de leurs inclinations particulières, auxquelles on a donné le nom d'instinct. Ce penchant des animaux à la conservation des habitudes et au renouvellement des actions qui en proviennent, étant une fois acquis, se propage ensuite dans les individus, par la voie de la reproduction ou de la génération, qui conserve l'organisation et la disposition des parties dans leur état obtenu; en sorte que ce même penchant existe déjà dans les nouveaux individus, avant même qu'ils l'aient exercé. » I, 325.

A la seconde édition de la « Philosophie zoologique » parue à Paris, chez Savy, en 1873, l'éminent professeur de Montpellier, Charles Martins a ajouté, sous forme de préface, une excellente biographie et appréciation de Lamarck.

seulement des individus qui se succèdent les uns aux autres et qui ressemblent à ceux qui les ont produits. Or, ces individus appartiennent à des races infiniment diversifiées, qui se nuancent sous toutes les formes et dans tous les degrés d'organisation, et qui chacune se conservent sans mutation, tant qu'aucune cause de changement n'agit sur elles. » Partant des espèces, Lamarck constate, comme nous l'avons fait, leur invariabilité. La comparaison des faits de bâtardise et de formation de variétés lui prouve « que tous les corps organisés de notre globe sont de véritables productions de la nature, qu'elle a successivement exécutées, à la suite de beaucoup de temps; que dans sa marche, la nature a commencé et recommence encore tous les jours par former les corps organisés les plus simples, et qu'elle ne forme directement que ceux-là, c'est-à-dire ces premières ébauches de l'organisation qu'on a désignées par l'expression de générations spontanées. »

Les modifications et les transformations, suivant Lamarck, sont produites par des influences extérieures ; elles se changent, dans le cours des temps, en différences essentielles, en sorte qu'après un grand nombre de générations successives, les individus qui appartenaient primitivement à une espèce, appartiennent à une nouvelle espèce. La durée limitée de notre vie nous a habitués à considérer des laps de temps si courts qu'il en est sorti l'hypothèse vulgaire et fausse de l'invariabilité. La transformation s'accomplit, par l'effet de la nécessité où se trouvent les individus de s'accommoder aux variations des conditions de leur existence. De nouvelles circonstances éveillent de nouveaux besoins et de nouvelles activités; celles-ci de nouvelles habitudes et de nouvelles inclinations. Il faut attacher une grande importance à l'exercice, ou au défaut d'exercice des organes.

« Dans tout animal qui n'a point dépassé le terme de ses développements, l'emploi plus fréquent et routinier d'un organe quelconque fortifie peu à peu cet organe, le développe, l'agrandit et lui donne une puissance proportionnée à la durée de cet emploi; tandis que le défaut constant d'usage de tel organe l'affaiblit insensiblement, le détériore, diminue progressivement ses facultés et finit par le faire disparaître. C'est ainsi, selon Lamarck, que la nature ne nous montre les êtres vivants que comme des individus qui se suivent par générations; mais les espèces n'ont qu'une fixité relative etne sont que temporairement invariables. »

Lamarck touche aussi la lutte de tous contre tous (I, 99, etc); mais il ne trouve pas le mot de sélection naturelle; il s'est rendu compte de ces deux facteurs : l'hérédité et l'accommodation, mais il manque à ses considérations et à ses convictions la confirmation de la preuve détaillée. Son explication des instincts montre comme il a délicatement compris la vie. Tous les actes instinctifs, selon lui, s'accomplissent sous l'excitation que des « penchants acquis » exercent sur le système nerveux; et si ces actes ne sont pas le produit d'une réflexion, d'un choix ou d'un jugement, ils satisfont toujours certainement et infailliblement les besoins éprouvés et les penchants résultant de l'habitude. « Ce penchant des animaux à la conservation des habitudes et au renouvellement des actions qui en proviennent étant une fois acquis, se propage ensuite dans les individus par la voie de la reproduction ou de la génération qui conserve l'organisation et la disposition des parties dans leur état obtenu; en sorte que ce même penchant existe déjà dans les nouveaux individus, avant même qu'ils l'aient exercé. »

Du reste, cette explication, comme Darwin l'a montré, ne suffit pas pour tous les faits de l'instinct; mais cependant elle est bien supérieure à la *philosophie* actuelle *de l'inconscient,* selon laquelle l'organisme qui exécute les instincts serait systématiquement régi par un être métaphysique résidant en dehors de cet organisme (1).

1. La définition de l'instinct par l'ingénieux auteur de l'ouvrage « Das Un bewusste » ne diffère pas essentiellement de celle de Lamarck : « Dans ce sens on peut dire que *tout instinct,* quant à son origine, est en dernier ressort, une habitude *acquise par hérédité,* et le proverbe : l'habitude est une seconde nature, se complète par là d'une façon inattendue, puisque l'habitude est en même temps aussi le *prius* et l'origine de la *première* nature, c'est-à-dire de l'instinct. Car c'est toujours par l'habitude, c'est-à-dire par la répétition fréquente des mêmes fonctions, qui grave si profondément dans les organes centraux du système nerveux, le mode d'action, en quelque sorte provoqué, que la prédisposition qui prend ainsi naissance devient susceptible d'être transmise par hérédité.

CHAPITRE VII

Depuis que l'humanité travaille dans le domaine intellectuel avec la conscience de ses actes, il s'est rencontré des
hommes éminents qui, combinant les idées plus vite que
leurs contemporains, les ont précédés dans la conception
de grandes vérités et la découverte de lois importantes.
Mais on est facilement tenté d'estimer trop haut cette première prise de possession par quelques hommes, et dans
tous les cas où il s'agit de leurs hauts faits intellectuels, on
reconnaîtra qu'ils flottaient pour ainsi dire dans l'air, et
que le flair plus développé, pour employer le nom que
l'on donne à cette faculté, qu'une intuition reposant sur des
conclusions inconscientes, sont les seuls ressorts qui ont
élevé le privilégié au-dessus de la foule moins clairvoyante.

Les grands points radiants de la science, les révolutions dans
le domaine intellectuel se préparent longtemps à l'avance ;
rarement le mot de la solution est prématuré et incompréhensible pour les contemporains ; dans la règle, si l'évolution
n'a point été essentiellement graduelle, si elle n'a presque
pas été remarquée, mais que le rideau ait été subitement
tiré par l'un de ces esprits d'élite, il tombe en quelque sorte
des écailles des yeux des collaborateurs et des spectateurs,

et il y a dans la rapidité avec laquelle la nouvelle manière
de voir perce et se fraye une voie la meilleure preuve qu'elle
a pris forme au moment propice et qu'elle était annoncée.

Que la théorie de la descendance, elle aussi, n'ait point
été une apparition tout-à-fait surprenante, bien qu'elle soit
sortie, comme une Minerve armée, de la tête de son plus
grand représentant, Darwin, à l'appui de ce dire nous avons
apporté quelques-unes au moins des preuves qui sont nombreuses. Que son époque fût réellement arrivée, que même
ce fût l'époque suprême, que la théorie des êtres animés,
la biologie générale ne dût pas rester en arrière, d'une
façon tout-à-fait indigne, voilà ce qui résulte du développement de la géologie qui, trente ans avant Darwin, d'après
maints bons indices, s'était engagée dans la vraie voie de
la reconnaissance des causes. La théorie de la formation et
du développement de la terre, notamment dans ses phases
récentes, formation et développement pendant lesquels
la vie apparut à la surface de la terre, dans le sens que
nous attachons ordinairement au mot vivant, cette science
de la géologie est en connexion et en dépendance intime
avec le grand thème de nos études. La géologie moderne,
telle qu'elle est liée particulièrement au nom de Charles
Lyell, devait tôt ou tard contraindre à un semblable traite-
ment de la botanique et de la zoologie, et l'on ne peut s'é-
tonner que d'une chose, c'est que l'explosion se soit fait
attendre si longtemps. L'intelligence de la théorie de la descendance sera donc nécessairement amenée et ouverte par
un renvoi, si bref qu'il soit, à la géologie moderne.

La première édition des *Principles of geology* de Lyell
parut en 1830. Dans la dixième (1866), il eut l'occasion de se
rattacher pleinement aux théories de Darwin au développement desquelles il a donné une si grande impulsion. Dès
1872 paraît la onzième édition de cette œuvre magistrale. Il
s'agit d'étudier les effets permanents des causes *actuellement* agissantes, pour en tirer des conclusions relatives aux
temps préhistoriques. Lyell nommait ces effets une autobiographie de la terre et affirmait que les forces agissant
aujourd'hui à la surface et dans l'intérieur de la terre, sont,

par leur nature et leur étendue, les mêmes que celles qui, aux époques les plus reculées, ont amené les modifications géologiques. »

Déjà de très-bonne heure, et cela à la suite d'inondations et de tremblements de terre partiels et dévastateurs, s'était formée la croyance à de grandes catastrophes générales, et Lyell fait remarquer, au sujet des légendes indiennes et égyptiennes, qu'il est facile d'expliquer la dépendance que l'on observe entre la tradition de telles catastrophes et la croyance à des corruptions de mœurs générales et répétées.

A la fin du siècle précédent, fut exprimée isolément l'opinion que la submersion de grandes étendues de terre et l'émersion d'autres terrains avaient eu lieu lentement, et cette théorie que les masses minérales se décomposaient en différents groupes qui se succédaient dans un ordre déterminé. C'est alors qu'apparut Werner qui fonda une science particulière : « la géognosie. » Il n'était point le premier qui eût vu et enseigné la succession régulière des roches, mais le mouvement qu'il donna fut général. De là date la lutte violente entre les vulcanistes et les neptunistes, et c'est au milieu du débat qu'éclatèrent les grandes découvertes de Cuvier sur les animaux de la formation tertiaire des environs de Paris. Grâce aux travaux de Cuvier et de Lamarck sur les animaux fossiles, furent établies les différences entre les organismes d'autrefois et les organismes actuels et les opinions de Cuvier, qu'il avait émises sur la zoologie et la géologie, remportèrent la victoire : peu à peu se fortifia la conviction que sur la terre de longues périodes de repos et de silence avaient alterné avec des catastrophes et des révolutions courtes et générales (1).

1. La théorie la plus importante que Lyell ait fondée par ses riches observations a été formulée d'une manière claire et précise par Lamarck dans la « Philosophie zoologique. » « Si l'on considère d'une part, que dans tout ce que la nature opère, elle ne fait rien brusquement et que partout elle opère avec lenteur et par degrés successifs, et de l'autre part, que les causes particulières ou locales des désordres, des bouleversements, des déplacements, etc., peuvent rendre raison de tout ce que l'on observe à la surface de notre globe, et sont néanmoins assujetties à ses lois et à sa marche générale, on reconnaîtra qu'il n'est nullement nécessaire de supposer qu'une catastrophe universelle est venue culbuter et détruire une grande partie des opérations mêmes de la nature. » I, 80.

Lyell ayant déjà tracé et publié les linéaments de la géologie, l'hypothèse des catastrophes fut encore spécialement
perfectionnée par la théorie d'Élie de Beaumont sur la
structure et la naissance des chaînes de montagnes. Sur ces
entrefaites et dès le commencement, Lyell intervint et dé-
duisit les conséquences suivantes d'une comparaison entre
les soulèvements et affaissements lents, il est vrai, mais
continus et sensibles, qui se produisent dans la période géologique, et les modifications successives que les organismes
ont subies : « En un mot, le mouvement du monde inorganique est évident et tangible et peut être comparé à l'aiguille des minutes d'une montre, dont on voit et entend la
marche en avant, tandis que les fluctuations de la nature
vivante sont à peine visibles et peuvent être comparées au
mouvement de l'aiguille des heures. Ce n'est qu'après l'a-
voir observée attentivement, pendant quelque temps, et
comparé le rapport de sa position, après quelque laps de
temps, que nous pouvons nous convaincre de la réalité de
son mouvement (1). »

De l'observation attentive et de la déduction logique, il
était donc sorti le contraire de ce qu'affirmait Cuvier qui,
pour la plus grande partie, de la diversité des organismes
successifs, diversité dont son esprit était frappé, déduisait les
catastrophes géologiques. Tandis que les botanistes et les
zoologistes continuaient à travailler dans le sens de Cuvier,
la géologie se transformait entre les mains de Lyell et de ses
partisans. Il procédait de ce qui était immédiatement saisissable. Qu'il eût plu comme aujourd'hui à l'époque de la formation carbonifère, on le voyait par les empreintes des
gouttes de pluie sur les plaques de cette formation. On
étudia l'influence jusqu'alors négligée des fleuves, les dépôts
des deltas, les immenses dépôts de limon, tels que les présentent le Nil et les Amazones, de plus, le travail destructeur des mouvements irréguliers de la mer, et le travail soit
destructeur, soit constructeur de ces courants réguliers. On
mesura le travail des glaciers qui labourent, frottent, pul-

_____
1. *Principles of Geology.*

vérisent les substances dissoutes et déposées par les eaux minérales, les transports de matériaux, exécutés par l'activité actuelle, les modifications des contours de la terre et de la mer, par soulèvement et affaissement. La comparaison des récifs de corail et des bancs d'huîtres d'autrefois avec ceux d'aujourd'hui, apprit également que ces silencieux constructeurs n'avaient point changé leurs mœurs. Bref, l'hypothèse de phénomènes et de forces extraordinaires, actuellement inouïes, ne parut nullement nécessaire — le temps seul l'était — et le développement continuel de l'écorce terrestre était démontré.

C'est ainsi que s'effondra peu à peu la scène sur laquelle s'étaient répétés les actes des créations nouvelles des organismes, et que l'hypothèse de telles créations nouvelles et miraculeuses, devint un anachronisme, auquel l'apparition de Darwin devait préparer une fin bien méritée. La théorie de la descendance avec le darwinisme est une nécessité historique.

Charles Darwin est né en 1809. Il avait, en qualité de naturaliste, accompagné Fitzroy, capitaine du *Beagle*, dans son voyage autour du monde.

C'est ainsi que, de 1831 à 1837, il lui fut possible de recueillir de nombreuses observations. Ses importants travaux sur la formation des récifs de corail fournirent la première explication plausible de ce phénomène auquel prennent part simultanément les mouvements géologiques et l'activité organique des animaux à corail. La monographie des cirrhipèdes fait voir le soin qu'il apporte à l'observation des détails les plus minutieux, et quel ordre systématique il suit dans ses recherches. Si nous nous permettons de faire cette remarque, c'est que les adversaires du grand naturaliste cherchent à déprécier ces travaux, à compromettre son autorité, et à le représenter comme un amateur (1) qui se plaît aux

---

1. En 1870 comme en 1872, la majorité de l'Académie française rendit ce témoignage à Darwin. La proposition faite à plusieurs reprises de l'élire membre de l'Académie échoua, mais non sans que des hommes comme Lacaze-Duthiers, Milne Edwards et Quatrefages eussent exposé clairement aux juges scientifiques l'état de la question.

abstractions générales, mais qui reste étranger à l'observation rigoureuse des faits. On verra dans l'introduction de son premier ouvrage, traitant de la théorie de la descendance et intitulé : *De l'origine des espèces* (1), par quels chemins Darwin est arrivé à concevoir ces idées qui ont fait époque dans l'histoire de la science. On trouve plus de développements dans une lettre à Haeckel, publiée par ce dernier, dans son *Histoire naturelle de la création*. Darwin s'exprime ainsi : « Dans l'Amérique du Sud, trois sortes de phénomènes frappèrent vivement mon attention : ce fut, en premier lieu, la manière dont on voit des espèces très-voisines se représenter et se succéder lorsque l'on se dirige du nord au sud; — puis la parenté très-rapprochée de celles qui habitent les îles voisines de l'Amérique du Sud et de celles qui sont propres au continent. Ces observations me plongèrent dans une profonde surprise, et particulièrement la diversité des espèces qui habitent les îles très-rapprochées de l'archipel de Galapagos; — enfin, la relation profonde qui existe entre les mammifères édentés et rongeurs et les espèces éteintes. Je n'oublierai jamais l'étonnement dont je fus saisi à la vue d'un gigantesque morceau d'une carapace semblable à celle d'un tatou vivant.

« Lorsque je réfléchis à ces faits et que je les comparai avec quelques autres phénomènes analogues, il me parut vraisemblable que des espèces très-proches pouvaient dériver d'une forme souche commune. Mais pendant de longues années je ne pus comprendre comment chaque forme se trouvait ainsi appropriée à des conditions spéciales d'existence. J'entrepris alors d'étudier systématiquement les ani-

---

1. Les traductions et extraits suivants sont empruntés à Carus : *Ueber die Enstehung der Arten durch natürliche Zuchtwahl, oder die Erhaltung der begünstigten Rassen im Kampfe ums Dasein* (5ᵉ édition, 1872).
Les autres ouvrages qui se rapportent à ce sujet sont :
Das Variiren der Thiere und Pflanzen im zustande der Domestication. (Traduction déjà citée.)
Die Abstammung des Menschen und die geschlechliche Zuchtwahl (la descendance de l'homme et la sélection sexuelle). 2ᵉ édition, 1871.
Ueber den Ausdruck der Gemüthsbewegungen bei dem Menschen und den Thieren (de l'expression des sentiments chez l'homme et chez les animaux). 1872.

O. SCHMIDT. 8

maux domestiques et les plantes des jardins. Au bout de peu de temps, j'aperçus nettement que la cause la plus importante de métamorphose consistait dans la sélection des races par l'homme utilisant, pour la reproduction, des individus choisis. Des études spéciales et variées sur les mœurs des animaux m'avaient préparé à juger justement la lutte pour l'existence, et, grâce à mes travaux géologiques, la longue série des temps écoulés était présente à mon esprit. Un heureux hasard me fit lire alors le livre de Malthus « sur la population (1) », et la pensée me vint de la formation naturelle des races. De tous les points de ce vaste sujet, l'importance et la cause du principe de divergence me furent les derniers connus. »

Loin d'être assujettis à des formes rigides, les organismes sont variables, et le phénomène est si général que la variabilité est une propriété du monde organique évidente par elle-même. Nous chercherons dans le chapitre suivant à déterminer jusqu'à quel point le monde organique doit être réellement soumis à la mutabilité. C'est la mutabilité qui, aux débuts de la chasse et de l'agriculture, a permis à l'homme, qu'il en eût ou non conscience, de créer par sélection des races artificielles. « Ce résultat dit Darwin, est dû principalement à la faculté d'apprécier des différences à peine sensibles, mais

---

1. Malthus (1798) recherche les conditions de l'accroissement et de la diminution ainsi que de la prospérité de la population humaine. Il trouve que l'accroissement de la population est nécessairement limité par les moyens de subsistance, et que l'accroissement augmente dans le même rapport que ces derniers, abstraction faite de quelques obstacles particuliers et faciles à découvrir. Ces obstacles qui maintiennent la population au-dessous même des limites assignées par les moyens de subsistance sont la compression morale, le vice et le malheur. Malthus décrit le combat pour l'existence, sans prononcer le mot ; il montre que les rêves de future égalité bienheureuse de toute l'humanité sur la terre transformée en un grand jardin reposent sur des illusions Tout individu doit bien plutôt se maintenir dans une activité infatigable, pour améliorer sa position. Il sait, d'après les expériences des éleveurs et des jardiniers, que les animaux et les plantes peuvent être perfectionnés et ennoblis, par sélection. Quant à un ennoblissement organique du genre humain en totalité, il n'y aurait rien à remarquer à ce sujet, et même on ne pourrait ennoblir le genre humain autrement qu'en condamnant au célibat les individus moins parfaits.

C'est par ces pensées et d'autres semblables de l'ouvrage de Malthus, que Darwin paraît avoir été amené à sa théorie.

qui n'en sont pas moins transmissibles et qui s'accumulent jusqu'à sauter aux yeux de quiconque les regarde. » Dans l'origine des espèces, Darwin, pour donner un exemple de la sélection méthodique qui préside à la création des espèces, a choisi le pigeon, dont l'élève l'a occupé pendant nombre d'années. Cet oiseau se prête particulièrement aux observations scientifiques relatives à l'élevage. Ses mœurs monogamiques permettent un contrôle facile, et l'on peut produire en peu de temps des modifications surprenantes. On possède sur ce sujet des renseignements assez complets. Le pigeon enfin est un des rares animaux domestiques dont l'espèce souche fait à peine l'objet d'un doute. Les formes principales des races produites par les amateurs peuvent se grouper de la manière suivante : les pigeons à grosse gorge ont le bec moyen, les pattes et le corps allongés; l'œsophage, à peine séparé du jabot, est souvent gonflé. Un deuxième groupe comprend les messagers, les runts et les barbes dont le caractère général est un bec long, une peau qui présente des renflements au-dessus des trous du bec et nue ou pourvue de caroncules autour des yeux.

A un autre groupe appartient le pigeon-paon, caractérisé par le raccourcissement du bec et par le faible développement du cercle qui entoure les yeux. Le nombre normal des douze plumes de la queue peut s'élever à quarante-deux ; la glande huileuse est atrophiée. Il y a encore le pigeon culbutant dont le bec présente une extrême petitesse; le front fait saillie : cette disposition maladive de la tête a été provoquée et exagérée par sélection; elle se perpétue depuis plus de deux siècles et demi, au point d'être devenue une propriété caractéristique de la race. Dans le quatrième groupe, le pigeon tambour occupe, grâce à sa voix singulière, une place privilégiée. Près de lui se trouve le pigeon rieur, auquel il faut joindre plusieurs sous-classes qui ne présentent que de faibles différences avec le biset sauvage (*Columba livia*). Ce dernier se trouve divisé en quelques races géographiques depuis les côtes des Féroë et de l'Écosse jusqu'aux rivages de la Méditerranée et jusque dans l'Inde. Les recherches les plus habiles ont été entreprises pour décider si ces races profondément diverses de pigeons apprivoisés devaient être considérées comme issues de huit à neuf races sauvages différentes ou comme ayant pour unique origine le biset sauvage, qui est si répandu. Cette dernière hypothèse a été confirmée de la manière la plus concluante. Sous la main de l'homme se modifient à volonté le rapport des proportions, la couleur et certaines parties du squelette qui, dans les diverses races, diffèrent plus entre elles que les mêmes caractères et les mêmes propriétés chez les espèces sauvages bien tranchées de la même espèce ou même de la même famille.

On peut, chez le pigeon, observer bien nettement le phénomène qui est connu sous le nom de *corrélation de croissance* : lorsque, sous l'influence de l'hérédité, un organe se trouve modifié, il en est un ou plusieurs autres qui sont entraînés dans l'évolution du premier ; il en résulte des caractères de race que l'on n'aurait pu prévoir.

Les minutieuses recherches de DARWIN sur la formation de la race des pigeons se trouvent dans son ouvrage, où il développe la théorie de la descendance et la variation des plantes cultivées et des animaux apprivoisés. On y lit également des recherches approfondies sur les autres animaux domestiques. Les personnes qui ont eu l'occasion de visiter une des récentes expositions de poules ont certainement remarqué quelles différences il y a entre les formes de races, et quelle pureté, quelle constance prédominent dans ces races elles-mêmes. On ne saurait affirmer l'unité d'origine des poules avec autant d'assurance que lorsqu'il s'agit des pigeons ; toutefois, si la certitude n'est pas absolue (elle l'est presque pour ces derniers), la souche de la race paraît être le *Gallus bankiva*. Le pouvoir créateur de l'homme, à cet égard, est également prouvé par les croisements opérés depuis le siècle dernier par les cultivateurs anglais entre le porc indigène et le porc indien. Les races ainsi obtenues diffèrent essentiellement de celles d'où elles proviennent. L'aspect général, la couleur, la grandeur des oreilles, la longueur des jambes, et même en partie la fécondité ne présentent aucune analogie. Certaines races de moutons et

de bœufs aussi recherchées sur le continent depuis plus de
douze ans que les plus remarquables de ces races de porcs
sont encore bien plus intéressantes : je veux parler du mouton Southdown et du bœuf Shorthorn. Élevées en vue d'assurer au commerce ou à l'économie domestique des avantages déterminés, ces races domestiques, entre tant d'autres,
témoignent d'une espèce de plasticité de la matière animale.
La sélection créatrice commence par fixer des caractères
primitivement variables et dont l'apparition n'a été remarquée que des hommes spéciaux.

Maintes fois on a constaté qu'une difformité accidentelle,
une propriété nouvelle apparaissant subitement chez un individu, ont été le point de départ de races nouvelles que
l'art de l'éleveur a su rapidement développer. « C'est ainsi,
rapporte Darwin (1), qu'en 1791, dans le Massachussets, na-
quit un jeune bélier dont les pattes arquées et le dos allongé
rappelaient le basset. Ce bélier fut la souche de la race semi-
monstrueuse d'Otter et d'Ancon. Ces moutons ne pouvaient
franchir les parcs, et l'on pensait que par là ils deviendraient
précieux ; mais ils ont été remplacés par les mérinos, et la
race s'est alors éteinte. Ils possédaient à un degré remarquable la faculté de se reproduire sans que les caractères
distinctifs fussent altérés ; le colonel Humphreys n'a entendu
parler que d'une seule exception à la règle, encore le doute
est-il permis. Le produit d'un bélier de la race d'Ancon et
d'une brebis n'aurait pas présenté les caractères du bélier. »
— « Un cas encore plus intéressant est consigné dans les
rapports du jury de l'exposition universelle de 1851. Un
jeune bélier issu de mérinos en 1828, dans la ferme de Mauchamp, se faisait remarquer par sa toison longue, unie et
soyeuse. En 1833, M. Graux avait obtenu assez de béliers
pour servir à tout son troupeau, et quelques années plus
tard il pouvait en vendre. Le prix de la laine dépassait
de 25 pour 100 celui des meilleures laines de mérinos. Les
produits de demi-race sont connus en France sous le nom
de *mérinos Mauchamp*. Ils donnent aussi des laines pré-

1. *Das Variiren*, II, 252.

cieuses. Cet exemple est particulièrement intéressant en ce qu'il prouve que toute modification bien tranchée dans la structure entraîne d'autres modifications corrélatives : le premier de ces béliers et les descendants immédiats avaient la tête forte, le cou long, la poitrine étroite et les flancs allongés. Des croisements attentifs poursuivis avec persévérance remédièrent à ces défauts. Avec la laine longue et lisse apparurent les cornes unies, et comme toutes deux sont des formations homologues, il est évident qu'il y a corrélation. Si l'origine des races de Mauchamp et d'Ancon remontait à un siècle ou deux, nous n'aurions aucune indication à leur égard, et sans doute plus d'un naturaliste leur attribuerait une souche de forme inconnue ou parlerait de croisement. »

Comparons les soins dont les animaux sont l'objet dans les petites métairies dont les fermiers vivent éloignés des agglomérations humaines, et l'élève en grand du bétail dans les fermes où cette industrie est pratiquée par des hommes compétents. Arrivons enfin aux animaux domestiques, notamment au chien, et étudions comment ils sont traités chez les peuples sauvages. Là, les races artificielles ne sont pas créées en vertu de règles suivies à dessein ; mais l'homme observe certains principes dont il n'a même pas conscience : il les applique partout où des plantes et des animaux entourent son habitation. D'instinct, il choisira pour la reproduction l'animal le plus fort, la plante qui donne la nourriture la plus abondante. Que le fait soit naturel, inconscient, ou qu'il y ait méthode régulièrement suivie, le résultat est le même. Veut-on commencer une race nouvelle ou en continuer le développement, la tâche deviendra naturellement plus facile, si l'on choisit de nouveaux milieux, si la vie est assujettie à de nouvelles conditions. Il est, du reste, aisé d'empêcher le croisement des races en voie de formation avec les races préexistantes.

Il y a sans doute maintes races d'animaux domestiques que l'on ne pourrait considérer comme de nouvelles espèces ; elles se trouvent dans un état de développement artificiel progressif, et, lorsqu'on les mêle accidentellement avec d'autres races ou avec la race primitive, elles retournent à celle-ci. Il ne faudrait pas en conclure que toutes les races qui se sont produites naturellement, ou que l'on a formées à dessein, ne sont pas des espèces nouvelles, et qu'abandonnées à elles-mêmes elles retourneraient à leur forme primitive. Ce serait là une assertion arbitraire et inexacte. Qu'arriverait-il si l'on agissait ainsi avec toutes les races de poules que l'on connaît? Il est probable que, dans l'Inde, quelques individus reviendraient à la forme primitive : la poule de Bankiva; mais, en Europe et en Amérique, nos poules redevenues sauvages ne reproduiraient jamais cette race indienne. Tout au plus verrait-on apparaître quelques formes mixtes plus généralement répandues, et qui ne dépasseraient pas certaines limites géographiques, entre lesquelles elles resteraient constantes. Les chiens abandonnés de l'Orient vivent à l'état sauvage. Sont-ils devenus loups ou chacals comme l'étaient sans doute leurs ancêtres? Personne encore n'a pu l'affirmer; mais ils deviennent « semblables au chacal », c'est-à-dire que l'animal qui, depuis des milliers d'années, s'est transformé en une espèce particulière et qui est passé à l'état domestique, conserve les caractères acquis, lors même que les circonstances sont le plus favorable aux changements extérieurs. Il serait donc téméraire d'affirmer que les animaux domestiques n'appartiennent pas à des espèces nouvelles; car il y a nombre d'animaux domestiques dont la souche est tout à fait inconnue. Ainsi, pour les ancêtres du mouton et de la chèvre, est-on réduit à de vagues hypothèses.

La race de moutons la plus ancienne qui nous soit connue est représentée par le mouton à cornes de chèvre des habitations sur pilotis de la Suisse; mais ce dernier ne nous fournit aucune indication, et il est impossible d'observer expérimentalement le retour de la race actuelle à la forme primitive. Il est probable que le cheval a pour ancêtre un animal à robe rayée; ce dernier n'est jamais apparu au milieu même des troupeaux sauvages de l'Amérique du Sud, où la reproduction a lieu sans obstacle depuis de nombreuses générations. Les habiles recherches de Rütimeyer sur le bœuf domestique ont démontré qu'à sa formation ont

concouru au moins trois formes bien distinctes de l'époque
diluvienne : *Bos primigenus, longifrons* et *frontosus.* Ces
trois espèces étaient contemporaines bien que, géographiquement, elles fussent séparées. Elles se sont éteintes pour
reparaître avec leurs caractères distinctifs dans nos races
domestiques. Celles-ci se mélangent par la reproduction,
la tête et les cornes rappelant toujours l'une ou l'autre des
espèces éteintes ; mais l'ensemble de ces races forme toujours une nouvelle espèce principale. Il serait ridicule de
prétendre que les trois espèces primitives, ou même une
seule d'entre elles, puissent jamais reparaître telles qu'elles
étaient.

Pour les animaux domestiques dont nous venons de parler
en dernier lieu : chien, brebis, chèvre, bœuf, la transformation eut lieu pendant une période de la civilisation humaine,
où l'on était loin de penser à la produire artificiellement
comme nous l'entendons aujourd'hui. La sélection involontaire et inconsciente, le changement des conditions d'existence, y jouaient le principal rôle. Ce sujet nous amène aux
modifications dans l'état de nature et à la sélection naturelle.
Celle-ci et celle qui est artificielle reposent toutes deux sur
le fait incontestable de différences individuelles que présentent les plantes et les animaux les plus rapprochés. Nous
avons vu plus haut que les espèces douteuses ne sont pas
exceptionnelles, ainsi que le voulait l'ancienne école ; si
toutes les espèces ne portent pas ce cachet, si elles ne peuvent toutes être considérées comme artificielles, c'est dans
la connaissance imparfaite de la matière qu'il faut en chercher la cause. Souvenons-nous que souvent les auteurs des
classifications, même les plus rigoureuses, ne savent indiquer où commencent, où finissent leurs espèces. Darwin
reproduit, à ce propos, une communication de H. C. Watson,
d'où il résulte que 182 plantes britanniques, généralement
considérées comme des variétés, ont toutes été mises,
par certains botanistes, au rang d'espèces indépendantes (1).

1. Les mémoires de A. Kerner relativement à la question de l'espèce, sont
aussi très-instructifs : *Gute und schlechte Arten* » (bonnes et mauvaises espèces), Innsbruck, 1866, et « *Die Abhängigkeit der Pflanzenwelt von klima und*

L'éternel honneur de Darwin sera d'avoir montré quelle force agit sur les individus et sur les espèces variables, et quels résultats il faut attendre de cette influence. Darwin a trouvé la clef de ces phénomènes ; il les a résumés en un mot expressif qui a vulgarisé l'idée : « *La lutte pour l'existence* » (*struggle for life* *); par lui la théorie qu'avait déjà clairement aperçue le génie de Lamarck a été fondée, appuyée sur la théorie de la sélection. Il a prouvé que, dans la nature, la lutte pour l'existence ne laisse debout que les individus les plus vigoureux ; cette sélection naturelle est comparable à l'autre et il en résulte de nouvelles races et de nouvelles espèces.

Le combat pour l'existence, ce fait incontestable et incontesté, *bellum omnium contra omnes*, est considéré par nous sous ses aspects les plus étendus. L'herbivore et le carnassier ne sont pas seuls en lutte : le premier cherche son équilibre et demande son salut à des facultés reproductrices plus développées, à la rapidité, à la ruse. La plante elle-même trouve des obstacles naturels et n'étend son domaine qu'à la condition de les surmonter ; telle flore s'épanouit sur le terrain conquis, telle autre est atteinte et dépérit. Tout organisme qui se développerait sans entraves aurait, en peu d'années, pris possession exclusive du sol ou des eaux ; mais il y a, en quelque sorte, pondération réciproque. Il faut ajouter le climat, le milieu, les changements de saison, dont les influences funestes combattent avec les ennemis vivants. Les organismes vivent aux dépens les uns des autres. Les poëtes ont chanté la paix et le silence de la nature ; tumulte et confusion infinis pour l'observateur attentif, dont l'œil scrutateur sait distinguer tant d'êtres divers, pressés d'affirmer et d'assurer leur existence : spectacle d'où naîtraient les idées les plus pessimistes, si la pensée d'un perfectionne-

Boden. Ein Beitrag, etc. » (Comment la flore dépend du climat et du terrain Contribution à la théorie de l'origine et de la distribution des espèces, appuyée sur les relations de parenté, la distribution géographique et l'histoire des espèces de cytise provenant de la souche Tubocytisus. D. C. » 1869). Enfin le dernier ouvrage de Kerner : *Die Schutzmittel des Pollens.* » (Moyens protecteurs du pollen. Innsbruck, 1873.)

* Voir à la fin du chapitre quelle part de cette gloire revient à Wallace.

ment incessant, visible et nécessaire, ne venait éclairer l'univers d'une lumière nouvelle. Les exemples les plus simples suffiront à montrer quels rapports unissent entre eux les êtres animés. Telles causes semblent insignifiantes dont les effets sont considérables et la complication des rouages dont le jeu maintient l'équilibre est grande : Darwin en a cité des preuves souvent reproduites depuis cette époque. Qu'on nous permette de les rappeler ici.

Les bœufs, les chevaux et les chiens sauvages abondent au Paraguay : on ne les trouve pas dans l'Uruguay. Azara et Rengger ont fait voir qu'il y a une relation entre ces différences et la présence d'une mouche qui dépose ses œufs dans le nombril de ces animaux nouveau-nés. La multiplication de ces mouches ne doit pas être illimitée; peut-être sont-elles dévorées par d'autres insectes parasites. Si donc les oiseaux qui se nourrissent de ces insectes venaient à diminuer dans le Paraguay, on verrait sans doute augmenter le nombre des insectes parasites et diminuer celui des mouches en question; le cheval et le bœuf reparaîtraient alors, et le règne végétal subirait, de ce fait, des changements importants, dont l'influence s'étendrait aux insectes, par suite aux oiseaux insectivores, et la série des influences réciproques irait en se compliquant de plus en plus. Darwin a ainsi accumulé un véritable trésor d'observations. Je lui ferai un nouvel emprunt. « J'ai, dit-il (1), démontré par l'expérience que les bourdons sont presque indispensables à la fécondation de la pensée (*Viola tricolor*), et que d'autres abeilles ne se posent jamais sur cette fleur. De même, j'ai découvert que la visite des abeilles est nécessaire pour féconder plusieurs de nos espèces de trèfle. Ainsi, par exemple, 20 têtes de trèfle blanc (*Trifolium repens*) me donnèrent 2290 graines; et 20 autres têtes de la même espèce ne m'en fournirent pas une seule, lorsqu'on les eut rendues inaccessibles aux abeilles. De même, 100 têtes de trèfle rouge (*Trifolium pratense*) me donnèrent 2700 graines. Je n'en pus obtenir une

___

1. La communication dans : « *Entstehung der Arten* », 5ᵉ édition, chapitre 3 ; d'après la 6ᵉ édition anglaise.

seule en prenant le même nombre de têtes de trèfle rouge et en les protégeant contre l'accès des bourdons. Les bourdons seuls visitent le trèfle rouge : les autres abeilles ne peuvent en atteindre le nectar. On soupçonne également que les mites peuvent contribuer à la fécondation du trèfle; toutefois je doute que pour le trèfle rouge cette supposition soit exacte, car les mites ne sont pas assez lourdes pour faire incliner les feuilles latérales de la corolle. On est donc en droit d'admettre que si le genre des bourdons disparaissait de l'Angleterre ou y devenait très-rare, la végétation du trèfle rouge diminuerait également ou cesserait tout à fait. Le nombre des bourdons est subordonné à celui des souris qui en détruisent les rayons et les nids. Le colonel Newman, qui a longtemps observé les mœurs de ces insectes, est d'avis qu'en Angleterre les deux tiers d'entre eux périssent de cette façon. Or, le nombre des souris, chacun le sait, est variable avec le nombre des chats : aussi Newman a-t-il trouvé beaucoup plus de nids de bourdons aux environs des villages et des bourgades que partout ailleurs. Il attribue cette différence à la destruction plus complète des souris par les chats. On peut donc penser qu'un animal du genre chat, s'il se trouve très-répandu dans un pays, pourra, par l'intermédiaire des souris d'abord, puis des abeilles, exercer une influence importante sur le développement de certaines plantes. »

La lutte pour l'existence est d'autant plus vive que la parenté est plus étroite entre les individus engagés dans le combat. Des organismes sont-ils voisins, les besoins seront plus différents et les intérêts le seront moins. Chacun de ces organismes profitera de ce qui l'entoure. A la vérité, les grandes séries des plantes et des animaux associés semblent contredire cette thèse; mais quand on les considère de plus près, on voit qu'il n'y a pas d'exception : la quantité facilite l'existence et la rend possible; les individus ne se multiplient qu'en proportion de la masse de nourriture disponible. Survient-il chez les plantes associées ou chez les animaux qui vivent par troupeaux, un excès de production, la concurrence et la lutte commencent aussitôt, et la vie se règle d'elle-même comme elle le fait chez les espèces où le nombre des individus est moins considérable. Notre théorie est donc générale : chez les espèces les plus proches, la lutte est la plus vive.

Il existe rarement une guerre d'extermination aussi rapide qu'entre le rat domestique (*Mus rattus*) et le surmulot (*Mus decumanus*); bien plus souvent la bonne intelligence semble règner entre les membres d'une espèce qui se partagent une certaine région. Ces individus ne paraissent pas disposés à faire acte d'hostilité réciproque. Telle est l'impression; mais la réalité est différente; leur destin les pousse au combat sans trêve ni merci. Toujours tendus, les deux grands ressorts de la conservation de l'individu et de la conservation de l'espèce agissent sur tous les êtres vivants, y compris les plantes. Chacun d'eux entre en lutte avec les individus de son espèce les plus rapprochés et leur dispute la nourriture, tout en se défendant contre les ennemis divers qui lui contestent la possession des priviléges de la vie. La victoire reste au plus fort, au plus rusé, au plus habile, bref à celui qui se présente au combat mieux armé que ses adversaires.

Il y a rivalité pour la possession des individus féminins, et là, comme en toute autre occasion, le plus faible est terrassé; le plus fort est réservé par l'issue même de la lutte. Souvent les avantages corporels et intellectuels qui ont décidé un succès accidentel ou fatal étaient, à l'origine, très-faibles, quelquefois même à peine étaient-ils sensibles; ils se fixent dans les générations suivantes et s'accroissent par sélection répétée.

La sélection représente donc la marche naturelle et nécessaire des choses, et il est évident qu'elle ne s'applique pas d'une manière vague et générale à l'aspect extérieur, à la force et à la grandeur des individus; la variabilité et la plasticité des éléments des formes organiques entrent ici en jeu, et certaines parties, certains organes peuvent se développer dans une direction déterminée en se perfectionnant de manière à donner à la race et à l'espèce une place plus élevée dans le millieu qui l'entoure.

Outre le résultat général du droit du plus fort, dont les

effets appartiennent au domaine de la reproduction, il faut tenir compte de la très-grande influence d'un phénomène désigné par Darwin sous le nom de *sélection sexuelle*, largement traité dans son ouvrage relatif à la descendance de l'homme. Il s'agit d'abord de propriétés sexuelles caractéristiques des mâles et qui, se développant autour de certaines propriétés secondaires, les soutiennent dans leur rivalité pour les femelles, — et en second lieu de l'influence de ces propriétés sur la transformation et le perfectionnement de l'espèce.

Voici donc l'idée fondamentale de la théorie de la sélection de Darwin : le combat pour l'existence joue dans la nature le même rôle que le pouvoir sélecteur de l'homme; le perfectionnement est d'abord insensible, il s'accuse avec le temps et finit par ressortir d'une manière frappante. Les organismes inférieurs se transforment en organismes supérieurs. L'effet est continu : « On pourrait dire que la sélection naturelle travaille incessamment dans le monde; qu'elle met à l'épreuve la modification même la plus minime, la rejette si elle est mauvaise, la conserve et l'augmente si elle est bonne : dans cette œuvre silencieuse et non interrompue, toutes les occasions sont mises à profit pour le perfectionnement des conditions de la vie organique et inorganique de chaque individu (1). »

Nous approfondirons la théorie dans la suite de nos études; nous en examinerons la vérité, la possibilité, l'application et la confirmation; mais actuellement, nous allons aborder certaines objections qui ont été faites, soit contre la théorie de la sélection en particulier, soit contre l'ensemble de cette théorie jointe à celle de l'évolution, objections dont les plus importantes avaient été prévues par Darwin et réfutées par lui.

Si tous les êtres vivants, dit-on, se rattachent les uns aux autres par des rapports directs et non interrompus, que sont devenues les innombrables formes intermédiaires qui doivent nécessairement avoir existé? Considérons d'abord les

1. Ouvrage indiqué à la note précédente, page 122.

organismes qui vivent de nos jours. Ils représentent, selon la théorie, les derniers rameaux d'un arbre très-touffu, et doivent de tous côtés se diviser en variétés; aussi demanderons-nous les formes intermédiaires aux espèces qui vivent actuellement les unes auprès des autres. Nous avons déjà démontré page 77 et suivantes que la science moderne a réellement, dans des groupes entiers d'organismes, retrouvé ces formes intermédiaires. Le voyage entrepris par Kerner de l'ouest à l'est de l'Europe (son livre des *Bonnes et mauvaises espèces*), de concert avec le botaniste Simplicius, sera pour le lecteur curieux de s'instruire une mine précieuse de renseignements. L'auteur a fait une étude très-complète des cytises, et prouvé que les formes de combinaison se retrouvent toujours aux limites des espèces dont les centres de propagation sont plus ou moins éloignés. Ces exemples, et on pourrait les citer par milliers, prouvent qu'une grande partie d'entre elles se trouvent dans une période de perpétuité relative. Si, pour ce motif, leurs formes intermédiaires ne peuvent être cherchées que dans le passé, le fait n'a rien qui doive nous surprendre et n'infirme pas la théorie de la descendance. Exiger des formes intermédiaires entre ces espèces dont la forme est constante relativement au lieu et au temps, c'est prouver que l'on n'a pas vu distinctement le trait caractéristique de la descendance. Ces espèces intermédiaires que l'on réclame réuniraient les espèces actuelles avec les espèces-souches qui les précèdent dans le temps. Selon la théorie, les espèces maintenant vivantes étaient réunies à leur espèce-souche par des formes de la nature des variétés, des espèces en voie de formation; les espèces-souches, à leur tour, se reliaient à d'autres plus anciennes, etc.; de telle sorte qu'un nombre infini de variétés de forme doit avoir existé. Nous avons précédemment démontré que l'excès de zèle des paléontologistes a érigé des milliers d'espèces au lieu et place des formes d'évolution et des variétés, qui seules devaient être considérées; nous avons rappelé que des paléontologistes contemporains très-distingués ont tenté de réparer la faute de leurs prédécesseurs, et d'exposer clairement les séries de transition non interrompues qui s'élèvent des couches les plus profondes aux plus nouvelles, là même où ces derniers, à grand effort d'imagination, pensaient avoir trouvé les caractères des espèces nouvelles. Toutefois, il faut avouer que le nombre des formes de transition réellement découvertes jusqu'à ce jour est infiniment petit, relativement à la quantité incalculable de celles qui doivent avoir existé. Il est facile d'expliquer cette lacune. Nous ne connaissons qu'une faible partie des couches à pétrifications; et, aujourd'hui encore, nous avons lieu de regretter la faiblesse des collections, avec tout autant de motifs que Lamarck au commencement de ce siècle. De quelque côté que se tourne aujourd'hui le paléontologiste, il trouve des formes intermédiaires, et les matériaux s'accumulent de jour en jour, dans la mesure même des exigences des savants. Cependant on demanderait trop, et l'on méconnaîtrait les lois de la conservation, si l'on pensait retrouver toutes les formes intermédiaires qui ont existé ou qui étaient aptes à se conserver en partie ou en totalité. Bien loin de là, le plus grand nombre d'entre elles a disparu sans laisser même de trace. La moitié au moins des dépôts géologiques a été troublée pendant les lents soulèvements du globe. Quand le fond d'une mer se soulève et vient émerger au-dessus des eaux, il se divise et des érosions se produisent à la surface. Les pétrifications intérieures, jusque-là bien conservées, subiront le sort commun aux restes des habitants, elles seront roulées et broyées. Ajoutons encore, et ce point est important, que les formes de transition ont vécu moins longtemps que ces variétés permanentes, les espèces.

Les époques de transition d'un horizon géologique à celui qui lui a immédiatement succédé rappellent, par un caractère commun, les frontières géographiques. Dans la zone de transition d'un pays à l'autre, les organismes sont particulièrement sollicités à l'évolution; mais celle-ci ne s'accomplit et ne se fixe que dans le nouveau pays. C'est ainsi que, dans la série géologique, les époques de transition sont les périodes de trouble relatif. Le monde animal et le monde végétal sont alors soumis aux exigences les plus grandes d'adaptation et de transformation, tandis que les conditions d'existence deviennent les moins favorables. Le nombre des individus appartenant aux espèces qui accomplissent l'évolution doit nécessairement diminuer; il ne s'élève que dans les périodes de repos consécutives. Il n'est donc pas étonnant que le catalogue des formes de transition soit si défectueux ; mais ses lacunes ne sont sensibles qu'aux observateurs qui veulent bien les remarquer. Pour démontrer scientifiquement la théorie de la descendance, nous avons un excès de ces formes intermédiaires.

La prétendue absence de transitions n'est pas la seule objection que l'on ait faite. A plusieurs reprises, dit-on, des groupes entiers d'espèces voisines seraient subitement apparus, et, de plus, la comparaison des degrés morphologiques et anatomiques intermédiaires ferait voir dans ces groupes, lézards volants, oiseaux, etc., l'absence de toute relation avec des espèces souches antérieures ou contemporaines. Cette objection est faible; il faut, pour la soulever, n'avoir jamais réfléchi à la cause en vertu de laquelle manquent les formes intermédiaires. On y répondra d'une manière générale en examinant cette double alternative : toutes les espèces se sont-elles produites par la voie naturelle indiquée par les formes de transition qui se rencontrent en nombre bien suffisant, ou bien ont-elles été créées par un miracle? La réponse comporte un cas particulier. On se fait une arme grossière des arguments que nous venons de citer. La lacune, il est vrai, est plus considérable que s'il s'agissait uniquement de sauter d'espèce à espèce ou à genre. Les explications que l'on a données pour des vides moins apparents ont à peine besoin d'être développées pour suffire également ici. L'obscurité qui entourait l'origine des oiseaux commence à se dissiper ; pourquoi l'origine des lézards volants ne s'éclaircirait-elle pas bientôt?

Le développement très-complet de certaines parties : tels que les organes des sens avec leurs appareils si compliqués, semble présenter à la théorie une difficulté particulière. Prenons, par exemple, l'œil des vertébrés, nous n'osons pas même dire des vertébrés supér'curs. Son admirable structure est bien propre à exciter les doutes les plus vifs sur la descendance et la sélection. En fait, nous ne possédons pas, parmi les séries de vertébrés, celles des premiers commencements dont l'existence s'impose à nos théories. L'œil du poisson n'est guère moins compliqué que celui des mammifères, et l'amphioxus est complétement privé d'organes visuels; il n'y en a même pas trace. D'autres animaux nous présentent encore, dans leurs séries systématiques actuelles, toutes les gradations possibles, et nous donnent une image des développements progressifs de l'organe aux époques paléontologiques; d'une structure très-simple à l'origine, il s'est élevé à l'état d'organe complet. Chez les crustacés inférieurs, les organes de la sensation lumineuse sont aussi simples que possible; quant aux crustacés parvenus à l'état de développement supérieur, ils possèdent des yeux un peu plus complets et qui, loin de percevoir uniquement la lumière, sont doués de la propriété de former des images. Entre ces yeux et ceux des crustacés décapodes, les plus complets de la classe, il y a toute une série de formations qui font voir comment cet organe a été soumis à la loi de l'accumulation et de la fixation des petits perfectionnements. Quant à l'ouïe et à l'odorat, on peut voir, dans tous les traités d'anatomie comparée, que les vertébrés encore actuellement vivants présentent, sous ce rapport, des séries de développement contraires à l'hypothèse d'une apparition soudaine et incompréhensible d'organes déjà parfaits. Ces organes ont été bien plus rudimentaires qu'ils ne le sont actuellement chez les poissons proprement dits. L'amphioxus nous en donne une idée et nous pouvons aussi considérer les mollusques inférieurs, les articulés et les vers.

Darwin a songé au doute que pouvait faire naître l'état de perfection de certains organes. Il abandonnerait toute sa théorie si l'on pouvait, pour un seul d'entre eux, lui démontrer l'impossibilité d'une formation par perfectionnements successifs. Personne n'a entrepris cette preuve et ne saurait le faire avec succès car on trouve exactement le contraire lorsqu'on approfondit l'anatomie comparée. C'est à tort, du reste, que l'on supposerait une perfection absolue des organes des sens. A côté de certaines dispositions heureuses, il y en a d'autres qui sont imparfaites ou même tout à fait vicieuses. Helmholtz le premier a prouvé que l'œil se trouve dans ce cas.

Il nous reste encore à traiter un point susceptible de faire douter de la théorie de la descendance, et sur lequel ses adversaires n'ont presque point insisté. Darwin lui-même n'a fait qu'effleurer ce sujet. Watton, nous ne savons en quel passage de ses écrits, aurait, selon Darwin (*Origine des espèces*), opposé la convergence du caractère à la divergence du caractère, c'est-à-dire à la tendance des variétés et des races à s'éloigner les unes des autres. Des espèces, issues de différents genres, se seraient, dans certaines circonstances, rapprochées au point de se confondre finalement en un genre unique. Le fondateur de la théorie s'est borné à faire ressortir la grande invraisemblance d'un tel mode d'action qui, réduit à cette simplicité, ne touche pas à l'essence et à la vérité de la théorie. « On ne saurait croire, dit-il, que les descendants de deux organismes primitivement très-différents puissent converger au point de se rapprocher de l'identité par l'ensemble de leur organisation. Si ce cas s'était présenté, c'est qu'il y aurait eu relation genésique, et il nous arriverait, plus d'une fois, de rencontrer la même forme dans des couches géologiques très-éloignées. Les faits accumulés réfutent suffisamment toute hypothèse de cet ordre (1). »

L'objection théorique est donc réfutée par la théorie. Toutefois, il est peu vraisemblable que la convergence soit poussée à ce point, et les découvertes paléontologiques ne le démontrent pas; mais il serait téméraire d'affirmer *a priori* que ce soit impossible, et moi-même j'ai fait voir que certains groupes d'éponges atlantiques se rapprochaient ainsi jusqu'à se confondre. Les genres *Chalina* et *Reniera* sont bien différents. Ils appartiennent même à des familles différentes. Le genre *Chalinula*, avec ses espèces si inconstantes, a sans doute été dérivé du genre *Chalina*, mais l'inverse n'a pas eu lieu. Les formes de *Reniera* se transfor-

---

1. Voir Origine des espèces. Traduction allemande indiquée page 141.

ment également en espèces ne présentant aucun caractère certain, et que l'observateur le plus scrupuleux ne peut séparer des espèces de *Chalinula*. On ne peut donc repousser absolument la convergence ou le rapprochement des branches d'origine diverse; mais, dans le cas même le plus favorable, il y a plutôt analogie qu'identité. Dans des conditions analogues d'adaptation, des branches différentes se transforment au point de présenter une complète ressemblance. Il suffit de jeter un regard sur le monde organisé pour voir que, dans les organismes supérieurs, de tels faits sont impossibles. Ils ne sauraient se présenter que là où les organismes très-simples sont formés d'éléments très-variables dans certaines directions et soumis à toutes les influences extérieures. Le phénomène tout à fait général de la divergence n'est pas même compromis par une convergence exceptionnelle.

Nous avons parlé plus haut d'une grave objection à la théorie de la descendance. Nous avions alors en vue un autre cas de convergence. Nous voulons parler de quelques analogies finales que présentent des séries divergentes. Certains groupes d'animaux à organisation supérieure ne peuvent être reliés entre eux que par des formes-souches inférieures. Il y a des organes importants qui présentent, dans leurs dispositions et dans leur ensemble, l'identité la plus complète. On ignore complétement aujourd'hui où et comment les insectes proprement dits se sont séparés des crustacés à respiration aquatique; certains naturalistes sont d'avis que ces deux classes sont issues d'une souche commune. Il est vraisemblable, en tous cas, que la séparation s'est produite à une époque où les organes de la vision n'avaient pas encore atteint ce degré de perfection que nous observons aujourd'hui chez les écrevisses à œil pédonculé et chez les insectes. Toutefois l'identité ne s'arrête pas aux traits principaux; Max Schultze l'a retrouvée jusque dans les détails microscopiques. Si l'on ne veut pas, pour l'expliquer, recourir à la notion des causes finales, si l'on répudie également l'hérédité dans les deux séries, il nous reste encore une autre issue. Le cas précité des espèces convergentes d'éponges peut

jeter quelque lumière dans l'obscurité où s'élaborent les
choses organiques. Rappelons le mot de Gœthe que nous
avons déjà cité : « L'animal est formé par les milieux et pour
eux. » Peut-être l'avenir élucidera t-il ces questions. Quelle
est la limite de l'influence exercée par les milieux, c'est-à-
dire les agents qui agissent sur les organes des sens et qui
les déterminent? La matière simple, les organes incomplets,
peuvent-ils, chez les descendants d'individus divers, acquérir la faculté de rendre les mêmes services, et à peu près
la même organisation? Le darwinisme n'a jamais prétendu
tout expliquer; mais là encore il a donné l'impulsion première à ces recherches qui ont amené de si beaux résultats.
Prenons un autre exemple de rapprochement dans les
séries divergentes : comparons les yeux des céphalopodes
les plus élevés et ceux des vertébrés. Là encore l'analogie
est surprenante. Même la structure microscopique de la
rétine est identique dans ces deux divisions, sauf la disposition inverse des couches dans les divisions. Le cas paraît
en soi très-complexe et insoluble. Il se simplifie singulièrement, comme on l'a vu, si l'on généralise la question de
cette manière : comment les extrémités des nerfs encore
indifférentes sont-elles affectées par l'action spécifique des
ondes sonores et lumineuses, et comment prennent-elles la
forme et les propriétés des organes de ces extrémités? Nous
sommes encore loin d'avoir approfondi ces relations; mais il
nous suffira d'avoir défendu la théorie contre le reproche
d'insuffisance, et d'avoir démontré la possibilité de recherches inspirées par ces idées nouvelles.

Pendant que Darwin faisait ressortir les influences de la
sélection naturelle sur la reproduction et la dérivation, et
que ce principe était appliqué à tous les phénomènes du
monde organique, le système de l'évolution était, grâce à la
théorie de la descendance fondée et établie par Darwin, soumis à l'épreuve des faits, que vainement Lamarck avait voulu
tenter. Le système réunissait les organismes d'après leurs
ressemblances extérieures ou intérieures. D'où provenait
cette identité plus ou moins grande, la gradation, la multiplicité? A ces questions il ne savait que répondre. On pensait

avoir atteint un grand résultat, lorsqu'on avait parlé des formes fondamentales des types, sans pouvoir se rendre compte de la nature même de ces types, vagues et incertains, comme les idées sur les phénomènes. Le type est maintenant devenu la *souche*, et la tâche du système est tout à fait claire. Elle consiste à reproduire les arbres-souches des divers groupes d'êtres animés et à les combiner entre eux. La connaissance des arbres-souches est devenue véritablement scientifique, si on la compare à l'ancien système des types car on ne peut les construire sans connaître leur croissance et les causes qui ont fait pousser les branches, les rameaux et les bourgeons. Toute souche comprend donc toutes les formes dérivées d'une forme souche simple. L'ancien système devait se contenter de préparer la division des types isolés et d'étendre leurs limites. Il fallait par conséquent, d'après des principes morphologiques et physiologiques généraux, apprécier la valeur relative des types, sans connaître les causes naturelles des rapports constatés. La théorie de la descendance embrasse les formes souches des types au point de vue de la parenté sanguine; elle pénètre de plus en plus jusqu'aux organismes les plus simples, et jusqu'au commencement de la vie.

Avant d'aborder le problème si important des origines de la vie, il paraît opportun de chercher à savoir si la sélection naturelle dont nous expliquerons plus spécialement les moyens et les effets dans les chapitres suivants, explique toutes les modifications des êtres organiques. Est-il toujours nécessaire de recourir à la sélection pour expliquer ces changements? En d'autres termes, la théorie de la sélection peut-elle fournir à la descendance tous les documents nécessaires? Peut-elle être améliorée? En a-t-elle besoin? Nous pouvons répondre en toute liberté. L'ingénieux auteur du livre : « L'inconscient au point de vue de la physiologie et de la théorie de la descendance, » a récemment observé (1), que la vérité de la théorie de la descendance est indépendante

—————

1. P. 7. Les pages suivantes renferment un résumé comparatif des objections relatives à l'insuffisance de la théorie de la descendance.

de la portée ou de l'insuffisance de la théorie de Darwin.
« Cette circonstance, dit-il, est méconnue par la plupart des
adversaires de Darwin. Ils apportent des arguments pour
démontrer l'insuffisance de la sélection naturelle dans le
combat pour la vie et généralement s'imaginent qu'ils ont
soulevé autant d'objections contre la théorie de la descendance.

Ces deux ordres d'idées sont absolument distincts. La
théorie de Darwin relativement à la sélection naturelle
pourrait être entièrement fausse et inutile, sans que pour
cela la théorie de la descendance fût ébranlée. Une espèce
pourrait dériver d'une autre par des motifs qui auraient
échappé à Darwin. Il serait également possible que les
causes occasionnelles de transition, découvertes par Darwin, ne fournissent qu'une partie des explications, et que
d'autres phénomènes de transition encore inexplorés ne
pussent être expliqués par cette hypothèse. Il faudrait donc
à celle de Darwin en ajouter une autre ou recourir à quelque système d'explication aussi inconnu aujourd'hui que l'é-
tait le darwinisme il y a vingt ans. La théorie de la descen-
cendance n'est pas plus compromise par une ignorance par-
tielle des causes qui déterminent le passage d'une forme à
une autre, qu'elle ne l'est par l'absence de certaines formes
intermédiaires, ou par l'incertitude où l'on se trouve fréquemment sur la forme d'où en dérive une autre. Si autrefois, en l'absence même de toute notion sur les causes qui
occasionnent la transition, et par des raisons générales de
philosophie naturelle, les esprits supérieurs admettaient *a
priori* la théorie de la descendance, pourquoi resterait-il un
doute aujourd'hui que Darwin et Wallace ont trouvé la principale cause de la transition, et prouvé que si cette cause
seule n'est pas suffisante, elle étend partout une action démontrée d'une manière claire et frappante par de nombreux
exemples? »

Nous avons voulu faire entendre les paroles d'un ingénieux
philosophe à tous ceux qui ne connaissent pas de mesure et
qui s'imaginent avoir donné le coup de grâce à la théorie de
la descendance, parce qu'ils ont eu le bonheur de faire quel-

ques objections à la théorie de la sélection de Darwin. La théorie de la sélection ne répond pas à toutes les exigences; elle rend de grands services; mais il y a une foule de cas où elle ne semble pas suffire; il en est aussi où l'on n'a pas besoin d'elle, mais où la question de la formation des espèces est résolue par d'autres conditions naturelles.

Un partisan déclaré de l'évolution, un admirateur enthousiaste de Darwin, Moritz Wagner, avait cru découvrir une « loi d'émigration. » Il considérait l'émigration des organismes et la formation de colonies comme la condition nécessaire de la sélection naturelle (1). Dans sa pensée, il ne se produirait de nouvelles espèces que dans le cas où un petit nombre d'individus, entraînés dans la formation des variétés, se trouveraient géographiquement isolés. De cette façon seulement seraient empêchés le croisement avec les individus de la même espèce, mais soustraits à l'évolution, et par suite l'atavisme et la disparition des caractères qui ne sont pas encore fixés. Que l'isolement soit souvent favorable à la formation des espèces, c'est là un fait acquis et facile à constater dans les faunes des îles; mais les espèces ne peuvent-elles se former que sous l'influence de l'isolement? Cette hypothèse a été complétement réfutée par Weissmann (2). Il a prouvé que l'isolement n'empêche pas le croisement de la variété qui commence avec la forme-souche, et notamment dans l'exemple si favorable du lac de Steinheim, il a fait voir la formation des espèces nouvelles au milieu des anciennes. Déjà Haeckel avait affirmé que l'influence du croisement n'était pas à craindre pour les êtres inférieurs qui se reproduisent sans sexes, et Wagner avait ajouté que la nécessité de l'isolement est limitée aux organismes supérieurs à sexes distincts. Mais Weissmann fait observer avec raison que le fait de la séparation des sexes qui d'un accord général (sauf la foi à la création) proviennent d'espèces her-

---

1. Moritz Wagner, *Die Darwin'sche Theorie und das Migrationsgesetz der Organismen*, 1868 (La théorie de Darwin et la loi d'émigration des organismes).

2. August Weissmann, *Ueber den Einfluss der Isolirung auf die Artbildung* (De l'influence de l'isolement sur la formation de l'espèce), 1872.

maphrodites éteintes, est un exemple frappant de la formation des variétés sur le même sol et supprime radicalement la loi d'émigration de Wagner.

Comme nous l'avons déjà indiqué, il semble que la première impulsion suffit à déterminer la formation des variétés, et que l'effet produit s'étend rapidement. La preuve de ces périodes de variations a été fournie par les travaux paléontologiques cités plus haut (p. 81). L'isolement vient-il à coïncider avec une de ces périodes, des variétés nouvelles se fixent à l'état d'espèces, sans qu'il y ait sélection naturelle. Darwin, dans son ouvrage sur l'*Origine de l'homme*, reconnaît qu'il a précédemment accordé trop peu d'attention à cette formation des espèces morphologiques. Nous entendons par là celles qui ne se distinguent pas de leurs souches par quelques avantages physiologiques, qui, par conséquent, ne la dépassent jamais et auxquelles ne s'applique pas le principe de la sélection tel que Darwin le comprend.

Voici deux espèces de papillons : ils ne diffèrent que par quelques mouchetures ou dessins, par quelques dentelures de l'aile. Leur valeur physiologique est, pour nous, égale; ce sont là des espèces morphologiques. Weissmann établit cette proposition : « Dans les papillons de jour, la couleur et le dessin de la surface supérieure de l'aile doivent être considérés comme des caractères purement morphologiques de l'espèce. Il n'y a d'exceptions que dans le cas d'imitation ou lorsqu'il existe une coloration totale protectrice. » Il prétend que, par exemple, des caractères nouveaux ou morphologiques peuvent se fixer dans certaines circonstances, et dans un court espace de temps, par la seule action de l'isolement. Nägeli (1), le premier, avait indiqué que la

---

1. Nägeli, *Entstehung und Begriff der naturhistorischen Art*. Origine et définition de l'espèce en histoire naturelle. (Sitzungsberichte der bairischen Akademie der Wissenschaften). Les nouvelles recherches de Nägeli confirment la théorie de la descendance, Sitzungsberichte der mathematich-physikalischen Klasse der Münchener Akademie), 1872, p. 505. Compte-rendus des séances de la classe des sciences physiques et mathématiques de l'Académie de Munich, 1872, p. 305. Il montre que la solubilité des espèces rapprochées par la parenté, et que celle de leurs variétés se montrent plus favorables que

sélection naturelle n'est pas applicable lorsqu'il s'agit de produire des modifications purement morphologiques. Darwin, si grand dans sa modestie, dit à ce propos : « J'ai lu le mémoire de Nägeli sur les plantes, et les observations de différents écrivains, celles notamment qui viennent d'être émises par le professeur Broca (1), et qui sont relatives aux animaux. Je commence par accorder que, dans les éditions précédentes de l'*Origine des espèces*, j'avais fait sans doute la part trop belle à l'influence de la sélection naturelle et à la survivance du plus apte. J'ai modifié dans ce sens la cinquième édition, et limité mes remarques aux modifications adaptatives de la structure du corps, c'est-à-dire aux modifications qui se sont montrées favorables aux adaptations nécessaires. Je n'avais pas précédemment pris en considération d'une manière suffisante l'existence de nombreuses relations de structure qui, autant que nous en pouvons juger, ne sont ni fâcheuses ni nuisibles, et je crois que c'est là une des plus grandes méprises que j'aie, jusqu'à présent, découvertes dans mon ouvrage (2). »

Nous pensons que la méprise que Darwin regrette n'est pas grande ; car il s'agit ici des espèces les plus étrangères, les plus indifférentes au phénomène du développement progressif ; il s'agit des espèces dont l'origine est complétement

l'isolement à la formation des espèces. « Les formes de certaines plantes alpestres vivant en société, — se sont simultanément et réciproquement modelées, sous le rapport de leurs caractères ; elles montrent, pour m'exprimer ainsi, un type spécifique de société, qui diffère pour chaque société, et partant pour chaque contrée. Ce fait prouve irréfutablement que les formes se sont modifiées depuis qu'elles habitent ensemble.

« Leur type spécifique de société, consiste en ce qu'elles présentent dans certains caractères une concordance remarquable, tandis que pour d'autres caractères, elles offrent des différences extrêmes, et par là souvent s'écartent de tous les parents qui vivent dans d'autres contrées.

« De tous ces faits, il résulte indubitablement que le mouvement est divergent dans les formes zoologiques à vie sociale ; car des caractères y sont développés, tandis que les formes à vie individuelle représentent dans leurs caractères leurs formations moyennes. »

Nægeli démontre qu'il y a eu une transformation dans les plantes alpestres, depuis la période glaciaire, et comment ce changement s'est opéré.

1. J. Broca. *L'ordre des primates. Parallèle anatomique de l'homme et des singes.*

2. *Origine de l'homme*, trad. fr., page 167.

expliquée par la seule variabilité, et en tout cas, comme
nous l'avons vu plus haut, par l'action adjuvante de l'isolement. L'importance de la sélection naturelle n'est nullement
infirmée, parce que la théorie ne peut expliquer les espèces
purement morphologiques. Dans certains cas de masques
naturels protecteurs et d'imitations, la sélection paraît insuf-
fisante pour l'intelligence de la beauté organique. Que prouvent ces faits, sinon ce que nous savons tous : que les générations à venir auront à développer l'édifice? Les additions
que l'époque présente a pu apporter à la théorie de la sélection sont à peine sensibles.

Le type a donc été remplacé par la souche, et le système
est l'expression la plus simple des relations de parenté des
organismes. Il réunit en grand nombre à la racine de l'arbre-
souche les organismes inférieurs les plus simples, et peut-
être n'impose-t-il à notre conception qu'une seule forme
primitive. Nous allons maintenant étudier le problème du
commencement de la vie. Tout récemment, en mars 1873,
Max Müller a de nouveau proclamé que la théorie de Darwin
était attaquable au commencement et à la fin (1) : La fin
du darwinisme, c'est-à-dire l'application de la sélection
naturelle à l'origine de l'homme et à sa propriété caractéristique, le langage, présente-t-elle certains points faibles ?
Nous aurons lieu de traiter cette question. Quant à l'origine
de la vie (c'est là ce que le célèbre philologue appelle les
commencements attaquables du darwinisme), ce sujet est
étranger à la sélection naturelle, au darwinisme proprement
dit, à moins que l'on ne veuille étendre le principe de la sélection au monde corporel inorganique.

Nous comprenons la portée de l'objection par laquelle on
veut miner la théorie de la descendance, mais nous ne
comprenons pas celle relative à la sélection. Si l'on veut
présenter le commencement de la vie comme incompréhensible et surnaturel, c'est pour établir un précédent que

1. Au moment où nous écrivions ces lignes, nous ne possédions malheureusement que des comptes-rendus incomplets, et le programme des conférences de Max Müller : « Three lectures on M. Darwin's Philosophy of
language. » Ces conférences ont paru depuis dans la *Revue politique et litté-*
raire, 2ᵉ série, tome V, pages 244, 291, 340, 442, 483.

l'on puisse appliquer à la création du langage. Entre le commencement et la fin, il nous est permis de rester naturalistes. Mais on peut s'étonner de voir précisément ceux qui nous reprochent le défaut de méthode philosophique et de déductions logiques, reprocher aux naturalistes de justifier les conséquences de leurs idées lorsqu'elles ne s'appliquent pas à des choses matérielles. A la dernière page de l'*Origine des espèces*, Darwin dit : « C'est là certainement une théorie grandiose : le Créateur a insufflé à quelques formes ou à une seule le germe de toute la vie qui nous entoure, et tandis que notre planète, obéissant aux lois de la pesanteur, parcourt son orbite, de ces origines si simples est sortie la série infinie des formes les plus simples et les plus merveilleuses. » Darwin, du reste, n'a pas persévéré dans cette voie, et ce changement ne satisfait ni ceux qui croient à l'œuvre de création continue d'un Dieu personnel, ni les partisans du développement naturel : il est inconciliable avec la théorie de la descendance; ou plutôt, comme dit Zöllner (1), l'hypothèse d'un acte créateur, pour le commencement de la vie, n'est qu'une limitation illogique et arbitraire de la série des causes; elle révolte notre intelligence dont elle ne satisfait pas l'aspiration naturelle à la causalité. Celui qui n'éprouve pas cette aspiration doit être abandonné car il ne sera pas convaincu. C'est rompre avec la théorie tout entière de la connaissance, que d'attribuer le commencement de la vie à un acte créateur arbitraire survenant au milieu d'un développement ininterrompu.

Le problème du commencement de la vie est ordinairement résolu, dans un sens ou dans l'autre, selon le parti que l'on a pris dans la question de la génération spontanée. Cette manière de procéder n'est qu'à moitié exacte; les partisans de cette doctrine, non plus que leurs adversaires, ne sont pas encore arrivés à des résultats concluants, et les expériences les plus délicates n'ont rien décidé, soit que l'on eût opéré avec des matières organiques ou avec des éléments qui n'avaient pas encore fait partie de molécules organisées.

______

1. Zöllner, *Ueber die Natur der Kometen* (1re édition, page 305).

On n'a démontré ni la possibilité ni l'impossibilité de la génération spontanée ; celui qui veut douter en a toujours des motifs suffisants : ne voit-on rien se créer, la cause de l'insuccès est imputable aux conditions mêmes de l'expérience ; dans le cas contraire, c'est que les germes, malgré toutes les précautions observées, ont pénétré dans l'infusion. L'opinion que l'on a d'une création originelle qui durerait encore n'est donc finalement qu'un cas particulier dont chacun décide selon ses vues générales sur l'ensemble de la nature. Pour quiconque soutient que l'animé peut directement sortir de l'inanimé, sans intermédiaire d'ancêtres, l'origine de la vie par cette voie naturelle ne souffre aucune difficulté ; mais si on venait à prouver, ce que l'on n'a jamais fait, qu'il n'y a pas de nos jours création originelle, on en conclurait à tort qu'il n'y en a jamais eu. Lorsque notre planète fut arrivée à ce degré de son développement où la température de la surface permit la condensation de l'eau et l'existence de matières albuminoïdes, la quantité et le rapport des éléments de l'atmosphère n'étaient pas les mêmes qu'aujourd'hui. Mille causes qui nous échappent, et dont il serait inutile de creuser la nature hypothétique, pouvaient provoquer la formation du protoplasma, cet organisme primitif, et décider l'agrégation des atomes qui le constituent.

Il est donc également impossible de démontrer par les faits le commencement subit de la vie ; mais l'hypothèse de l'apparition de la vie par voie naturelle à une époque déterminée du développement, est une nécessité logique, loin d'être le point faible de la théorie de la descendance (1).

1. Pour renseigner plus complétement le lecteur, nous avons encore à faire parler un philosophe et un naturaliste sur la question du commencement originel de la vie qui se résout très-facilement devant notre intelligence. Il s'agit d'hypothèses sur le devenir. Le critique, éclairant la philosophie de l'inconscient, s'exprime ainsi : « La philosophie de l'inconscient dit, page 558 : il est vraisemblable qu'avant la naissance des premiers organismes, il y avait déjà des combinaisons organiques de degrés inférieurs, combinaisons qui s'étaient formées (page 556) sous l'influence d'une atmosphère humide et très-riche en acide carbonique, ainsi que de la chaleur plus élevée, de la lumière et de fortes influences électriques. Pénétrez-vous de ces hypothèses, ajoutez que, si de telles conditions favorables à la génération primitive exis-

Nous avons cité le nom d'un homme qui certainement n'est pas à la hauteur de Darwin, mais qui eut la gloire de découvrir, indépendamment de ce dernier, la loi de la sélection naturelle et, lorsque Darwin eut fait paraître son

tèrent une fois, quelque nécessaires qu'elles fussent, ces conditions favorables se maintinrent à travers des périodes géologiques considérables, et l'on ne pourra échapper à cette conclusion que : dans le cours des temps et les alternatives des circonstances, ces matières organiques s'engagent dans d'innombrables combinaisons. De tous ces innombrables arrangements, groupements et combinaisons, la plus grande partie doit rester au degré de la *forme inorganique*, parce qu'elle n'acquit point la composition chimique et les propriétés physiques nécessaires pour une autre ; une très-petite partie des résultats issus de ces combinaisons de matière organique put peut-être transitoirement s'approcher de la forme organique, ou y pénétrer efficacement, mais sans posséder la constitution nécessaire pour l'affirmer longtemps ; une troisième partie encore plus petite, parvint en quelque sorte à se conserver à elle-même cette forme, au milieu des échanges de la matière, aussi longtemps que le comporte encore actuellement la durée approximative de la vie des espèces de protistes les plus primitives, mais elle fut dépourvue de ces propriétés que les espèces acquièrent par division et reproduction, même après la mort naturelle de l'individu ; une quatrième partie put posséder les propriétés qui sont nécessaires à la conservation personnelle, celles qui le sont à la conservation du genre, mais fut privée de cette tendance particulière à se modifier (« *Philosophie des Unbewussten*, » p. 571), ou tout au moins à se modifier dans la direction déterminée, qui seule pouvait conduire au développement en formes supérieures ; une cinquième partie enfin posséda cette propriété avec les autres. Ce sont les descendants de la quatrième et de la cinquième classe de notre classification qui peuplent encore aujourd'hui la terre et la mer *. De quelle espèce de monères est issu le développement progressif dans la direction des infusoires, est-ce d'une des espèces encore vivantes, ou d'une espèce éteinte, nous n'en savons rien encore ; mais nous pouvons admettre avec certitude que le plus grand nombre des protistes, que nous connaissons encore aujourd'hui, appartiennent à cette quatrième classe incapable de développement. Les créations éphémères de notre deuxième et de notre troisième classe ne purent se voir assurées de leur constitution à l'état d'espèces que pendant le cours de la durée des conditions favorables à leur génération primitive sans cesse renouvelée ; mais la première classe pourrait être considérée, au point de vue télé logique, comme celle des tentatives échouées de création. » — (Voyez dans la *Revue scientifique* du 7 septembre 1872, un article sur Hartman et la philosophie de l'inconscient, et dans la même *Revue* du 28 décembre, un article de M. L. Dumont, conscience et inconscience.)

A ces fantaisies et à d'autres semblables, qui sont plus ou moins séduisantes, nous n'attachons aucune valeur particulière ; elles découlent toutes de l'hypothèse de l'ontogénie de Haeckel « (*Generelle Morphologie der organismen*, » I, p. 179 et suivantes). Il les a conçues après ses belles découvertes

---

* Une explication plus simple et plus raisonnable, c'est d'admettre que ces organismes existent, parce qu'il y a place pour eux. Ils subsistent en dépit de la différenciation et par suite de la différenciation.

travail fondamental, confirma la théorie de la sélection par
un grand nombre d'observations personnelles. Je veux dire

sur les organismes les plus simples actuellement existants, les monères et
autres protistes. Nous en détachons le passage suivant : « Sans doute il faut
que nous nous figurions l'acte de l'autogénie, la première génération spontanée
des organismes les plus simples, de la même manière absolument que l'acte
de la cristallisation. Dans un liquide contenant en dissolution les éléments
chimiques qui composent l'organisme, il se forme des centres d'attraction
déterminés par suite de mouvements déterminés des diverses molécules, les
unes vis-à-vis des autres. Les atomes des éléments organogènes (carbone,
oxygène, hydrogène, azote), s'y rencontrent en contact si intime, qu'ils se
réunissent pour former des molécules complexes ternaires et quaternaires. Ce
premier groupe organique d'atomes, peut-être une molécule d'albumine, exerce
maintenant une action analogue à celle du cristal noyau ; ce groupe attire les
atomes semblables, dissous dans l'eau-mère ambiante et concourant également
à la formation de molécules semblables. C'est ainsi que le petit noyau d'albumine s'accroît, et qu'il se transforme en un individu organique, homogène,
une monère sans structure, ou une pelote de plasma, comme une prota-
moeba, etc. Cette monère, en vertu de la facilité de désagrégation de sa
substance, tend constamment à la dissolution de son individualité à peine
consolidé, mais réussit à se maintenir en vie par échange de matière, car la
susception de nouvelle substance, en vertu de l'imbibition (nutrition) prédomine
constamment et l'emporte sur la tendance à la décomposition. L'individu
organique homogène ou monère continue à s'accroître par intussusception,
et ne cesse de le faire que lorsque la force d'attraction du centre ne suffit
plus à maintenir toute la masse réunie. Il se forme maintenant dans le plasma
homogène, et par l'effet des mouvements prédominants de divergence des
molécules dans diverses directions, deux ou plusieurs nouveaux centres
d'attraction, qui maintenant à leur tour exercent une action attractive sur la
substance individuelle de la monère simple et provoquent ainsi sa division, sa
décomposition en deux ou plusieurs parties (reproduction). Chaque fragment
s'arrondit aussitôt en un individu albumine indépendant ou grumau de plasma,
et le jeu éternel d'attraction et de répulsion des molécules recommence de
nouveau, donnant naissance aux phénomènes d'échange de matière ou de
nutrition et de reproduction. »

En outre, Haeckel se fondant sur les propriétés connues des combinaisons
chimiques du carbone, lui a attribué le rôle le plus important dans ses
conceptions sur le premier développement de la vie et sur les phénomènes
physiologiques des organismes les plus inférieurs. C'est « la théorie du carbone » si réprouvée dans le camp de ses adversaires. Les esprits s'échauf-
feraient moins à ce sujet si l'on voulait réfléchir qu'en repoussant cette « tentative audacieuse, » selon l'expression de Haeckel, tentative faite en vue de
venir en aide à la conception du *devenir*, on ne dérange pas un cheveu à la
nécessité logique et poignante de reconnaître que la vie s'est éveillée par voie
naturelle. Les arguments contre « la théorie du carbone » ont été développés
par Preyer, entre autres : « Ueber die Erforschung des Lebens » (des recherches
relatives à la vie) (Iéna, 1873). L'auteur fait valoir que le carbone, dans ses
états terrestres actuels, remonte presque exclusivement à une origine organique,
et que, jusqu'à présent, on n'a pas indiqué une source de carbone suffisante
pour la première formation des corps vivants sur la terre.

Alfred-Russel Wallace (1). Dans un mémoire publié en 1855, il démontra que la flore et la faune dépendent de la situation géographique et de la constitution géologique du terrain où elles s'étendent ; il fit voir quelles relations étroites relient dans les temps et dans l'espace les espèces actuelles avec les espèces éteintes. Dans un second travail, qui traite de la tendance que manifestent les variétés à s'éloigner du type originel, et qui est daté de 1858, nous trouvons des développements sur l'importance du combat pour l'existence, les conséquences de l'adaptation, la sélection des caractères les plus utiles, et le remplacement des espèces antérieures par les variétés plus précieuses qui ont été fixées. Nous aurons plus d'une fois l'occasion de puiser aux sources vives qu'ont fait jaillir ses recherches.

1. A. R. Wallace. *The Malay Archipelago* (3e édit., London, 1872), et *Contributions to the Theory of natural selection* (2e édit. 1871).

CHAPITRE VIII

Deux propriétés inhérentes aux êtres organisés servent à
régler et à déterminer les rapports entre les ascendants et
leurs auteurs, à aider l'individu dans la conquête de la place
qu'il doit occuper dans la nature qui l'entoure et que ces
propriétés semblent lui montrer : ce sont l'*hérédité* et l'*a-
daptation.*

La première est un principe de conservation, la seconde
un principe de progrès. Toutefois l'hérédité n'implique pas
toujours l'invariabilité et souvent l'adaptation entraîne avec
elle des phénomènes morphologiques et physiologiques. C'est
par l'idée claire des particularités d'un organisme transmises
par l'hérédité que nous reconstruisons son arbre généalogique; c'est grâce à l'étude des qualités acquises par l'adaptation que nous pouvons apprécier la souplesse de cet organisme dans le cours des siècles et suivre de près les ramifications de la souche. Des groupes d'organismes dont le
principe est éminemment conservateur témoignent assuré-
ment de leur force de résistance, dans la lutte pour la
vie, mais physiologiquement ils s'arrêtent là et se voient
dépasser par d'autres plus progressifs qui abordent résolu-

ment les difficultés du monde et savent en tirer parti : la vie humaine en offre de nombreux exemples.

Les phénomènes de l'*hérédité* étant ordinairement plus prononcés que ceux de l'adaptation, les naturalistes d'autrefois ne s'occupaient presque pas de cette dernière. En effet, dans la nature organique, il n'est pas un fait que l'on puisse plus souvent et plus généralement établir que celui-ci : à savoir que les descendants ressemblent à leurs parents. Il est vrai qu'un anatomiste, dans un livre tout particulier, a avancé que si les enfants sont ressemblants à leurs auteurs, cela ne vient pas de l'hérédité, mais de ce qu'ils sont soumis aux mêmes influences, ont les mœurs et les habitudes dominantes de la famille. Mais ce paradoxe ne supporte pas la discussion. Des habitudes pareilles et des influences extérieures pourront amener il est vrai une certaine conformité de maintien et de physionomie; mais on ne dira pas, parce qu'un enfant imitera la démarche grave de son père, qu'il lui aura pris aussi son nez, grand ou petit, ou qu'il l'aura reçu en vertu de la loi d'adaptation. C'est une subtilité contredite par le témoignage universel et que nous n'avons voulu que mentionner pour constater, d'accord avec le bon sens, la transmission des qualités des parents à leur postérité. L'éleveur surtout a l'occasion de constater ces héritages, et d'en tirer des effets merveilleux en combinant et faisant agir l'une sur l'autre les formes différentes et situées différemment dans l'échelle de l'hérédité.

On sait que les cas normaux ne sont pas les seuls transmissibles; certaines monstruosités se transmettent à travers plusieurs générations; il y a mieux, elles peuvent devenir des caractères de race, ainsi que le montre le mouton à jambes arquées du Massachussetts. On se rendra bien compte de la solidarité qui unit les descendants à leurs ancêtres par l'exemple de ces dispositions aux maladies du corps et de l'esprit, qui se transmettent par héritage. Ce n'est que depuis que la théorie de la sélection a fait une étude approfondie des modes variés suivant lesquels se transmettent les qualités physiques, que l'ethnologie générale ethnographique a commencé à son tour à apprécier l'influence de l'hérédité dans le domaine intellectuel, et à démontrer comment, en rapport avec les conditions moléculaires du cerveau, le caractère, l'intelligence de l'individu et toute une série d'idées envisagées d'après leur intensité et leur nature, obéissent, chez les différentes races et les différentes familles de peuples, aux lois de l'hérédité.

Il est évident qu'il faut chercher la clef des phénomènes de l'hérédité dans la marche de la transmission. Les mouvements et les excitations moléculaires qui y ont lieu, les effets mécaniques, petits à confondre l'imagination, qui accompagnent ces transitions, ne tombent pas sous l'observation, il est vrai, mais ils ne sont ni plus « obscurs » ni plus « énigmatiques », comme on se plaît à le dire, que ces mouvements invisibles, et non surnaturels toutefois, dont le contrôle et le calcul servent de base à cet édifice grandiose de la chimie et de la physique théoriques. Si l'imagination a peine à suivre ce passage progressif d'un être neutre à un être pourvu d'un sexe, d'un organisme simple à un plus parfait, l'esprit peut du moins le saisir par abstraction. Quand un être inférieur, une monade, par exemple, se subdivise, les individus nés de ce partage ne diffèrent du premier que par la masse. Tels ils fonctionnaient tout à l'heure dans l'ensemble, tels ils fonctionnent maintenant : la qualité reste la même. Quand un organisme producteur donne naissance à des boutons et à des germes qui s'en séparent, cette émission de rejetons est si abondante que l'identité de forme et de fonctions dans le producteur et le produit semble naturelle et logique. Mais dans l'œuvre de transmission par voie sexuelle des organismes composés, ce sont aussi, comme nous le savons depuis qu'on a répudié l'ancienne théorie de l'*aura seminalis*, des parties matérielles qui se détachent des organismes producteurs. En fin de compte, c'est un phénomène mécanique qui, compréhensible par lui-même, devient inexplicable si l'on veut, chose matériellement impossible, se représenter d'une manière sensible l'infiniment petit qui relève ici de la chimie et de la physique. Dans son ouvrage intitulé « *Variations des plantes et des animaux*, » Darwin a exposé une hypothèse provisoire de la *pangenesis*. Selon lui, tous les phénomènes de l'hérédité et de l'atavisme s'expliqueraient par la production, dans chaque partie élémentaire d'un organisme, d'un nombre indéfini de germes qui, emmagasinés dans les substances aptes à la transmission, dans tous les œufs et les particules séminales, par exemple, resteraient à l'état latent pendant des centaines de générations pour n'apparaître que par l'atavisme (1). Cette hypothèse n'a pas été, que nous sachions, parfaitement accueillie ; et suivant nous, cela tient à ce que, sitôt qu'on cherche à l'approfondir, l'imagination veut forcément se représenter la chose, mais sans succès. Si l'on part au contraire de cette idée que même les phénomènes morphologiques les plus compliqués de la vie ont dans le protoplasma, suivant l'heureuse expression de Rollet (2), un témoin fidèle de leur liaison avec les formes les plus simples, telle loi générale, prouvée certaine ou vraisemblable pour les organismes les plus simples, le

---

1. « L'hypothèse de la *pangenesis*, appliquée comme elle l'est aujourd'hui, aux diverses grandes classes de phénomènes, tels qu'ils ont été maintenant débattus, est sans doute extrêmement compliquée. Mais les faits le sont certainement aussi. Toutefois la supposition sur laquelle repose cette hypothèse n'est pas extrêmement compliquée, c'est-à-dire que tous les organismes, outre la propriété qu'on leur reconnaît généralement de s'accroître par division d'eux-mêmes, possèdent encore la faculté de rejeter des atomes infiniment petits, de leur contenu, c'est-à-dire des germes. Ceux-ci se multiplient e se combinent en bourgeons ou en éléments sexuels. Leur développement dépend de la réunion avec d'autres cellules ou unités en voie de développement, et ils sont capables de se transmettre à l'état de sommeil, aux générations ultérieures. Dans un animal d'une organisation supérieure et compliquée, les germes émis dans tout le corps par chaque cellule ou unité différente, doivent être incroyablement nombreux et petits. Chaque unité de chaque partie doit abandonner ses germes en se transformant pendant le développement, et nous savons que certains insectes subissent au moins vingt métamorphoses. Du reste, tous les êtres organiques reçoivent de leurs aïeux ou de leurs ancêtres encore plus éloignés, mais pas de tous leurs ancêtres, des germes endormis. Ces petits germes infiniment nombreux et petits doivent être inclus dans chaque bourgeon, dans chaque œuf, dans chaque spermatozoaire et grain de pollen. Une hypothèse de cette nature est déclarée improbable, mais le nombre et la grandeur ne sont que des difficultés relatives et les œufs ou les graines produits par certains animaux et par certaines plantes sont tellement nombreux que l'intelligence ne peut en embrasser le nombre. » (Darwin, la Variation, II, p. 526 de la traduction allemande indiquée plus haut.)

2. A. Rollet, *Ueber die Erscheinungsformen des lebens und den beharrlichen Zeugen ihres Zusammenhanges.* Almanach der Kais. Akademie der Wissenschaften (Des formes de manifestation de la vie et du témoin permanent de sa solidarité). Vienne, 1872

sera aussi pour les plus parfaits. De même pour la reproduction. Parmi les phénomènes les plus inférieurs, il n'en est pas un seul qui ne puisse reposer sur la physique moléculaire appliquée à la matière vivante demi-liquide et absorbable, et s'expliquer sans le dualisme vital.

Plus un organisme est complexe, c'est-à-dire plus est grande la différenciation dans le développement, depuis le protoplasma de la cellule ovarique jusqu'au corps complétement développé, plus l'hérédité se manifeste sous des modes divers. Ces espèces d'hérédité ont été formulées par Darwin, et plus systématiquement encore par Haeckel, sous le nom de lois d'hérédité.

Ces auteurs, dans leurs ouvrages spéciaux, ont apporté un grand nombre de preuves à l'appui de ces lois. Si l'on appelle l'hérédité du nom de principe éminemment conservateur de la vie des espèces, il est cependant permis encore de parler spécialement d'une hérédité conservatrice, qui transmet les anciennes particularités et les anciens caractères, depuis longtemps fixés. Plus un caractère se transmet avec persistance, ou, ce qui revient au même, plus est grand le nombre des familles, des genres, des espèces sur lesquels il s'étend, plus il doit être considéré comme ancien et plus l'époque de sa première apparition dans la souche est reculée. Dans la plupart des cas, cette hérédité conservatrice s'exerce pendant une série ininterrompue de générations; et il n'y a pas à perdre un mot des observations que chacun peut faire journellement à ce sujet. D'autre part, l'hérédité conservatrice peut aussi se manifester brusquement et en quelque sorte par bonds, soit que l'on voie apparaître certaines propriétés des ancêtres qui sont restées latentes, pendant une ou plusieurs générations, quelquefois pendant un grand nombre de générations, c'est ce que nous nommons atavisme, soit que l'espèce se compose de formes génératrices et d'individus diversement formés et se détachant régulièrement les uns des autres. Cette espèce particulière d'hérédité se nomme alternance de génération.

Personne ne s'étonne lorsque les enfants présentent certains traits corporels ou intellectuels des grands parents, qui ont fait défaut chez les parents. L'atavisme le plus fréquent et le plus surprenant est celui des animaux domestiques et des plantes utiles. L'éleveur n'a pas d'adversaire plus tenace. Il n'y a pas d'animal domestique dont l'espèce-souche soit aussi certaine que celle du pigeon. Or il y a des races de pigeon qui, conservées depuis plusieurs siècles, pures de tout mélange, par les soins des éleveurs, se sont transformées en êtres nouveaux pour la coloration et pour la forme ; cependant on voit de temps en temps apparaître des animaux issus de ces mêmes races soit directement, soit par le croisement et qui rappellent le biset sauvage dont ils possèdent la coloration et les dessins caractéristiques de bandes noires sur les ailes et sur la queue. « J'accouplai, raconte Darwin (1), un pigeon femelle bâtardé de barbe et de pigeon-paon avec un mâle bâtardé de barbe et de pigeon pâle. Aucun des deux n'avait sur lui la moindre trace de bleu. Il faut se souvenir que les pigeons bleus sont excessivement rares, que déjà en 1676 les pigeons pâles étaient complétement caractérisés et que de plus l'élevage les obtenait tout-à-fait purs. C'est ce qui a lieu également pour les pigeons-paons qui sont blancs, et même à tel point que je n'ai jamais entendu parler de pigeons-paons blancs qui eussent produit une autre couleur quelconque ; les descendants des deux bâtards sus nommés n'en avaient pas moins tout le dos et les ailes colorés en bleu, tout-à-fait comme le biset sauvage des îles Shetland. Les doubles bandes noires étaient également nettes ; tous les caractères de la queue étaient exactement semblables à ceux-là, et la partie postérieure était d'un blanc pur. » Un autre cas d'atavisme, que l'on peut observer souvent, c'est la robe rayée du chat domestique européen, lorsqu'il est redevenu sauvage. Il se rapproche alors du chat sauvage, à s'y méprendre. Darwin a réuni les motifs qui permettent de conclure que l'espèce-souche sauvage à laquelle appartient le cheval était zébrée. Parmi ces raisons il cite le cas de certains individus dont la robe est rayée. Il est encore un autre caractère assez rare

---

1. Darwin, la Variation. Traduction allemande indiquée, I, 247.

chez les chevaux et qui trouve son explication dans l'atavisme. Il naît quelquefois des poulains qui ont au sabot des doigts supplémentaires. Cette monstruosité ne peut s'expliquer que par atavisme remontant aux ancêtres historiques du genre actuel, qui avaient trois doigts au sabot. Ces exemples peuvent suffire.

Tous les phénomènes de sélection artificielle produite par l'éleveur, de même que la sélection naturelle, prouvent que les propriétés susceptibles d'être transmises aux descendants ne sont pas seulement celles qui ont été transmises depuis longtemps, mais que les propriétés nouvellement acquises et même les plus récentes sont aussi dans ce cas. C'est là l'hérédité progressive. Sans elle, l'ennoblissement et le progrès seraient impossibles et sa propre possibilité résulte immédiatement de l'essence de la reproduction. Plus une modification utile est nouvelle, moins elle a pu se mettre en corrélation avec l'ensemble de l'organisme, moins le système de la reproduction en est touché et plus est incertaine et hésitante la transmission par reproduction. Il faut donc que l'éleveur ou que la nature intervienne par sélection pour transformer en fait, à coups répétés d'hérédité, cette possibilité de progrès et pour insérer ce fait petit à petit dans les hérédités conservatrices. L'hérédité progressive se complique naturellement dans la séparation des sexes. La sélection sexuelle reprend alors ses droits. Les avantages de l'un des sexes sont choisis par le goût de l'autre sexe, mais deux cas peuvent alors se présenter, soit que ces caractères ne soient transmis qu'au sexe doué des caractères secondaires, ou qu'ils deviennent en totalité l'apanage de l'espèce. Ce sont généralement les mâles qui sont doués de ces avantages et qui les ont transmis par hérédité aux femelles, mais à un état imparfait. Un seul exemple nous suffira pour nous convaincre, nous l'emprunterons aux insectes et à l'ordre des orthoptères. Les mâles, en frottant leurs élytres les unes contre les autres ou en les frottant à l'aide des cuisses des pattes postérieures, savent produire une musique qui attire les femelles. V. Graber (1), jeune entomologiste très-distingué,

---

1. Graber, *Ueber den Tonapparat der Locustiden, ein Beitrag zum Darwi-*

a prouvé que la bande de l'archet de ces animaux ne se compose que de crins modifiés, que leur structure s'explique par l'usage et qu'il paraît vraisemblable qu'elle se soit perfectionnée par sélection sexuelle, les meilleurs musiciens et les plus bruyants étant ausssi les amoureux les plus favorisés. Les femelles des orthoptères sont muettes, sauf une unique exception; mais un grand nombre d'entre elles possèdent les traces de ces instruments sonores qui sont la propriété des mâles. Les naturalistes précédents ne voyaient dans ce fait qu'un cas d'hérédité provenant des mâles. Contrairement à cette appréciation, Graber a rendu plus que vraisemblable que les fibres musicales de la femelle de l'*Éphippigera vitium* musicienne se sont développées tout-à-fait indépendamment de celles des mâles, mais de la même manière que chez ceux-ci et pas à pas. Dans d'autres cas, au contraire, les fibres musicales des femelles, qui sont peu développées et qui ne paraissent pas propres à produire une musique sensible, semblent un héritage d'origine masculine.

Un fait généralement connu, c'est l'hérédité à des périodes correspondantes de la vie. La disposition aux maladies se transmet du père ou de la mère à l'enfant pour éclater à l'âge même où l'un d'eux en a souffert. De génération en génération, les dents de lait font place à la dentition définitive à la même époque. Mais tous les cas spéciaux ne sont que des émanations de la loi générale du développement, selon laquelle les caractères sont apparus chez l'individu, dans l'ordre même où ils ont été historiquement acquis et pouvaient être transmis par héritage. L'hérédité à un âge déterminé de la vie, après l'époque à laquelle nous considérons le développement proprement dit comme terminé, n'est cependant que la continuation du développement embryonnaire commençant par la division, le germe et l'œuf, et dont le neuvième chapitre nous fait connaître l'importance. Dans ce développement de l'individu, l'ontogénie, il arrive souvent, — et c'est ce que nous éclaircirons également plus bas, — que certains procédés sont refoulés ou succombent même complétement, qui, lorsqu'ils furent acquis et après s'être fortifiés, exigèrent un temps considérable, mais qui furent d'une faible importance pour l'individu, et n'acquièrent une valeur physiologique que comme point de transition.

La seconde grande classe de caractères, c'est-à-dire celle des caractères qui ont été récemment acquis et qui reposent sur l'adaptation, suppose la mutabilité des organismes. C'est là un phénomène fondamental des corps organiques. Elle est inhérente aux plus petits éléments de la forme, au protoplasma et aux cellules ainsi qu'aux éléments de forme qui en sont issus et dont les vies isolées se pénètrent solidairement en produisant comme résultat la vie totale de l'individu. L'élément organique de forme se trouve dans un état de distension. Il y a imbibition et sécrétion constantes. Son état dépend donc sans cesse de l'afflux des matériaux destinés à ses activités. Toute oscillation de l'afflux dans chaque partie de l'organisme et même à chaque partie de la surface d'une pierre de construction microscopique, doit nécessairement entraîner avec elle une modification de certaines parties du tissu ou de groupes de tissus réunis en organes. C'est ainsi que la variabilité est une propriété résultant spontanément de la nature la plus essentielle de l'organisme, dépendant des conditions extérieures qui déterminent la quantité et la forme, la croissance et la transformation des parties élémentaires, ou leur arrêt ou leur formation rétrograde. On peut se faire une image de ces effets lorsque l'on considère un polypier qui, dans sa totalité, ressemble à l'individu, et dans ses divers polypes, aux cellules et aux éléments de forme. Les divers individus ont la même valeur, comme ébauche ; mais généralement leur force et leur développement sont très différents, même chez les espèces où la différenciation incontestablement produite par la sélection n'a pas conduit à la séparation en groupes de personnes fonctionnant différemment, c'est-à-dire au polymorphisme. Les conditions bonnes ou mauvaises des polypes de notre polypier dépendent beaucoup de la position qu'ils y occupent. L'afflux de nourriture, auquel sont invités en première ligne les individus isolés, se distribue inégalement et alternativement, selon le courant et les brisants. Il y a donc sur chaque polypier des régions où les personnes prospèrent, d'autres où elles se maintiennent encore et il en est d'autres enfin où elles ne trouvent plus leur existence. Mais comme le polypier est traversé par un système de canaux qui réunit les diverses cellules et qui charrie les liquides nourriciers, l'excès de nourriture des cellules heureusement situées tourne au profit de celles à qui le hasard de la position a réservé un plus mauvais lot, et vice versâ. De ces conditions très-compliquées mais très-simples encore pour notre comparaison, résultent par addition la forme et l'aspect du polypier. Parmi des centaines de milliers de polypiers, on n'en trouvera pas deux qui se ressemblent absolument. Même lorsque deux individus de la même espèce, pour revenir à la variabilité des organismes, sont élevés dans les conditions les plus uniformes que l'on puisse imaginer, il est toujours impossible d'affirmer qu'il y ait identité absolue entre eux. Que la variabilité soit plus faible chez les organismes inférieurs que chez les organismes supérieurs, c'est là un préjugé que l'on a souvent reproduit, et qui a été fortifié par l'ancien dogme de l'espèce. La théorie de la descendance et la sélection seraient gravement compromises s'il en était ainsi. Mais de même qu'un berger distingue avec certitude la physionomie de ses moutons tandis qu'un promeneur de la ville retrouve dans tout le troupeau la même physionomie; de même, pour le naturaliste attentif, le type de l'espèce, chez la plupart des organismes inférieurs, se résout en autant de variations que d'individus, abstraction complète étant faite de tous les cas où la fixation du type de l'espèce n'a lieu en aucune façon.

L'adaptation, considérée comme une variation, dans des circonstances données, n'est donc pas plus que l'hérédité une grandeur inconnue, mais elle est une fonction de la propriété mécanique de la variabilité, ou dans le sens le plus large du mot, de la nutrition. L'adaptation fait ses preuves lorsque l'organisme se montre flexible et malléable sous les diverses influences extérieures, qu'il les surmonte, qu'il en tire profit. Le climat, la lumière, l'humidité, la nutrition, tous les obstacles et tous les aiguillons qui agissent directement ou indirectement sur l'organisme, prennent part à cette œuvre. Entourés d'organismes, nous les voyons sans exception s'adapter aux circonstances, et s'il nous plaît de nous convaincre de l'influence morphologique du genre de vie, rien n'est plus facile, grâce aux animaux domestiques. Dans ses études sur le porc, H.-v. Nathusius (1), le plus scientifique peut-être des éleveurs célèbres, a montré que même dans le cas le plus simple, c'est-à-dire lorsque le sol déjà ameubli par la culture facilite le travail des fouilles, le crâne du porc domestique conserve la forme que présente pendant la jeunesse celle du porc sauvage et que les configurations extrêmes de la tête, qui chez les races produites par l'élevage sont caractérisées par l'arrêt et le raccourcissement de la face, ainsi que par l'impossibilité de fermer intérieurement la mâchoire, sont précisément la conséquence des changements survenus dans les conditions de l'existence. On sait que les hommes, les animaux et les plantes transportés dans un nouveau milieu éloigné de leur habitat antérieur, meurent parce que l'organisme s'est vainement efforcé, pendant un temps plus ou moins long, de se faire à ces nouvelles conditions, — ou qu'ils s'y habituent et qu'ils s'acclimatent. Toute acclimatation est donc une adaptation accompagnée de modifications visibles ou même moins sensibles. C'est ainsi que, par suite des diverses conditions de la vie, on voit s'éloigner les uns des autres des peuples d'une même souche, attestée par la parenté des langues qu'ils parlent, pour ne point parler ici des peuples dont les rapports n'ont point été élucidés par la philologie. Quelle différence profonde entre la personnalité de l'Anglais et celle de l'Indou ! Ils représentent deux sous-races parfaitement dis-

---

1. **Herman v. Nathusius,** *Vorstudien für Geschichte und Zucht der Hausthiere zunächst am Schweineschädel,* Études préliminaires pour l'histoire et l'élevage des animaux domestiques, surtout du crâne du porc, 1864.

tinctes dont les caractères doivent être attribués à l'adaptation. Ici le climat exige une nourriture végétale, ne provoque pas l'énergie physique et intellectuelle, là au contraire le pays est, sous tous les rapports, l'opposé du sol indien. De même aussi l'alternance annuelle des phénomènes de la vie de tant d'organismes, que nous désignons sous le nom de mue, est une adaptation. La mue se modifie dès que l'organisme se trouve exposé à un climat modifié, ou plutôt l'acclimatation est essentiellement l'accommodation des mues au nouveau climat.

Tous ces exemples nous représentent les résultats de l'adaptation directe dans laquelle la force de résistance des individus entre en compte, de même que l'adaptation cumulative dans la sélection artificielle et la distinction du meilleur dans la sélection naturelle. Partout où il s'agit d'adaptation, un ou deux organes sont engagés en première ligne, activement ou passivement, et ce n'est qu'à la suite des transformations que l'on peut en déduire que d'autres organes sont entraînés dans le même destin. C'est ce que l'on nomme adaptation corrélative. Peut-être pensera-t-on que les animaux parasites en fourniraient les exemples les plus faciles à observer, car on sait que le changement de la nutrition et des organes est ordinairement accompagné d'une transformation et formation régressive des organes de mouvement et de toute l'articulation du corps. Mais il n'est pas aisé de tracer les limites et l'origine de ces modifications concomitantes des organes de nutrition et de mouvement se trouve moins dans une influence sympathique mutuelle que dans un défaut simultané d'exercice. Une adaptation corrélative est celle que l'on observe chez les races de pigeon à bec court. Le doigt du milieu et la cheville sont également raccourcis, et chez les races à long bec, ces organes ont pris part à la prolongation. Cependant, dans le cas où des bec courts sont réunis avec des pattes courtes, le manque d'usage a certainement pris part aussi au raccourcissement des pattes; mais lorsque l'amateur de pigeons a pris plaisir à allonger le bec par sélection multipliée, la prolongation corrélative de la patte s'est pro-

duite malgré le défaut d'usage. Le groupe le plus important de modifications corrélatives ou adaptations, ce mot
étant toujours pris dans sa signification la plus générale,
concerne la sphère sexuelle. Les atteintes directes portées
aux organes de génération exercent leur influence sur tout
le reste de l'organisme. Les animaux des deux sexes que l'on
châtre pour les engraisser ou en vue du travail, nous en
donnent le meilleur exemple.

Nous avons vu précédemment que le degré de perfection
obtenu dans les souches des articulés, des vers et des vertébrés, et même dans une partie des rayonnés, dépend du
différent développement des parties primitivement homologues, situées les unes derrière les autres, par conséquent
de la division du travail. C'est à ce fait que Haeckel a donné
le nom d'adaptation divergente. C'est sur elle que repose
ce merveilleux polymorphisme qui se présente particulièrement dans les formes admirables des méduses siphono-
phores, et dans l'organisation des sociétés d'animaux, des
termites, abeilles, etc.

En tant que la modification coïncide avec l'adaptation,
on peut opposer aux adaptations directes dont il a été question jusqu'à présent, une série d'adaptations indirectes.
On comprend parmi celles-ci une série de phénomènes
dont les causes ne remontent pas à la vie de ces individus
mais doivent être cherchées dans des influences dont les
parents sont touchés. Comme on le voit, il s'agit d'un contact avec le domaine de l'hérédité qui est très-connu de
l'éleveur. C'est ainsi que II. v. Nathusius (1) dit dans ses
études sur la formation du crâne du porc : « Il résulte
clairement des faits qu'une transmission par héritage, de
la forme de la tête, n'a pas lieu sans raison. Si la forme du
crâne que nous nommerons la forme de l'élevage, est un
produit de la nutrition et du genre de vie, par conséquent
des influences extérieures, si elle peut varier chez le même
individu et si par conséquent elle n'est pas constante, il ne
peut être question de la transmission de cette forme par

____

1. *Vorstudien...* etc., comme à la note de la page 154.

héritage que dans une mesure restreinte. Ce n'est pas la forme elle-même qui est transmise aux enfants, c'est la tendance à cette forme. Nous sommes autorisés à cette conclusion par ce fait que la forme s'élève en originalité jusqu'à un degré déterminé, de génération en génération. Si nous élevons un porc commun près d'un porc ennobli et si nous faisons agir sur tous deux, dans la même mesure, les influences de nutrition et de soins, nous n'obtiendrons pas la même forme de tête chez les deux animaux. Le développement de la forme de la tête doit donc être soutenu par une disposition préexistante. Nous devons donc considérer celle-ci comme héréditaire. » Haeckel formule aussi une loi d'adaptation individuelle, exprimant qu'en dépit de la plus proche parenté les individus se séparent en toutes sortes de modifications. La cause de cette différence, la plus évidente chez les individus d'une seule et même portée, si elle ne consiste pas dans une adaptation directe, se trouve dans les germes, et c'est à ceux-ci que nous rapportons généralement des variations et des différences tout à fait inaccessibles dans les conditions de nutrition des parents. Parmi les autres phénomènes de modification indirecte, nous citerons l'apparition de déformations dont on ne peut chercher les causes que dans les troubles de nutrition des organismes générateurs, sans que les auteurs eux-mêmes aient été notablement affectés. Dans cet ordre de faits, il faut mentionner aussi les influences qui, n'ayant agi que sur un sexe, ne se manifestent que sur les descendants de ce même sexe. Ces phénomènes qui, dans leurs commencements, sont étroitement soustraits à l'observation, se rattachent intimement au domaine le plus obscur de l'hérédité.

Une forme très-intéressante et très-importante de l'adaptation est connue sous le nom de *mimétisme* ou protection par adaptation de coloration et de forme. Les premières découvertes à ce sujet furent faites par le célèbre naturaliste du fleuve des Amazones, Bates; la plus grande partie des autres découvertes furent ajoutées par Wallace. Parmi les papillons de l'Amérique du Sud, la famille des héliconides est extraordinairement répandue; elle est caracté-

risée par l'allongement des ailes, du corps et des antennes
et par de belles couleurs. On pourrait les croire exposés aux
poursuites des oiseaux insectivores et d'autres animaux. Il
n'en est pas ainsi, car ils répandent une odeur désagréable
qui, selon toute apparence, en fait un objet de dégoût. Leur
odeur et leur goût leur servent donc de protection car les
oiseaux et les lézards qui les auront parfois attaqués les lais-
seront certainement une autre fois sans les toucher. Si
maintenant d'autres papillons ressemblaient aux héliconides,
mais sans en posséder l'odeur, ces papillons seraient pro-
tégés par leur ressemblance et bénéficieraient des mêmes
immunités d'autant plus qu'ils s'en rapprocheraient davantage par leur apparence extérieure, car les insectivores
ne discernent pas les cas particuliers, mais ils ont pris
l'aspect des héliconides en dégoût. Or le cas que nous supposons s'est réellement présenté ; car Bates a découvert
une série d'espèces du genre *Leptalis* qui diffèrent des héliconides sous tous les rapports, sauf toutefois une ressemblance de forme et de couleur qui va jusqu'à rendre la
confusion possible. Les Leptalides ont même adopté le vol
des héliconides ; ils se reposent aux mêmes endroits et volent
impunément autour d'eux, bien qu'ils n'en possèdent pas
l'odeur repoussante. Ce fait ne serait point possible si les
Leptalides n'étaient pas évidemment en minorité, de telle
sorte qu'ils se mettent pour ainsi dire à l'abri derrière les
héliconides. Wallace a prouvé que les espèces protégées par
imitation d'autres animaux sont toujours en minorité par
rapport à ces derniers et que souvent elles sont très-rares
relativement aux espèces imitées. Les mêmes conditions
d'existence produisent-elles les mêmes résultats ? ou le mimétisme, dans quelques cas au moins, est-il une régression
atavique à la forme souche commune ? Ces explications ne
sont nullement satisfaisantes et seule la sélection naturelle
peut s'appliquer à l'intelligence d'un grand nombre de cas,
ceux notamment où déjà, avant le commencement de l'imitation, existait tout d'abord une similitude entre la forme
imitante et la forme imitée telle que la confusion n'était
point possible et où par conséquent la ressemblance ne

pouvait être qu'accrue par la sélection naturelle qui s'est
montrée ici si extraordinairement utile pour la conservation
des semblables. Darwin (1) pense que selon toute apparence
ce phénomène n'a jamais commencé chez les formes qui
étaient entre elles très-dissemblables en couleur.

Il est une espèce particulière de mimétisme qui est plus
simple et depuis longtemps connue. Certains animaux ont
accommodé leur coloration à leur séjour de manière à ne pas
attirer l'attention de leurs ennemis ou à tromper leur proie.
Qui de nous, à l'époque où nous faisions la chasse aux papillons, n'a observé qu'il est très-difficile de reconnaître certains papillons de soir et papillons de nuit, aux ailes bordées
ou mouchetées d'une couche brunâtre ou noire et grise,
lorsqu'ils reposent immobiles sur l'écorce des arbres ? Les
sauterelles-spectre et les sauterelles de charmille peuvent
ressembler à tel point aux feuilles et aux branches qu'il faut
les toucher pour se convaincre de leur existence. Wallace
raconte qu'une des phasmides (*ceroxylus laceratus*) qu'il
s'était procurées à Bornéo était tellement couverte d'excroissances foliacées d'un vert olive clair qu'elle ressemblait à
une branche couverte de mousse. Le Dayak qui lui apporta
cet animal lui assura que, bien que vivant, il était réellement
couvert de mousse, et le naturaliste lui-même ne put se
convaincre du contraire qu'à la suite des recherches les plus
minutieuses. Un exemple frappant et connu de beaucoup de
nos lecteurs nous présente une coloration utile : il s'agit de
la plupart des espèces de soles (pleuronectes) que l'on voit
si souvent dans les aquariums : si l'on observe ceux de ces
poissons qui sont gris ou tachetés de brun, on verra que
certains mouvements des nageoires leur servent à recouvrir
en partie de sable leur face supérieure ; ils n'ont pas besoin
de s'enfouir complétement, car il faut un examen attentif
pour discerner, du fonds sablonneux, leur peau nue. Derrière
cette enveloppe ou ce masque, soit naturel soit artificiel,
l'animal guette sa proie. Pour beaucoup d'animaux garantis
par une coloration protectrice, le phénomène est plus com-

____

1. *Abstammung des Menschen*, p. 367.

pliqué et il est bien plus difficile de l'expliquer par la sélection naturelle car ils peuvent arbitrairement adapter leur
coloration au milieu, ou bien même la coloration se modifie par réflexion involontaire. Les belles observations de
Verany sur les céphalopodes nous ont fait connaître l'é-
chelle de couleurs dont disposent ces mollusques. Il faut
ajouter la description des changements de couleurs du ca-
méléon par Brehm. Ces cas très-compliqués sont provisoirement expliqués par d'autres plus simples. La coloration protectrice tout à fait évidente s'est fixée dans la peau et le
plumage, et la concordance de ce fait avec d'autres particularités ne laisse guère d'autre explication possible que celle
de la sélection. Les intéressantes recherches de Wallace sur
les nids d'oiseau sont particulièrement instructives à ce point
de vue. La plus grande partie des oiseaux femelles qui couvent dans des nids ouverts ont le plumage brun-gris, et
peu voyant. On ne trouvera point de contradicteur en soutenant que les modifications du plumage, dont l'effet est de
cacher à ses ennemis l'oiseau dans son nid, ne sont point
constantes. Quant à la coloration qui accorde l'oiseau avec
son entourage, le contraire va de soi; et il est une autre
observation qui prouve que les faits ont été exactement
expliqués : la plupart des femelles des oiseaux dont le plumage est orné de couleurs et de taches brillantes couvent
dans des nids couverts et cachés. Il faut ajouter que la construction du nid n'est point dirigée par les règles absolues
d'un instinct aveugle, mais qu'elle est modifiée par l'expérience des animaux. Nous ne voyons, il est vrai, cette expérience se modifier qu'avec l'âge de l'individu, mais dans
plusieurs cas au moins on a démontré qu'elle constituait
un progrès de l'espèce.

La sélection naturelle trouve un puissant appui dans les
modifications qui sont provoquées par l'usage ou le défaut
d'usage des organes. Les conditions de la vie, en se transformant, nécessitent un usage plus assidu ou produisent un
défaut d'exercice. Dans les deux cas il y a adaptation. Des
modifications profondes, conséquence du défaut d'usage,
sont faciles à signaler. Il suffit de regarder autour de nous

dans la nature. Mais la sélection naturelle nous fournit de nombreux exemples des deux espèces, notamment lorsqu'elle se combine avec l'usage exclusif de certains organes, les autres étant négligés simultanément. Comme produit de ce genre fourni par la sélection, avec usage exclusif, je citerai le cheval de course et le lourd cheval de trait.

La cécité des animaux des cavernes ne peut trouver une autre explication que celle-ci : l'animal peu à peu a cessé de faire usage de ses yeux, tandis qu'il s'est habitué à la vie des cavernes. Peu à peu aussi l'assimilation a diminué dans les organes soumis à un exercice plus faible et l'atrophie a commencé. L'exactitude de ces considérations théoriques est confirmée par ce fait que beaucoup d'animaux aveugles des cavernes, insectes et arachnides, possèdent, dans le voisinage de ces cavernes, des parents très-rapprochés et que ceux de ces animaux qui habitent des régions où l'obscurité n'est pas complète ont les organes de la vision moins atrophiés. Il y a aussi une gradation semblable parmi les mammifères fouisseurs, et Darwin donne un exemple (1) qui démontre d'une manière évidente la cécité consécutive au genre de vie. « Un rongeur de l'Amérique du Sud, le *Tuco-*
« *tuco* ou *Ctenomys*, a une existence encore plus souterraine
« que la taupe. Un Espagnol qui en a pris souvent m'a
« affirmé qu'il en a vu un grand nombre qui étaient complé-
« tement aveugles. J'en avais pris un vivant; il était certai-
« nement aveugle et — la dissection l'a prouvé — par
« suite de l'inflammation de la paupière. La fréquence des
« inflammations de l'œil peut être funeste à tout animal.
« Or les yeux ne sont certainement point nécessaires aux
« animaux dont la vie est souterraine. La diminution de leur
« grandeur, l'adhérence de leurs paupières et la croissance
« de la peau au-dessus de celles-ci leur seront donc, dans ce
« cas, utiles; et alors la sélection naturelle confirmera con-
« stamment l'effet du défaut d'usage. »
Parmi les diverses classes d'animaux volants, il en est un

---

1. Enstehung der Arten, p. 153.

grand nombre qui ont renoncé au vol, et nous trouvons aujourd'hui l'appareil primitivement destiné à cet usage dans un tel état d'atrophie et d'imperfection que, pour y voir un développement progressif, issu de commencements plus simples encore, il faut dénaturer les faits et les détourner de leur véritable sens.

Il est vrai qu'on trouve partout dans la grande famille des coléoptères coureurs des genres et des espèces pourvus d'organes de vol incomplets, d'élytres exagérées, que toute la famille des *Staphylinées* est incapable de voler ; cependant personne ne songera à regarder ces coléoptères comme des formes subissant un arrêt, mais on conçoit que les mœurs, différentes de celles de leurs compagnons d'ordre et de classe, ont progressivement entraîné, chez leurs ancêtres volants, l'habitude du défaut de vol et par suite la réduction des organes spéciaux. Ainsi, il n'y a pas eu amoindrissement de l'organisation, mais au contraire développement excessivement utile d'autres organes, ceux de la manducation et de la marche. On a mis en évidence pour la faune des coléoptères d'un grand nombre d'îles la suppression du vol. C'est ainsi que, parmi les 550 espèces de l'île de Madère, il y en a plus de 200 qui sont incapables de voler ou qui ne volent qu'incomplétement. Il n'y a point d'explication de ce fait, sauf la sélection naturelle. Ici les animaux dont le vol était moins parfait et moins hardi furent les privilégiés, tandis que les autres furent poussés par le vent à la mer et éliminés. Le non-emploi d'un perfectionnement spécial antérieurement acquis est utile dans le combat pour la vie. Dans un grand nombre de familles de lézards il y a des genres *anguiformes* (c'est le nom qu'on leur donne). Les individus de ces genres ont le corps allongé, mais ils ne possèdent que les pattes antérieures (*Chirotes*) ou de simples moignons de pattes postérieures (*Pseudopus*). Il y en a même qui n'ont pas trace de pattes (*Anguis*) : relativement à la grande classe des lézards réguliers à quatre pattes, ils sont dans la même situation que les insectes non volants vis-à-vis de leur classe. Ces lézards n'ont point subi un arrêt de développement ; ce ne sont point des animaux en voie d'acquérir quatre pattes, mais comme l'a prouvé Fürbringer, d'après l'histoire du développement et l'anatomie comparée, leurs pieds et leurs membres et, à défaut de ceux-ci, les restes de l'omoplate et du sternum ainsi que du bassin portent les marques incontestables de l'atrophie d'un organe primitivement complet. De plus la comparaison nous apprend que cette atrophie a atteint son plus haut degré chez les serpents, mais qu'elle a été compensée par ce fait que les côtes et la musculature des côtes ont pris le rôle des membres. Ici aussi le manque d'usage et l'adaptation, de même que la différenciation, coïncident.

Dans la classe des oiseaux nous voyons se répéter le spectacle que nous ont offert les coléoptères et les reptiles. Dans certaines familles et certains petits groupes, quelques espèces sont privées de la faculté de voler, et il y a tout un groupe systématique qui est également caractérisé par la privation de la même fonction. Pour le *Dronte* et les quelques animaux de même parenté qui, après la découverte de ces îles isolées qu'ils ont selon toute apparence habitées sans trouble pendant des milliers d'années, devinrent si rapidement victimes de leur défaut de ressources, l'occasion et les conséquences du défaut d'usage se confondent immédiatement dans notre jugement. C'est uniquement sans doute par l'effet du manque d'exercice que les ailes du pingouin du Nord (*Alca impennis*) se sont autrefois raccourcies; et les quelques restes, au loin épars, de l'ordre des oiseaux *coureurs*, indiquent une époque où leurs ancêtres non ailés, bien plus nombreux au milieu de leur entourage plus pacifique, faisaient un moindre usage de leurs ailes, une époque où la sélection naturelle vint aux secours de leurs pattes, en leur donnant une force et une agilité plus grandes. De même pour l'efficacité du défaut d'usage des organes de locomotion, la sélection artificielle prouve directement cette efficacité.

L'usage et le défaut d'usage combinés avec la sélection expliquent la séparation des sexes et l'existence autrement incompréhensible des organes sexuels rudimentaires. Chez les

vertébrés surtout, chaque sexe présente des traces si évidentes
des organes de génération qui caractérisent l'autre sexe que
déjà l'antiquité avait regardé l'hermaphrodisme comme l'état
originel naturel de l'homme. Les traités d'anatomie comparée fournissent la preuve spéciale de ces homologies qui
concernent des rapports dont les uns sont évidents et les
autres intérieurs et cachés. Bornons-nous à mentionner que
la théorie de la sélection explique parfaitement ces faits. Il
va de soi que, chez les animaux hermaphrodites, il doit sur-
venir dans la sphère sexuelle des oscillations à l'occasion
desquelles prévaut l'une ou l'autre moitié. Sont-elles assez
fortes pour que la sélection naturelle s'en empare, la force
de production de la partie restante s'affaiblira de plus en
plus et, en fin de compte, avec la disparition des propriétés
physiologiques, la fonction ne recevra héréditairement que
les restes morphologiques, comme une surcharge à la honte
de la téléologie. Çà et là seulement surgit un atavisme plus
ou moins surprenant, mais il n'a trait presque exclusivement
qu'aux organes accessoires et secondaires. (Nous ne parlons
point de ceux qui ont été acquis par un sexe, mais de ceux
qui étaient primitivement communs.) La persistance avec
laquelle ces rudiments des organes sexuels se sont transmis
héréditairement est vraiment remarquable. Dans la classe
des mammifères le véritable hermaphrodisme est inouï; on
les voit, au cours de leur période de développement, trahir
leurs formes-souches inconnues.

A moins de soutenir que les animaux parasites ont été créés
par pure fantaisie, avec leurs hôtes, l'homme, avec ses vers
intestinaux et autres compagnons désagréables, et que l'on
termine ainsi la discussion, tout ce domaine aussi sera éclairé
par la descendance qui trouvera dans le défaut d'usage un
puissant auxiliaire. Nous énoncerons au chapitre suivant
cette proposition : l'histoire du développement de l'individu nous représente l'histoire de l'espèce. Cette théorie
montrera l'influence du défaut d'usage de certains organes
sur la formation des divers parasites. L'exemple le plus ins-
tructif est celui des crustacés parasites, parce que nous
trouvons chez eux la série systématique la plus com-

plète et que celle-ci nous représente l'évolution graduelle
des organes, la réunion du parasite et de l'hôte devenant de
plus en plus étroite. De même, pour plusieurs ordres de
vers intestinaux, le tube digestif est devenu complétement
superflu; mais il n'y a ni formes de transition ni degrés de
développement qui nous permettent de voir comment ce fait
s'est produit, il en est autrement chez les crustacés parasites : le jeune être mobile et bien articulé est représenté par
des formes génériques définitives qui sont mobiles; et, après
s'être attaché à l'hôte, il passe à l'état de sac immobile. Tous
ces animaux, y compris les vers intestinaux, ont acquis leur
place et leur structure à la suite précisément de la diminution apparente de leur organisation, et c'est là que se trouve
l'interprétation exacte de la vie parasitaire. Ces animaux se
distinguent, presque sans exception, par leur plus grande
force de reproduction et l'activité corporelle pouvait s'y
concentrer parce que la nourriture affluait facilement et que
les autres organes restaient inactifs.

Nous avons déjà exposé que les organismes, dans leur lutte
perpétuelle pour l'existence, sont contraints à des différenciations perpétuelles. Ajoutez que la sélection naturelle s'empare de ces modifications qui proviennent tout simplement
de la variabilité de l'organisme et qui ne renferment en elles
aucun progrès physiologique. De ces modifications la sélection naturelle produit des espèces purement morphologiques;
mais celles-ci sont également entraînées tôt ou tard dans le
tourbillon de la concurrence. Cela est tellement évident, d'a-
près ce qui précède, qu'il n'est nullement besoin d'ajouter de
nouvelles preuves. N'eussions-nous même pas sous les yeux
la multiplicité des organismes, l'existence de l'uniformité
simple et de la nécessité d'adaptation aux conditions extérieures modifiées comporterait *à priori* une divergence vers
des formes nouvelles. Au développement dans des directions
différentes, sous l'influence de la sélection naturelle, se rattache nécessairement le *perfectionnement*. C'est un des plus
grands services de la théorie de la sélection d'en avoir fini
une fois pour toutes avec la notion de la conformité au but,
qui jusqu'à ce jour imposait de prime abord la perfection au

monde organique, et d'avoir, même dans le domaine de l'intelligence et de la morale, préparé les voies à la méthode unitaire dans les sciences naturelles.

Ce qui est surtout étrange, c'est que l'on ait pu si longtemps envisager et que l'on envisage encore la nature au point de vue téléologique, en cédant à certaines influences théologiques, bien que nous ne percevions dans tout le monde organique qu'une perfection relative, et que, dans les organismes de tous les degrés, mille dispositions évidemment contraires au but rendent un très-mauvais témoignage de la puissance dirigeante extérieure. La perfection qui se manifeste par les comparaisons anatomiques et l'appréciation des phénomènes physiologiques est, en toutes circonstances, le résultat de l'adaptation et de la sélection. Dans le combat de tous contre tous, les individus qui remportent la victoire sont ceux qui surpassent quelque peu leurs congénères dans la division du travail. Et dans cette lutte, lorsque la direction de l'activité se modifie, ils sont souvent forcés de laisser inactifs certains organes qui autrefois leur furent utiles, mais qui, dans les nouvelles conditions où ils se trouvent, sont devenus inutiles et, on peut le dire en général, nuisibles. La sélection artificielle, — et ici nous pouvons parler de causes finales, — produit la perfection, en exerçant par un travail mécanique et physiologique certaines parties qui doivent être perfectionnées. Ce dernier point est atteint par une nutrition conforme au but, puis la sélection naturelle transmet par la reproduction les avantages obtenus. Ce que nous nommons sélection naturelle est l'ensemble des perfectionnements qui ont été acquis par voie de spécification dans l'adaptation. L'image la plus fidèle de la spécification progressivement acquise se trouve dans le développement de l'individu, où, de l'indifférent, par différenciation toujours plus profonde, surgi l'animal mûr, à la hauteur de son rôle physiologique.

Certains degrés de perfection ont été atteints, le fait est incontestable, mais dans toute recherche approfondie succombe l'idole e la notion des causes finales. Il semble que l'organisme de l'oiseau se prête particulièrement à ces considérations abstraites en vertu desquelles il aurait été modifié pour le vol. Mais si l'on fait prévaloir les causes finales à l'occasion des oiseaux à vol rapide, il faut y renoncer pour les oiseaux qui ne volent pas, et réintégrer l'adaptation dans ses droits pour peu que l'on veuille se former une idée nette. Tout ce mode de conception se trouve ainsi percé à jour, et de même dans tous les autres cas. Quelle est la place de la perfection organique vis-à-vis de la notion du but, l'auteur de « das Unbewusste » (l'inconscient) l'a très-finement et très clairement exprimé : « La théorie de la descendance nous apprend qu'il n'y a « point d'indépendance entre les conditions qui coopèrent « à un phénomène organique ; mais que leur divergence « de plus en plus accusée, loin d'un point de départ com- « mun, a été l'effet des mêmes causes ; et la théorie de la « sélection naturelle nous enseigne qu'une de ces causes, « certainement la plus importante, est celle qui, par de purs « phénomènes de compensation mécanique, produit des ré- « sultats conformes au but. Si la théorie de la descendance « met en question le principe téléologique, c'est uniquement « en lui enlevant le terrain des preuves positives, mais elle « abandonne immédiatement la théorie de la sélection na- « turelle, en tant que celle-ci s'explique elle-même. En effet la « sélection naturelle, dans la lutte pour l'existence, l'anéan- « tissement de ce qui est moins conforme au but, la survi- « vance et l'hérédité perpétuant ce qui est le plus convenable « et le plus conforme, voilà un procédé de causalité méca- « nique dans la légalité normale duquel ne pénètre jamais « un principe métaphysique téléologiquement déterminé ; et « toutefois il en sort un résultat qui correspond essentielle- « ment à la conformité du but, c'est-à-dire qui possède cette « constitution, laquelle communique aux organismes, dans « des circonstances données, la faculté vitale la plus élevée. « La sélection naturelle résout un problème qui paraît in- « soluble, en expliquant la conformité du but comme résultat « sans y recourir comme principe. »

Nous avons déjà dit que, dans la théorie de la descen- dance, le type de l'ancienne zoologie est devenu la souche. Or dans chaque souche est implantée la possibilité du perfec- tionnement jusqu'à une certaine hauteur. Dans ces souches, lorsque le caractère a fixé ses traits fondamentaux, **nous voyons s'affirmer un développement dont la possibilité gît dans les dispositions du caractère, leur réalisation et leur nécessité reposant dans les conditions extérieures. Donc, pour nous aussi, le perfectionnement n'est qu'un développement, mais ce dernier n'a point pour objet une harmonie prédestinée et préétablie. Carl Ernst. Baer (1) qui veut con-**

1. Déjà Lamarck, à la fin de sa « Philosophie zoologique », a construit un arbre-souche, dans lequel il fait entrer la plus grande partie des classes, tandis qu'il assigne au reste un autre point de départ. Il admet donc pour le règne animal deux formes originelles, créés par génération originelle. Il dresse le tableau suivant :

Tableau
servant à montrer l'origine des différents animaux :

Vers   Infusoires
                                             Polypes
                                             Radiaires

Annelides   Insectes
Cirripèdes   Arachnides
Mollusques   Crustacées

Poissons
Reptiles

Oiseaux

Monotrèmes   Mammifères amphibiens

                                   M. cétacés

                                   M. ongulés

Mammifères onguiculés

La comparaison de cet arbre-souche avec celui que nous érigeons aujourd'hui est très-intéressante et montre le progrès de nos connaissances.

server le but, ou tout au moins le prédéterminer dans les séries de développement de la nature, dit : « Chaque cause « produit un phénomène qui à son tour détermine un autre « but. » Pourquoi donc ce but ? Ne faudrait-il pas plutôt dire : « Chaque cause produit un phénomène qui à son tour « agissant comme cause détermine un autre phénomène ? » Plus nous retournons en arrière, plus les différences sont profondes et générales et plus les ramifications sont demeurées ou sont parvenues, à leurs extrémités, à des caractères très-variés. On a souvent adressé le reproche suivant à cette conséquence de la théorie de la descendance : si tout pousse à la perfection, comment se fait-il donc que, dans la lutte pour l'existence, tant de membres inférieurs des souches aient pu se maintenir auprès des membres supérieurs, et généralement des souches inférieures auprès des souches supérieures? En présence des faits irréfutables du perfectionnement, on peut se contenter de rappeler que les formes inférieures peuvent et pouvaient continuer à exister partout où, avec les autres conditions d'existence, il y avait place pour elles. Ici elles ne subissaient que de faibles modifications, là une sélection nécessaire conduisait à une modification plus profonde et les êtres nouvellement appelés, accoutumés à d'autres conditions d'existence, pouvaient, dans les déplacements géographiques ultérieurs, se partager la terre et la mer avec les espèces survivantes. En effet, dès que la diversité s'est produite par la sélection naturelle et que les revendications pour la nourriture et pour la satisfaction des autres besoins se furent divisées, la lutte dut nécessairement faiblir en partie.

Une circonstance semble favoriser le maintien de l'existence de beaucoup d'animaux inférieurs : c'est leur simplicité, en vertu de laquelle leur reproduction s'accomplit plus facilement. Il est vrai que des espèces innombrables, surtout dans les districts limités de distribution, devaient être victimes de l'extermination, dans la concurrence que leur faisaient les variétés privilégiées ; toutefois le combat pour l'existence et le perfectionnement n'exclut pas le maintien des formes inférieures. Mais lorsque la théorie de la sélection fournit des explications, la téléologie semble ne pas les donner. Le maintien des organismes inférieurs malgré la tendance au perfectionnement et les causes finales est incompréhensible.

Est-ce donc le hasard qui a produit ces merveilleuses organisations supérieures? C'est là une question qui se reproduit souvent, lorsque l'on ne veut entendre parler ni d' « un principe de perfectionnement » (Naegeli) inhérent aux organismes, ni d' « un souffle divin, force motrice inté-« rieure dans l'histoire du développement de la vie de la « nature » (Braun), ni de « la tendance au progrès créée « par le Créateur » (R. Owen), ni même de « la tendance « au but » (Baer) (1). A cela on peut répondre avec assurance que ce hasard auquel la faiblesse de l'esprit humain attribue un si grand rôle lorsqu'elle n'a pas à sa disposition le principe « créateur et propulseur » universel, n'existe nulle part dans la nature, et que nous avons acquis la conviction de la vérité de la théorie de la descendance, parce que les séries de phénomènes sont reliées entre elles à titre de cause et d'effet. Souvenons-nous de la formule du monde de Laplace que nous pouvons nous imaginer posséder et qui nous permettra même de calculer à l'avance les développements à venir. Il est vrai que, vu les limites actuelles, nous ne pouvons nous approcher de quelque certitude que dans le calcul et l'exposition des séries en arrière. Il nous faut donc supprimer le mot de hasard, car la causalité, telle que nous la comprenons, nous permet de nous en passer. Celui qui se transporte au commencement d'un développement, qui s'imagine, par exemple, assister à la naissance des reptiles, peut de ce point de vue préhistorique considérer la transformation du reptile en oiseau comme un « hasard », à moins de la regarder en quelque sorte comme prédestinée. Pour nous, qui remontons jusqu'à l'origine de l'oiseau, elle nous paraît comme une conséquence de causes mécaniques.

Voulons-nous réunir encore une fois en un faisceau les connaissances que nous avons acquises à l'aide de la théorie

---

1. « Zum Streit über den Darwinismus. » (Augsburger allgemeine Zeitung), 1873, n° 130.

de la descendance fondée sur celle de la sélection de Darwin,
nous voyons que nous avons reconnu la solidarité des organismes et les affinités sanguines des êtres. Plus est grande
la concordance des caractères intérieurs et extérieurs, plus
est proche cette parenté ; plus nous remontons jusqu'aux
racines de l'arbre-souche, plus deviennent épars les caractères qui se maintiennent jusque-là, plus est grand le nombre de ceux qui sont évidemment le fruit des conquêtes du
temps. En mettant de côté ces acquisitions ainsi que les
propriétés reçues en héritage, nous tâchons de reculer les
limites, toujours plus loin ; nous reconstruisons les arbres-
souches des divers groupes. Nous faisons exactement ce
que l'on trouve tout naturel et scientifique dans la philologie. Les définitions et les mots qui sont communs aux individus d'une même famille de langues sont l'héritage de la
propriété intellectuelle et philologique du peuple primitif,
qui a été le point de départ de la ramification de l'arbre-
souche de la famille. L'influence de ce que l'on appelle le
« hasard » n'a pas été plus grande dans la formation des
langues dérivées que dans le développement des organismes,
loin de leurs formes-souches.

CHAPITRE IX

LE DÉVELOPPEMENT DE L'INDIVIDU (ONTOGÉNIE) EST LA RÉPÉTITION DU
DÉVELOPPEMENT HISTORIQUE DE LA SOUCHE (PHYLOGÉNIE).

La tradition paléontologique est pleine de lacunes; toutefois, il est un fait incontestable et que la plupart des adversaires de la théorie de la descendance reconnaissent euxmêmes : des périodes anciennes aux périodes récentes, depuis les degrés inférieurs de l'organisation jusqu'aux degrés supérieurs, un progrès permanent se manifeste ; ce progrès apparaît également dans le système du monde animal et végétal actuel; et sous beaucoup de rapports, le développement embryonnaire, de même que la métamorphose et l'alternance de génération, en un mot le développement individuel, « l'ontogénie » (Haeckel), nous invitent à comparer les séries paléontologiques et la succession systématique. Le parallélisme qui existe entre elles est miraculeux, s'il n'est explicable par la théorie de la descendance. Il n'y a point de troisième hypothèse, et la théorie soutient victorieusement l'épreuve : elle nous montre comment la descendance des organismes actuels, issus de ceux qui existaient autrefois, repose sur l'héritage des propriétés des parents transmises aux descendants et sur les acquisitions personnelles de ces derniers. Les phénomènes du développement individuel ou de l'ontogénie ne nous laissent pas

le choix : ils resteront insaisissables, à moins que, soumis
à l'essai de la théorie de la descendance, qui en est comme
la pierre de touche, ils ne se subordonnent au grand principe universel.

Lorsque l'on passe en revue les faits innombrables de la
reproduction et du développement, ils se divisent, ils s'or-
donnent en groupes analogues et homologues; on voit apparaître des types de développement; on parle de développements sans métamorphoses, de transformations et d'alter-
nances de génération. Quelle relation réciproque les formes
de transformation, ainsi que les formes alternantes de génération présentent-elles avec l'animal complet ou avec le
représentant principal de l'espèce, génériquement développé? Pourquoi tant d'animaux ne subissent-ils pas de
transformations mais sortent-ils achevés de l'œuf? pourquoi
les espèces appartenant à une classe ou à un type possèdent-
elles un seul et même type de développement, une seule et
unique marche de formation. Ces questions et d'autres semblables se pressent lorsque l'on veut comprendre cette masse
confuse de faits. Ces faits eux-mêmes sont la pierre de touche de notre théorie de la descendance. La théorie, dans son
application spéciale, rend ici tous les services que l'on peut
attendre d'une grande hypothèse; et si elle donne la réponse à
toutes les questions qui se rattachent à notre sujet ou du moins
à presque toutes, ce sont là autant de témoignages et de confirmations à l'appui de la vérité de cette hypothèse. Preuves
et témoignages conserveront leurs valeurs, conformément à
tous les usages, à tous les droits scientifiques, à la méthode
philosophique, tant que l'on n'aura point démontré l'inexac-
titude des déductions et des conclusions, tant que l'on n'aura
pas remplacé l'hypothèse détrônée par une autre meilleure.

La première proposition que l'on déduit de la théorie de
la descendance pour expliquer les faits du développement
des individus peut s'exprimer ainsi : la concordance dans
les traits fondamentaux du développement repose sur une
même origine ou, si l'on conçoit la chose un peu différemment, la concordance dans les traits fondamentaux du développement individuel trouve son explication dans la même

descendance. C. E. Baer fut le premier à montrer, comme nous le savons déjà, que les membres des grandes divisions du règne animal qui concordent par les traits fondamentaux de leur organisation annoncent également leur solidarité par un « type de développement » particulier. On a toujours considéré ce fait comme évident par lui-même, bien qu'il fût le plus grand miracle imaginable, si l'on ne pouvait le déduire lui-même de la théorie de la descendance. Il convient donc ici de nous représenter quelques-unes des formes fondamentales de développement que nous avons déjà considérées au troisième chapitre et d'expliquer en même temps l'importance de ces types à l'aide de la théorie de la descendance. Nous prendrons pour premier exemple les *Échinodermes*. Bien que la comparaison anatomique de la comatule, de l'étoile de mer, de l'oursin et de l'holoturie nous permette de reconnaître facilement la parenté intime de ces représentants des diverses divisions des échinodermes, ceux-ci s'écartent extraordinairement les uns des autres par la forme du corps et la configuration du squelette. La valeur relative de la différence de l'holoturie et de l'étoile de mer, de l'oursin et de la comatule peut se comparer en quelque sorte avec la différence qui existe entre le mammifère et l'oiseau, l'amphibie et le poisson. Cependant ces divers échinodermes, sauf quelques exceptions qui ont une signification particulière, quittent l'œuf à l'état de larves dont la ressemblance est presque absolue. La larve (*fig.* 12) ressemble à une nacelle à bords évidés et munie aux deux extrémités d'une sorte de couvercle. Ces bords sont garnis sur leur pourtour de cils vibratiles, à l'aide desquels la petite embarcation se meut. Un tube digestif court, muni d'une dilatation stomacale, est le premier organe essentiel de ce corps. Nous ne décrivons point les transformations très-compliquées de la larve qui se métamorphose en étoile serpent, en hérisson à bouclier, ou en holothurie, mais nous nous bornons à demander quelle peut bien être la

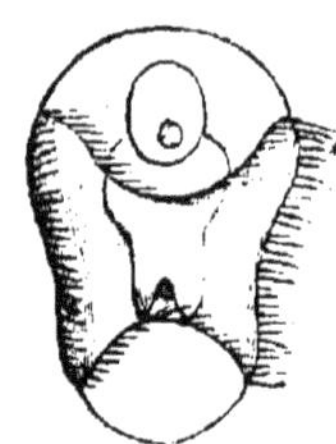

Fig. 12.
Forme primitive de la larve d'échinoderme.

cause de cette concordance dans les périodes primitives du développement individuel. La seule réponse raisonnable que l'on puisse faire est celle-ci : Tous les échinodermes que nous connaissons descendent d'une ancienne forme dans le développement de laquelle notre larve a été également engagée et qui par hérédité a transmis à toute la souche ce commun degré de développement ; mais il est permis de pousser plus loin la question et de demander comment un animal à structure rayonnée, tel que l'échinoderme parvenu à sa croissance complète, procède d'une larve bi-latérale, c'est-à-dire symétrique à droite et à gauche. Haeckel a émis à ce sujet une hypothèse qui, dans le principe, a mis hors d'eux-mêmes les théoriciens de l'ancienne école, mais qui gagne de plus en plus de terrain grâce aux études comparatives les plus récentes, telles que celles de Hoffmann : « *Ueber die feinere Anatomie der Seesterne* ». La larve nacelliforme des échinodermes, et notamment dans une modification qui se présente chez les étoiles de mer, ressemble étonnamment à un certain type de larve des vers de mer. Or la structure et la disposition des diverses parties des rayons des échinodermes, notamment des étoiles de mer, permettant de remarquer une analogie incontestable avec la disposition et la succession des parties des vers articulés, Haeckel considère notre classe animale comme une couche latérale de ces derniers : il pense que les échinodermes les plus anciens et à nous inconnus sont nés à l'état d'assemblages de vers articulés, et que l'animal-producteur semblable aux vers a émis des bourgeons, suivant une disposition rayonnée. Maintenant encore cette formation de bourgeons, ou si l'on veut d'assemblages, se présente chez les échinodermes : certaines espèces d'étoiles de mer possèdent une telle force de reproduction qu'un bras ou un rayon arraché se complète en un animal parfait. Les observations de Kowalewski rendent très-vraisemblable cette opinion que l'avulsion des rayons et leur reproduction complète par bourgeonnement chez quelques espèces est un phénomène normal. Donc, ceux-là seuls se rient de l'hypothèse de Haeckel qui reculent devant l'effort de penser et de combiner.

Dans la souche *Mollusques*, la larve dite larve à voiles est le témoin de la relation de parenté de deux des grandes classes au moins. La troisième classe, qui est la plus avancée, celle des seiches, avait peut-être déjà perdu ses caractères distinctifs, à ces époques primitives où pour la première fois elle nous a abandonné ses os dans les couches siluriennes. Cet os, il est vrai, se trouve parmi les formes un peu infé-rieures des tétrabranches. Quant aux *Lamellibranches* et aux gastéropodes qui, dans le développement anatomique, diffè-rent considérablement entre eux, la forme des larves est commune ou tout au moins si ces larves présentent des formes variées, il existe un organe qui appartient aux larves et qui est très-caractéristique : le velum.

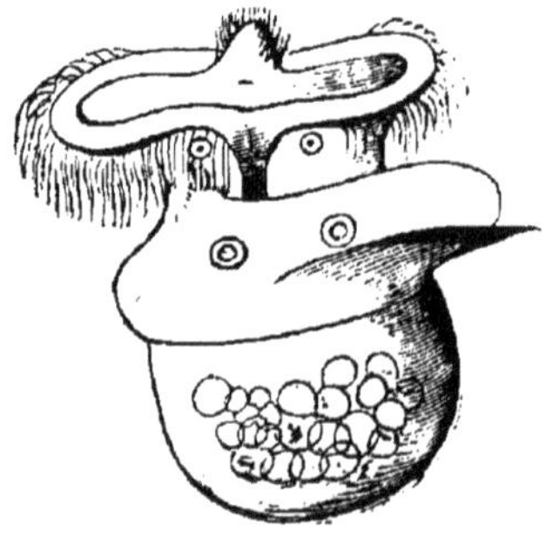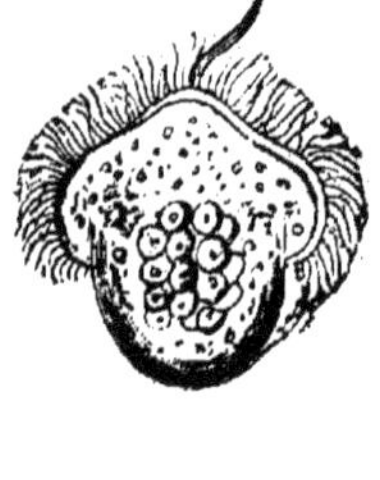

Larve du gastéropode *Pterotrachœa*, vu de trois quarts.

Fig. 13.

Larve à voile lamellibranche cardium, vue de dos.

Le dessin ci-dessus nous représente, à droite, la larve à voiles d'une moule en cœur, vue de dos. A l'extrémité an-térieure se sont développés deux lobes charnus munis de cils dont les vibrations permettent au jeune animal encore dans l'œuf d'exécuter des mouvements héliçoïdaux. Entre ces lobes s'élève une protubérance munie d'un cil plus long : ces lobes ciliés s'insérant l'un dans l'autre, ou voiles ciliées, se trouvent à gauche dans la larve d'un gastéropode (*Ptero-trachœa*), que nous voyons presque de profil, et à la pé-riode où les yeux et l'appareil auditif, le pied avec l'oper-cule et une frêle coquille, ont déjà fait leur apparition. On voit aussi chez cet animal un cône charnu s'élever au-des-sus du plan de la voile, mais du reste il n'a pas d'importance particulière. L'ébauche de la voile, le moment de l'apparition de cet organe, sa position relativement au manteau, à la tête, à la bouche et aux pieds, la formation rétrograde ultérieure, tout coïncide exactement dans les deux classes. Jusqu'à ce jour, il est vrai, nous ne connaissons l'histoire du développement que d'un nombre relativement restreint de phyllobranches et de gastéropodes marins; mais nous osons en conclure que chez ces animaux restés dans leur patrie originelle cette pièce héréditaire s'est généralement conservée. Les embryons même qui, à leur état de croissance achevée, rappellent à peine encore le type mollusque, le *Dentalium* et le *Teredo*, passent par la période de la larve à voile. Par contre nous trouvons que la voile est peu développée chez les gastéropodes d'eau douce du genre *paludina* et qu'elle est complétement effacée chez les escargots et les limaces les plus éloignés des mollusques de mer, de même que chez les moules d'eau douce. S'il est vrai que, pour ces animaux, l'adaptation et l'émigration vers la terre ont eu cette conséquence dans le développement embryonnaire et post-embryonnaire, il faut nous figurer que, pour les céphalopodes, malgré leur séjour dans l'eau salée, d'autres causes ont entraîné la perte de la phase où l'animal avait une voile, et la marche du développement qui la caractérise.

Relativement aux autres formes fondamentales de développement, nous pouvons renvoyer au troisième chapitre. L'ébauche des animaux articulés supérieurs indique des ancêtres se rapprochant des vers et pouvant correspondre aux vers articulés actuels; et réciproquement l'augmentation graduelle du nombre des segments corporels des larves de vers articulés, augmentation comparable à une formation de bourgeons, conduit de ces vers supérieurs aux vers inférieurs à corps inarticulé. Tous les vertébrés, y compris l'homme, lorsqu'ils ne s'attardent point dans un état où ils ne possèdent qu'une colonne vertébrale inarticulée, s'élèvent de cette période à la période définitive supérieure pendant qu'ils sont embryons; et comme ils franchissent cet état embryonnaire commun, ce fait exclut toutes les causes mécaniques, sauf la descendance commune de formes originelles à colonne vertébrale inarticulée, formes originelles sans crâne ou à crâne incomplet, et sans cerveau ou tout au moins à cerveau peu distinct de la moelle épinière. Karl Ernst Baer qui, tandis que nous écrivons ces lignes, élève la voix contre la théorie de la descendance, a fixé le fait des types de développement et la marche dans l'intérieur des types de l'indifférent au spécial; mais le fait n'est que déguisé par le mot de type de développement; il n'est point expliqué et nous préférons, on ne saurait trop le répéter, trouver une idée sous la conception de la descendance plutôt que de voir dans les types de développement une manifestation incompréhensible d'une puissance supérieure inconnue. Exclut-on l'enchaînement des faits par descendance directe et hérédité, on ne pénètre pas d'une manière absolue le dessein de la puissance créatrice qui aurait rattaché tous les animaux supérieurs à des degrés inférieurs de développement, les exposant ainsi à subir maints arrangements non conformes au but et des périls considérables. Les milliards de jeunes huîtres qui s'échappent annuellement de l'œuf périssent pour la plupart, sous l'influence défavorable des conditions extérieures, parce que ces mollusques n'ont pas renoncé à l'ancienne forme héréditaire des larves à voile essaimantes. L'huître a pu entreprendre avec bonheur la lutte pour l'existence, grâce à sa puissante fécondité pareille à celle de ses voisins de la même classe, cela est évident; mais on ne peut penser que le créateur personnel, par pur principe, pour maintenir l'huître dans les limites du type de développement, lui ait aussi donné la période inutile de la larve à voile. Cela est aussi insensé que tant d'autres opinions de la même valeur.

Si en général les concordances dans les traits fondamentaux du développement ont pu être déduites de l'homogénéité de la descendance, on peut s'avancer plus loin pour expliquer ces phénomènes de développement qui nous sont connus sous le nom d'alternance de génération et de métamorphose. Dans ces phénomènes les degrés historiques de développement de classes et d'ordres entiers ont été transmis par héritage au développement individuel : proposition qui n'est que la suite et l'application des explications précédentes ; elle a été déjà indiquée.

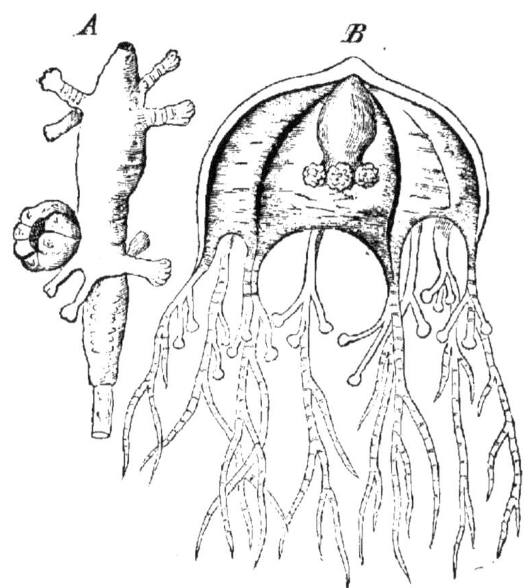

Stauridium.   Fig. 14.   Cladonema radiatum.

Aucune classe plus que celle des méduses ne présente une telle quantité de phénomènes d'alternance de génération s'adaptant sans difficulté à l'explication. Nous avons déjà vu plus haut page 34 comment le *Cladonema* est issu du *Stauridium* analogue aux polypes. La méduse est la forme de maturité sexuelle du cercle de l'espèce. Les œufs se développent en polype, forme intermédiaire qui est inhérente à son développement, c'est-à-dire qui ne se transforme pas dans l'animal dont elle dérive, mais qui pousse des bourgeons. C'est dans cette génération seulement que l'espèce retourne à la forme sexuelle ; l'intelligence de cette alternance de génération nous vient lorsque nous partons des polypes les plus simples. Telle est l'*Hydractinia carnea* femelle (fig. 15). Comparée avec le stauridium, forme intermédiaire, comme à un premier pas vers le *Cladonema*, c'est-à-dire comparée à un exemple de reproduction non sexuelle, l'*Hydractinia* paraît plus élevée, puisqu'elle est elle-même une forme sexuelle. La zone de globules du milieu du corps est constituée par les grappes d'œufs ou capsules ovariques auxquelles, chez les individus mâles, correspondent les capsules séminales. La génération n'est pas alternante chez l'hydractinia, mais il y a comme dans le développement de l'œuf de *Cladonema* en *Stauri-*

Fig. 15. — Hydractinia carnea.

dium, transformation d'une larve errante en polype sédentaire. Or il est évident que le rôle rempli chez l'hydractinia par les organes de génération mâle et femelle, est occupé par les animaux sexués, dans le cercle de génération du *Clado-nema*. C'est dans l'étude de cette transition d'un véritable organe passif se transformant en animal indépendant que nous trouvons la solution et l'intelligence du phénomène désigné sous le nom d'alternance de génération. Entre les genres qui se reproduisent comme l'Hydractinia et ceux qui se reproduisent comme le Cla-donema, se trouvent de nombreux genres dont la reproduction nous met sous les yeux la transition graduelle de l'organe sexuel primitif passant à l'état d'animal sexué. Nous pouvons rattacher les genres des polypes méduses les uns aux autres de telle façon qu'il en ressorte l'explication de ce fait que les parties qui, chez l'Hydractinia, ne sont que les capsules produisant et enveloppant les œufs, deviennent de plus en plus parfaites. Ces genres acquièrent une ramification du canal digestif et des vaisseaux sanguins ; ils prennent la forme d'une cloche et se munissent d'appareils sensitifs particuliers : ce sont les ampoules latérales caractéristiques des méduses. Bref ce qui, à un certain membre de la série systématique, peut encore à la rigueur être désigné sous le nom d'organe n'est autre chose, dans les membres suivants, que la méduse elle-même se résolvant et se transformant en une nouvelle génération : l'organe sexuel s'est transformé en animal sexué. Quelle que soit, du reste, la correspondance entre le déve-

loppement individuel de la cladonema et des autres méduses qui se multiplient comme elle, avec la série systématique des polypes méduses, la seule explication raisonnable
et imaginable de l'ontogénie des méduses qui présentent
l'alternance de génération, c'est que le développement
historique du genre s'y est fixé. Ni l'œuf ni la poule n'a
été créé. Avant que les méduses aux couleurs tendres
n'eussent peuplé les mers primitives, les polypes-méduses
étaient, sur les côtes, soumises à des changements per-
pétuels, les seuls représentants de la classe qui est encore
dans son enfance. Pourquoi certains genres de ces mollusques, à la manière de l'hydractinia, sont-ils restés réso-
lument conservateurs? Pourquoi les autres ont-ils plus ou
moins sacrifié au progrès? Comment et pourquoi la lutte
pour l'existence et la sélection du meilleur ont-ils agi ici?
On ne peut le prouver pour les diverses espèces. Ce qui
décide, c'est l'impression générale, et cette circonstance que
la théorie se couvre des faits.

L'histoire du développement des vers intestinaux nous
conduit aux mêmes considérations et aux mêmes résultats.
Les animaux qui s'écartent considérablement les uns des
autres par leur structure ont été créés avec leurs hôtes et
dans leurs hôtes, ou bien ils y sont arrivés plus tard; peut-
être aussi s'y sont-ils accoutumés par voie naturelle et directement. Y ont-ils été conduits par une pression obscure et
innée? Nous nous permettrons de négliger cette modification du troisième cas. Selon notre théorie, les vers qui sé-
journent à l'état de parasites pendant toute leur vie ou
pendant une partie de leur vie, proviennent d'animaux
librement vivants, et les périodes qui se produisent au cours
de leur développement, pendant lequel le parasitisme fait
place à l'indépendance, indiquent l'atavisme qui intervient
régulièrement dans tous les individus et qui évoque le souvenir d'un état jadis permanent des ancêtres. Parmi les
vers suceurs et les vers rubanés qui appartiennent à la
classe des vers plats, ces derniers sont les plus éloignés de
leur point de départ primitif; leur adaptation à la vie dans
l'intérieur d'autres animaux a rendu inutile le tube digestif,

et c'est ainsi que leur génération et leurs états de transformation rappellent moins les ancêtres qu'un certain nombre
d'autres vers suceurs avec lesquels les premiers présentent
une étroite parenté, légitimée par toute une série de caractères anatomiques. Ces deux ordres à leur tour partagent
les caractères de classe avec les turbellariés ou vers ciliés.
C'est de vers semblables, c'est-à-dire de formes rapprochées des tubellariés actuels, que doivent descendre les
Trématodes et les *Cestodes*. Ces opinions sont confirmées
par la libre période essaimante que parcourt la larve du *Distomum*, sous le nom de cercaire et précédemment sous
forme d'un corps arrondi qui se meut avec rapidité. De
même un grand nombre de vers filiformes, division à
laquelle appartient l'ascaride, passent dans leur jeunesse
par une phase de vie libre, pendant laquelle on ne peut les
distinguer des formes de jeunesse des nombreux parents
qui ne passent jamais à la vie parasitaire et qui se trouvent
principalement dans la mer. La transition au parasitisme
récapitulée devant nous par l'ontogénie, n'était autre chose
qu'une extension vers un nouveau terrain présentant des
avantages à la nutrition. Il est très-instructif, sous ce rapport, de comparer avec les vers filiformes la série systématique des vers suceurs semblables aux sangsues et si bien
décrits par Van Beneden. Nous y trouvons toutes les
transitions, depuis les genres féroces qui vivent tout à fait
libres jusqu'à ceux qui sont parasites à l'occasion, et les transitions conduisant de ces derniers aux genres qui, immédiatement après être sortis de l'œuf, se fixent pour toute leur
vie. Le parasitisme paraît ici comme partout une adaptation
à un nouveau genre de vie, adaptation qui conserve l'histoire
de la vie de l'individu avec le souvenir de la forme primitive.

Les phénomènes que présentent les vers parasitaires se reproduisent chez les crustacés parasitaires et la métamorphose
de plusieurs ordres de cette grande classe si variée, mais
toujours solidement agrégée, nous conserve une forme primitive très-vraisemblable de la souche-crustacé. La larve
dont se rapprochait, ainsi qu'on peut l'admettre avec une
grande certitude, la forme primitive de la classe-crustacé

fut considérée autrefois comme un genre à part, et reçut le nom de *Nauplius*. On parle donc d'une période nauplius, qui s'est maintenue notamment chez les crustacés inférieurs, les copépodes, les parasites, les cirrhipodes et les curieux rhizocéphales qui se rattachent à ces dernières, mais qui également a persévéré dans l'ordre le plus élevé, celui des crustacés décapodes qui ont les yeux pédonculés. Nous ferons connaissance plus loin avec le développement dit raccourci, dont les crustacés décapodes s'étaient, on le croyait autrefois, approprié l'usage. S'il en était réellement ainsi, nous pourrions, appuyés sur l'analogie, en conclure pour ceux-ci, la dépendance directe avec les autres ordres renouvelant, dans leur développement, le degré du nauplius, mais la découverte de Fritz Müller fut partout la bien venue, lorsque ce naturaliste eut démontré qu'un crabe

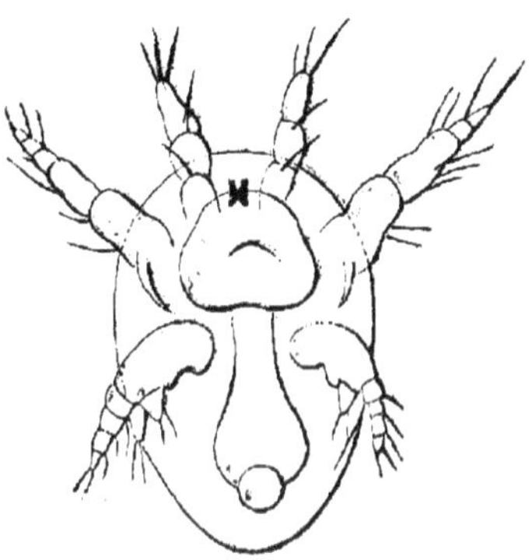

Fig. 16. — Nauplius.

(*Peneus*), commence encore aujourd'hui son développement, sous forme de *nauplius*, tandis que tous les autres membres de l'ordre, on le sait, abandonnent leur œuf (voir page 46) à une période vitale supérieure. Or jusqu'à ce jour, on a à peine étudié le développement d'une douzaine de ces crustacés dont les yeux sont pédonculés, et l'on compte ces écrevisses par centaines. On ne peut donc douter que, relativement à la période de nauplius, d'autres espèces ne viennent encore se rattacher à ce *Peneus* de la côte brésilienne. Mais ce cas restât-il unique dans le genre, il suffirait comme témoignage vivant de la solidarité du présent des crustacés décapodes avec les crustacés primitifs.

D'après ce qui précède, la transformation des amphibies s'explique d'elle-même. Leurs prédécesseurs étaient des animaux à respiration aquatique dont la forme et les mœurs rappellent les amphibies à longue queue, c'est-à-dire les tritons et les salamandres, plus fidèlement que les grenouilles. Chez nos tritons, il n'est point rare que la maturité sexuelle apparaisse, pendant l'état de larve, c'est-à-dire

Fig. 17. — Axolotl.

à un degré qui était définitif chez les ancêtres des genres

Fig. 18. — Amblystoma.

actuels. Il y a même encore une espèce, l'axolotl mexicain, qui se reproduit régulièrement à cet état de larve. L'observation de Duméril à ce sujet est très-intéressante : quelques-uns des milliers d'axolotls qu'il avait apportés à Paris, dépassèrent la période de leur développement, connue jusqu'alors, c'est-à-dire qu'ils perdirent leurs branchies, que la forme du corps subit des transformations essentielles et qu'ils passèrent de l'état d'animaux aquatiques à respiration branchiale, à celui d'animaux terrestres à poumons.

Il faut attendre des recherches ultérieures, pour décider si, ce qui toutefois paraît invraisemblable, dans leur patrie, tous les axolotls, après s'être déjà reproduits à l'état de larve, subissent la transformation en animaux analogues aux salamandres, ou si le transport en Europe et le changement des conditions vitales qui en découle ont donné l'impulsion à une transformation progressive de ces individus, transformation qui, par l'effet de la persistance de ces conditions, s'étendrait, dans les générations ultérieures, à un nombre plus considérable d'individus et finalement à l'espèce elle-même ainsi renouvelée.

Les exemples d'ontogénie ou de développement individuel, que nous avons considérés jusqu'à présent, avaient ceci de particulier que l'animal parvenu à maturité sexuelle, ne renaissait pas de son œuf, comme le phénix de ses cendres, mais avait à parcourir diverses formes et divers états essentiels, dans lesquels les ancêtres de l'espèce redevenaient saisissables et vivants. On se demandera maintenant comment, à ce développement descriptif, véritablement épique, viendra s'adjoindre la forme de reproduction que la systématisation, sans pouvoir fournir aucune interprétation, a désignée, d'après les faits, sous le nom de développement direct ou de développement sans alternance de génération, ni transformation. Les embryons à cils vibratiles d'un grand nombre de méduses, ne se transforment pas en formes intermédiaires semblables à celles des polypes, mais ils passent immédiatement à l'état de méduses. La plupart des crustacés supérieurs n'abandonnent point l'œuf, à la manière du nauplius, mais ils sont déjà plus ou moins développés sous formes de décapodes. L'oiseau, le mammifère, l homme, sont tous, en naissant, « semblables à leurs parents. » Con-

sidère-t-on que les phénomènes de l'alternance de génération ne sont en aucune façon avantageux en eux-mêmes,
ou conformes au but — il suffit de se rappeler le sort des
œufs du ver rubané. — Considère-t-on que l'état de larve
prolonge le temps de l'enfance et de la faiblesse, qu'il diffère
l'époque de la maturité et des œuvres efficaces pour la conservation de l'espèce, il en résulte que les réductions de ces
formes de développement, raccourcissements qui surviennent par suite d'adaptation, sont des modifications avanta-
geuses, en vue de la consolidation. De même que la prolongation de la période pendant laquelle les amphibies sont
à l'état de larve peut être provoquée par des circonstances
naturelles et des essais artificiels, de même aussi on peut
imaginer la compression simultanée des périodes de transformation et surtout l'abréviation de la transformation ;
et il y a précisément dans la classe des amphibies plusieurs exemples de la métamorphose abrégée et modifiée,
exemples qui paraissent combler le gouffre existant entre
le développement, avec ou sans transformation, et rendre
compréhensible le développement direct, en le faisant envisager comme graduellement acquis. Les amphibies tente-
ront de se répandre partout où les invite un nombre
d'insectes suffisant pour servir à leur nourriture ; et la salamandre noire elle-même des montagnes (*Salamandra atra*)
a franchi un obstacle que l'on devait considérer comme invincible, le défaut d'eau pour ses larves. Elle ne pond point ses
œufs comme ses parents ; elle n'en admet que deux dans
l'oviducte, et le liquide secrété par les parois remplace le
marais pour ces œufs et pour les larves qui en éclosent. C'est
ici, ce n'est point en dehors de la mère, que les branchies
apparaissent, tandis que les autres œufs, s'avançant peu à
peu, sont dévorés par les larves affamées. La transformation
de la salamandre noire, au sujet de laquelle nous regret-
tons malheureusement de ne pas posséder de recherches récentes, s'opère donc dans le corps de la mère, et il n'est nul-
lemeıt difficile de se figurer que cette propriété ait été
acquise par l'effet de la nécessité d'adaptation aux conditions
extérieures de la vie. Si nous possédions des connaissances

plus complètes sur le genre de vie de la grenouille à bourse, qui porte ses petits dans un repli de la peau du dos, sur les mœurs du pipa dont les larves vivent également dans des sillons de la peau du dos disposés comme des rayons de miel, nous parviendrions certainement à des résultats analogues à ceux que nous a fournis la salamandre noire. A défaut de ces observations, il en est une qui a été publiée en 1873, par M. Bavey, pharmacien de la marine, à la Guadeloupe, et qui est très-importante (1). Une grenouille de ce pays (*hylodes martinicensis*) accomplit toute sa transformation dans l'œuf. Dans l'œuf, elle possède les branchies et la queue, et comme d'après la courte notice dont nous parlons, il n'y a dans l'île que des torrents rapidement taris, mais qu'on n'y trouve point d'eaux dormantes, ni de marais, il en résulte que, dans ce cas aussi, il s'agit d'une adaptation modifiant et raccourcissant le développement.

Abordons maintenant, après cette introduction, l'étude plus approfondie du développement connu sous le nom de développement direct : on peut le comparer, de point en point, avec la métamorphose de l'*Hylodes*. Le développement direct est une transformation dans l'intérieur de l'œuf, et même lorsqu'il a lieu, les degrés embryonnaires de développement sont des répétitions plus ou moins évidentes du développement historique de la souche. Nous nous bornerons à faire ressortir quelques phases de la vie embryonnaire des vertébrés non soumis à la métamorphose, phases qui sont les degrés d'une transformation raccourcie, et à récapituler les états stables des ancêtres. Chez tous les vertébrés, le rachis s'ébauche comme un lacet inarticulé, comme une gaîne inarticulée de la moelle épinière : on a mentionné ce fait à plusieurs reprises. Tel est l'état permanent des poissons les plus inférieurs. Même chez les vertébrés supérieurs, le cerveau ne consiste primitivement qu'en quelques ampoules situées les unes derrière les autres, forme permanente des groupes inférieurs. Le cœur embryonnaire des mammifères et des oiseaux commence par la forme utriculaire et possède plus

(1) Voir la brève communication de la « Revue scientifique » (Paris, 1873), N° 37.

tard la communication des chambres qui ne se ferment jamais chez les reptiles. Les arcs branchiaux, chez les amphibies, portent réellement des branchies, pendant la période de
la larve. Ces arcs branchiaux ne font point défaut, chez les
embryons des reptiles, des oiseaux et des mammifères, non
plus que les fentes par lesquelles s'écoule, chez les poissons et
les larves d'amphibies, l'eau soumise à la respiration. Faut-
il encore une fois reproduire l'explication possible de ces faits?

Avant d'indiquer les phénomènes qui parlent en faveur de
l'origine des souches, attribuée à une commune racine, nous

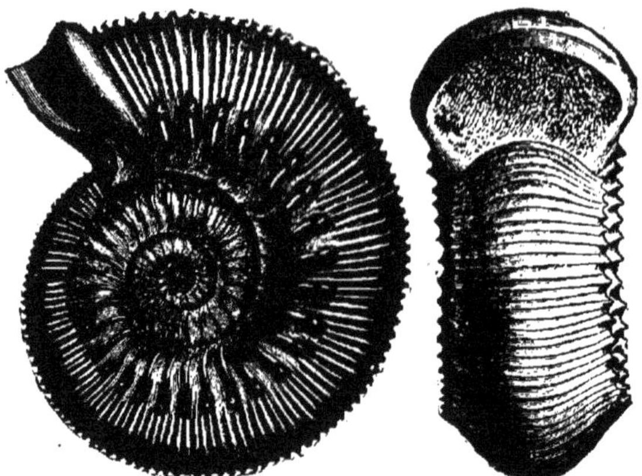

Fig. 19. — *Ammonites humphresianus.* Forme très-rapprochée des *ammonites planulata.*

présenterons encore un des témoignages les plus importants de l'époque moderne la plus récente, témoignage qui
permet de poursuivre les modifications des espèces à travers
une grande période géologique, et d'exposer en détail, de la
manière la plus claire, les relations du développement individuel avec le développement de l'espèce, du genre et de la famille. Je veux parler de la contribution de Würtenberger à
la démonstration géologique de la théorie de Darwin. Nous
avons déjà eu l'occasion de parler de ce travail (page 82). Il
s'agit des deux familles *Ammonites planulata* et *Ammonites armata*. Cette dernière, d'après les recherches de Würtenberger, se développe de la première, et les côtes de l'*Ammonites*

planulata deviennent peu à peu les aiguillons de l'*Ammonites armata*. Les passages suivants de la communication provisoire nous importent particulièrement. Ils ont trait aux découvertes qui ont été faites sur des milliers d'exemplaires d'ammonites et n'ont été publiés que depuis quelques années, avec les preuves à l'appui. « Ce fut pour moi, dit Würtemberger, une joie singulière que de découvrir, après maintes études scrupuleusement comparées, une simple régularité intéressante dans la variation des ammonites. Une modification qui, plus tard, doit avoir pour le groupe une importance essentielle se présente-t-elle pour la première fois, celle-ci n'est indiquée d'une manière très-facile que pour les dernières spires. Relativement aux déplacements plus récents, cette transformation paraît toujours de plus en plus nette, et continue alors à progresser sans cesse vers le centre du disque de l'ammonite, en suivant les contours héliçoïdaux du têt, c'est-à-dire que plus on poursuit dans les couches les plus récentes les formes dont il s'agit, plus cette transformation empiète de même sur les spires extérieures. Toutefois cette reproduction des modifications qui apparaissent à un âge avancé de la vie, je veux dire leur transmission à des degrés vitaux toujours plus récents, ne procède que lentement, en sorte que nous voyons les formes les plus anciennes se répéter avec une grande constance dans les spires intérieures. Souvent alors un changement de ce genre ne s'est emparé que d'une petite partie des spires, jusqu'à ce qu'un nouveau changement paraisse à l'extérieur et succède au premier. C'est ainsi que nous voyons en explorant les couches de bas en haut, les changements commencer à la partie extérieure des ammonites et progresser vers le centre des disques. Cependant les spires les plus intérieures résistent quelquefois avec une grande ténacité à ces innovations, de telle sorte que l'on y trouve souvent rassemblés plusieurs de ces états de développement. Le têt d'un développement individuel d'ammonite commence un type de forme plus ancien, puis il admet les changements successifs, dans l'ordre même où ils se suivent dans le développement géologique des groupes en question. »

« Les ammonites, » dit plus loin l'auteur, » n'acquièrent

donc la faculté de se modifier dans une autre direction, c'est-à-dire de s'adapter à de nouvelles conditions, qu'après avoir parcouru comme leurs auteurs le cercle du développement que ceux-ci se sont approprié et l'avoir parcouru de la même manière. Cependant une modification de cette nature peut alors se transmettre héréditairement aux descendants, en apparaissant un peu plus tôt chez chacune des générations suivantes, jusqu'à ce que ce dernier degré de développement lui-même caractérise à son tour la plus grande partie de la période de croissance. Mais il n'arrive presque jamais que des périodes de développement aussi longues que cette dernière se laissent refouler par de nouveaux degrés de développement, se formant de la même manière : l'hérédité agit d'une façon si puissante qu'une période de développement de ce genre ayant une fois prévalu, se renouvelle pendant le jeune âge des ammonites, bien que souvent elle soit à peine indiquée. Chez un ammonite d'une couche plus récente, les périodes de développement, arrêtées en arrière, comprimées sur elles-mêmes, doivent donc se succéder, dans les spires inférieures, dans l'ordre même où elles ont obtenu la suprématie. Il est excessivement intéressant de briser avec soin, l'une après l'autre, chacune des spires des *Ammonites inflata* du terrain jurassique blanc, ammonite qui se trouve près de l'*Ammonites liparus*, ne présentant, sur ses spires extérieures visibles, qu'une série d'aiguillons et d'étudier ainsi la marche du développement : il y a toujours vers l'intérieur sur une certaine étendue, deux séries de piquants ; plus près du centre, la série intérieure disparaît, bientôt ensuite aussi la série extérieure, et le noyau, de quelques millimètres de diamètre, paraît alors réduit à une demi-spire environ comme chez l'*Ammonites planulata ;* elle présente évidemment de petites côtes qui vers le commencement disparaissent de nouveau à leur tour. Ainsi les côtes elles-mêmes des *planulata*, qui, chez les ancêtres liasiques de ces *inflata*, ont dominé les spires, n'en paraissent pas moins déjà dans les couches supérieures du terrain jurassique brun refoulées par les aiguillons ; et même dans les couches blanches supérieures du terrain jurassique blanc, elles désignent chez ces descendants tardifs, déjà modifiés, une courte période de la jeunesse.

Würtenberger montre plus loin que ces phénomènes **ne** peuvent s'expliquer simplement que par la théorie de Darwin. « Sans cette théorie, il ne nous restait qu'une énigme miraculeuse. »

On se trouvait ainsi conduit à vérifier si la théorie de **la** sélection était également applicable à ces formes connues sous le nom de formes accessoires ammonitiques, comme l'*Anclycoceras*, c'est-à-dire à ces genres dont les spires et les courbes ne se touchent pas immédiatement, et ne s'enveloppent pas partiellement comme chez les véritables ammonites, à ces genres enfin, les derniers venus, les retardataires du groupe, qui semblent porter en eux la décadence! Würtemberger montre comment la cessation du contact des spires chez les ammonites à piquants est

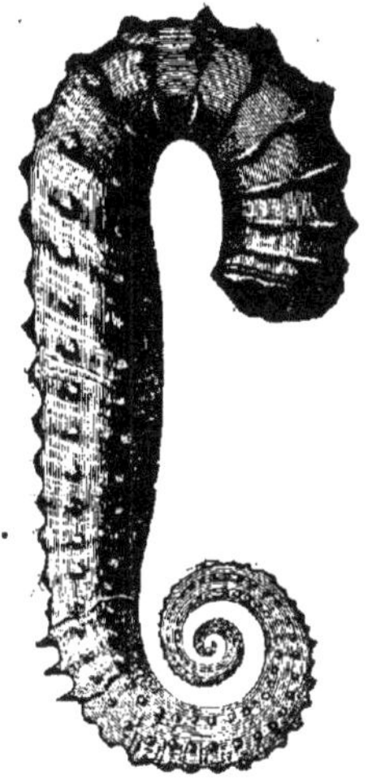

Fig. 20. — Anclyoceras.

un avantage qui devait se confirmer par sélection. D'autres paléontologistes, il est vrai, considèrent l'oscillation de la forme successivement avec la dissolution de la spirale fermée comme l'expression de la dégénérescence du groupe;

mais il ne paraît pas qu'il y ait contradiction, car les avantages recucillis par la sélection naturelle se sont montrés préjudiciables dans leurs conséquences.

Nous l'avons vu, le raccourcissement du développement efface les états antérieurs, à tel point que le retour à la constitution des parents s'éloigne toujours de plus en plus. Mais une conviction se dégage inévitablement de notre théorie : c'est que les souches dans l'intérieur desquelles on pouvait jusqu'à ce jour comparer l'ontogénie avec la phylogénie se sont rapprochées de plus en plus et ont justifié les espérances que l'on fondait sur elles ; on a pu voir au moins ici et là dans le développement individuel de certains représentants des diverses souches, surgir les témoins d'une commune origine. Ces conditions se réalisent en effet, en tant que les états primitifs de la larve établissent un lien entre les animaux inférieurs et les plus élevés. Considérant un grand nombre de groupes, d'êtres animés inférieurs chez lesquels le protoplasma homogène accomplit les diverses fonctions vitales de nutrition, de sensibilité, de mouvement et de reproduction, faisons-en avec Haeckel un règne moyen, parce que la reproduction sexuelle manque chez eux ; nous serons obligés de suivre plus loin ce naturaliste et de l'approuver lorsqu'il désigne sous le nom d'animaux ces éponges qui se rattachent aux protistes et qu'il se fonde en cela sur leur multiplication sexuelle et sur le mode de leur développement embryonnaire. Haeckel a donné le nom de *gastrula* à une certaine larve d'éponge calcaire se trouvant à une phase particulière de l'état de la larve. L'animal représente un sac ou si l'on veut un estomac pourvu d'une ouverture buccale. La paroi est formée de deux couches de cellules, la couche extérieure consiste en cellules ciliées, c'est-à-dire que chaque cellule est pourvue d'un long cil. A l'ouverture du sac, la couche extérieure s'insère dans la couche intérieure et c'est la réunion de ces deux feuillets qui constitue, par un procédé entièrement déterminé, le corps des éponges. Or cette larve de *gastrula* réapparaît d'abord chez les *coelentérés*, les polypes et les méduses. Souvenons-nous que déjà depuis longtemps on connaît le développement graduel des deux feuillets nommés *entoderme* et *ectoderme* ainsi que leur transformation en formes de la plus grande complication ; prenons plus loin et comparons, comme l'a fait Haeckel, l'*osculum* ou grande ouverture de l'individu-éponge avec la bouche du polype et de la méduse. Comparons l'ouverture de la grande cavité centrale de l'éponge avec l'estomac de ces derniers, le système de canaux avec les canaux et les cavités des cœlentérés, comparaison exacte comme l'a démontré ce naturaliste, nous verrons que la solidarité des milliers d'autres faits qui nécessitent et qui appuient la théorie de la descendance rend inévitable cette conclusion que la gastrula est le témoin de la parenté sanguine des éponges et des cœlentérés. Cette gastrula revient chez les holothuries par conséquent chez les *échinodermes*, chez la *sagitta*, chez les *ascidies* dont il sera question plus particulièrement dans l'arbre-souche des vertébrés, enfin dans l'*amphioxus*; et par conséquent nous nous croyons autorisés à regarder cette concomitance des états communs de développement de diverses souches comme les vestiges de la racine commune, vestiges qui dans d'autres souches, celle des articulés par exemple, se sont perdus dans le raccourcissement du développement. L'importance des feuilles germinatives pour le vertébré avait déjà été reconnue par Pander ainsi que dans les travaux initiateurs de Baer ; l'extension et l'utilisation de cette découverte à tout le règne animal est due surtout à Kowaleski ; elle caractérise un des plus grands progrès de la théorie comparée du développement. Nous avons déjà eu l'occasion de faire observer au lecteur qui n'est pas au courant des investigations de détail de notre science, qu'il y a des adversaires de la théorie de la sélection comme Owen qui n'en admettent pas moins la descendance comme indiscutable. Le parallélisme de l'ontogénie avec la phylogénie peut aussi, quand bien même on rejetterait la sélection naturelle, être attribué à cette solidarité naturelle que nous défendons pourvu toutefois que l'on suppose une direction contraire à la nature, je veux dire surnaturelle, qui transforme en miracle cette unité apparente. C'est Al. Braun qui récemment a fait ressortir la concordance du système botanique et, par conséquent, de la succession paléontologique, avec le déve-

loppement de l'individu végétal (1) : « Dans le développement
« ultérieur du système naturel la structure graduelle du
« règne végétal et par conséquent la relation du système avec
« l'histoire du développement apparaît toujours plus nette,
« inexplorée et irrécusable. On a déjà reconnu que les
« acotylédones sont des végétaux sans fleurs, et les bota-
« nistes qui ont précédé Linné les considéraient déjà sous
« ce point de vue. On a ainsi constaté leurs relations avec
« les plantes à floraison. Les premières se partagent en deux
« divisions essentiellement différentes dans lesquelles la gra-
« dation se manifeste ainsi distinctement. (Cryptogames à
« cellules et cryptogames à vaisseaux. Thallophytes et Cor-
« mophytes). Entre les plantes complètes à floraison et les
« plantes sans floraison on a indiqué un degré intermé-
« diaire, celui des plantes à graines nues, mais le fait le plus
« important c'est que les quatre degrés principaux du règne
« végétal correspondent de la manière la plus exacte aux
« degrés individuels de développement afférents à toutes les
« plantes supérieures, au germe, à la tige, à la floraison et au
« fruit. » Mais pourquoi ce parallélisme doit-il être l'observation la plus importante s'il ne nous conduit point à la reconnaissance de la vraie causalité? Nous ne pouvons le comprendre. Nous pouvons bien imaginer que l'on recoure aux
causes intérieures et aux principes de perfectionnement

1. Braun, *Ueber die Bedeutung der Entwickelung in der Naturgeschichte*
(de l'importance du développement, dans l'histoire naturelle) (Berlin 1872).

« Le règne végétal nous montre :

I. Des végétaux qui, dans leur développement végétatif du degré du germe
végétal, représentent la première génération sans sexes, dans leur développement généralement *thallusiforme* (*plantes à germe*, bryophytes, auxquelles il
faut joindre les thallophytes des auteurs, avec les *characées* et les *mousses*);

II. Végétaux chez lesquels la première génération est transitoire, et la
seconde se développe en tige, sans cependant progresser jusqu'à la plante à
floraison (plantes à tige, cormophytes, auxquels il faut joindre la fougère, etc.);

III. Végétaux chez lesquels la métamorphose progresse jusqu'à la formation d'une floraison, sans toutefois atteindre la dernière formation, celle du
développement de feuilles à fruit (plantes à floraison sans vrais fruits, anthophytes gymnospermiques);

IV. Végétaux qui, par une véritable fructification, atteignent la conclusion
dernière et la plus élevée du développement végétal (anthophytes anglos-
permes, auxquels il faut joindre les monocotylédones et les dicotylédones,
comme dégradations sous-ordonnées). »

comme à un refuge pour l'ignorance, mais nous ne pouvons admettre que le chercheur se contente réellement de ces raisons. A notre point de vue la concordance des résultats des investigations botaniques doit aussi être fort importante, mais pour un motif avouable : c'est que la théorie est à son tour appuyée et confirmée par une longue série de faits.

Après avoir étudié l'accord du développement des souches jusqu'à la gastrula, on n'en restera point là, mais on considérera comme un fond commun aussi vieux que le monde la similitude des corpuscules séminaux et des cellules ovariques depuis ces éponges jusqu'aux vertébrés. Cette propriété identique réunira le monde animal et le monde végétal.

Avant qu'ils ne l'eussent acquise il n'y avait d'autres modes de reproduction que ceux qui se sont conservés chez les protistes et dans l'alternance de génération. De même que la communauté des bases de la reproduction sexuelle des différentes souches impose une origine commune, de même la reproduction sans sexe qui est en relation immédiate avec la reproduction sexuelle conduit toujours plus avant dans la voie qui remonte aux origines de la vie, en passant par les cellules ovariques et les corps germinatoires. Mais la cellule pourvue de noyau et d'enveloppe ne peut être détachée des corpuscules à protoplasma sans noyau et sans enveloppe, sur la croissance et la division desquels repose la reproduction des êtres animés inférieurs. Leur origine remontant à la matière inorganique est, comme nous l'avons exposé plus haut, un postulatum de la saine intelligence humaine. Si nous sommes conduits à ce commencement de la vie, ce n'est pas, comme le prétendent les adversaires de la théorie de la descendance, par suite d'une philosophie dogmatique inventée pour les besoins de la cause, mais en vertu de l'observation attentive, exempte de préjugés, en vertu de la combinaison des faits qui constituent l'histoire du développement de l'individu (1).

1. Nous avons traité, dans ce chapitre, le développement individuel au point de vue du développement historique général, aussi devons-nous ici mentionner l'étrange opposition que Kölliker a faite à la théorie de la descendance. Il a consigné ses opinions dans sa « *Monographie der Pennatuliden* » et dans

un extrait qui a été imprimé séparément sous ce titre : « *Morphologie und Entwickelungsgeschichte des Pennatulidenstammes, nebst allgemeinen Betrachtungen zur Descendenzlehre* » (Morphologie et histoire du développement de la souche des pennatulides, avec des considérations générales sur la théorie de la descendance (Francfort, 1872). Le darwinisme fait dériver la continuité et l'unité du monde organique de la mutabilité, de la sélection naturelle, de l'hérédité et de l'adaptation, bref des causes saisissables, visiblement efficaces ; mais Kölliker estime « que les lois générales de formation qui dominent dans la nature inorganique conservent leur valeur dans le règne organique, et que par conséquent il n'est nullement nécessaire de recourir à un arbre-souche commun et à une lente transformation des formes les unes dans les autres, pour expliquer et pour comprendre les concordances des formes et des séries de formes du monde animé » (voir l'ouvrage indiqué page 3). Personne, à l'exception des dualistes déclarés, n'élève d'objection contre la première partie de la proposition de Kölliker. Mais identifier le développement des individus organiques, à l'exclusion des lois de l'hérédité, avec ces pures méthodes de cristallisation ou avec un phénomène chimique quelconque de combinaison se reproduisant dans des conditions données, c'est émettre une assertion qu'il est à peine nécessaire de réfuter par une critique approfondie. Kölliker dit et cherche à démontrer que l'hypothèse monophylétique, selon laquelle les diverses souches des organismes dériveraient d'une seule forme primitive, aurait à lutter avec d'insurmontables difficultés. L'hypothèse polyphylétique de la descendance (descendance de plusieurs souches) serait plus vraisemblable. Mais que l'on accorde ce qui précède, il faudra bientôt que la pensée fasse un bond hardi. « Le partisan de l'hypothèse polyphylétique de la descendance se voit alors contraint d'attribuer divers arbres-souches et diverses formes originelles non-seulement aux divisions supérieures, mais aux genres eux-mêmes, et d'admettre que ces divisions et ces genres possèdent une origine indépendante. Oui, il semble même possible qu'une seule et même espèce apparaisse dans divers arbres-souches, car dans l'hypothèse irréfutable de lois universelles de formation, il ne faut pas perdre de vue le motif pour lequel les mêmes initiales ne pourraient même parfois conduire aux mêmes formes finales » (voir l'ouvrage indiqué, p. 21). Oui cette hypothèse va bien plus loin, car « même lorsque les individus d'une espèce se trouvent dans des localités très-éloignées, comme la *Pennatula phosphorea*, la *Funiculina quadrangularis*, la *Renilla reniformis*, etc., il convient parfaitement d'admettre une origine indépendante. » L'hypothèse polyphylétique de Kolliker supprime toutes les difficultés, c'est ainsi qu'elle explique entre autres les formes dites représentatives, dont nous parlerons dans notre dixième chapitre, car on peut penser, même à ce point de vue, que ces formes ne se tiennent point en dépendance génétique, mais qu'elles appartiennent à des arbres-souches particuliers ». (p. 23). Et tout ceci doit être compréhensible, ainsi que bien d'autres choses, parce que le monde des organismes, dans son développement successif, obéit à des causes intérieures ou à des lois de formation déterminées « lois qui poussent les organismes, d'une manière complètement déterminée, à un développement toujours plus élevé. » Kölliker se demande à ce sujet (p. 38), si les formes de jeunesse librement vivantes d'animaux, ne pourraient pas conserver les germes et les bourgeons, posséder la faculté de s'engager dans un autre développement que le développement typique, liberté qui devrait être fatale à la loi de développement, laquelle peut et doit créer aux pôles opposés, des individus de la même espèce. Kölliker résume ainsi (page 44) ses opinions fondamentales : « dès la première origine de la matière organique et des organismes et avec cette origine fut aussi donné comme *potentia* tout le plan de développement, toute la série des possibilités, mais diverses influences extérieures agirent en particulier sur le développement et lui donnèrent une empreinte déterminée. » En dépit de cette forme scientifique, le dualisme est fini par là. Tandis que la physique et la chimie rendent intelligibles selon la forme, le contenu et l'efficacité leurs lois valables pour le monde inorganique comme pour le monde organique, Kölliker ne sait même pas un mot de la nature de ses lois. La théorie de la sélection naturelle nous fait reconnaître les causes et les effets de l'hérédité et de l'adaptation, et met sous forme de loi les séries de phénomènes. Quant à la science naturelle, elle ne connaît pas de lois uniquement basées sur un plan qui doit être réalisé dans l'avenir et qui se mettent au service de cette propriété des organismes incomplets.

CHAPITRE X

Les matériaux de la géographie végétale et animale se
sont accumulés depuis le siècle des grandes découvertes
géographiques ; mais c'est Humboldt qui a établi les bases
de la géographie scientifique végétale, par son célèbre
ouvrage : « Ideen zu einer Physiognomik des Gewächse ».
Il ne faut certes pas oublier les observations de Georges
Forster ; mais Humboldt est le premier dont les descriptions
aient embrassé toutes les formes végétales et qui ait montré
comment seules ou combinées entre elles elles marquent
d'une empreinte pittoresque spéciale les contrées où elles
dominent, comment aussi elles s'harmonisent avec les autres éléments du paysage. Le célèbre fondateur de la clima-
tologie avait tracé sur le globe les lignes d'égale température et les lignes d'égale inclinaison et déclinaison de l'aiguille aimantée ; il avait séparé des zones de pluie les zones
de sécheresse ; aussi mieux que personne savait-il que le
monde animal et le monde végétal subissent l'influence de
ces divers facteurs ; mais ni lui, ni ses successeurs jusqu'à
Darwin n'ont donné de notre globe une plus brillante image
que les grandioses tableaux des « Époques de la nature » par
Buffon.

L'horizon géographique avait été considérablement élargi
et les connaissances spéciales approfondies. Par une conséquence naturelle, on déterminait avec un soin toujours plus
grand les limites de distribution des familles d'animaux
et de leurs espèces principales ; mais on négligeait de s'en-
quérir des causes de cette distribution ou même on suppri-
mait la difficulté, comme Louis Agassiz qui, sans faire dériver comme Linné d'un couple différent chacune des diverses
espèces, supposait qu'elles avaient été créées en quantités
variables d'individus, dans leurs districts de distribution.
Il est évident qu'il ne fallait s'attendre à voir résoudre par ce
procédé aucune des questions qui s'imposent à nous. Pourquoi ces mêmes espèces ne se trouvent-elles pas toujours
dans les mêmes conditions naturelles ou vice versâ ? Pourquoi des espèces très-rapprochées se présentent-elles souvent dans des conditions extérieures très-inégales ? Quelle
idée faut-il se faire des rapports entre les formes analogues ?
Dans un excellent mémoire récemment publié par Rüti-
mayer : « *Ueber die Herkunft der schweizerischen Thierwelt* (1), » cet auteur fait observer que Buffon avait déjà mis
en évidence la répétition de la faune africaine dans la faune
américaine. C'est ainsi que le lama par exemple rappelle
de loin le chameau, dont il reproduit une forme plus moderne et que le puma du nouveau monde rappelle le lion de
l'ancien continent. Toutefois on n'a rien gagné à ce mot de
« forme représentative » ou « forme analogue », et pour
comprendre ces faits, il est nécessaire de partir de cette hypothèse : le chameau et le lama, le puma et le lion ont une
souche commune, et s'ils se sont développés séparément,
c'est que dans le cours des temps leurs ancêtres se sont
fixés dans des contrées différentes.

On peut encore, au sujet de ces espèces analogues, citer
un exemple différent et dont les conclusions sont plus im
médiates; on peut comparer les mollusques du sud de l'Eu-

---

1. *Ueber die Herkunft unserer Thierwelt. Eine zoogeographische Skizze von
L. Rütimeyer.* (De l'origine de notre faune, esquisse géographique par L. Rütimeyer) (Bâle 1867). Nous utilisons plusieurs fois, dans notre texte, ce petit
écrit qui renferme un grand nombre de faits intéressants.

rope et notamment ceux de l'Espagne avec les mollusques du
nord de l'Afrique. Nous devons à Bourguignat d'excellentes
observations sur ce sujet. Les faits établis par lui confirment
l'ensemble de nos connaissances sur la forme et la flore de
ces contrées. Bourguignat a prouvé que la faune des mollusques de l'Espagne et celle du nord de l'Afrique forment
un ensemble complet, de telle sorte que la faune des mollusques d'Algérie paraît n'être qu'un appendice de celle du sud
de l'Europe, bien que les deux continents soient séparés par
le détroit de Gibraltar. Or il est prouvé qu'à une époque
géologique récente, cette partie du nord de l'Afrique était
réellement une péninsule de l'Espagne, et qu'elle se réunit
avec le nord de l'Afrique à la suite d'une dislocation de la
partie septentrionale du détroit de Gibraltar, tandis que la
jonction au sud et à l'est eut lieu par l'effet d'un soulèvement auquel le Sahara doit sa naissance. Des coquilles de
mollusques semblables à ceux qui vivent dans la mer Méditerranée indiquent encore aujourd'hui la place où s'étendaient
les rivages de l'ancienne mer du Sahara. Cependant toutes
les espèces de mollusques du nord de l'Afrique ne sont pas
identiques avec les espèces espagnoles. Il y a beaucoup d'espèces africaines qui ne sont représentées de notre côté que par
des espèces « analogues. » Si d'autre part certaines espèces
espagnoles ne se trouvent pas en Afrique, mais qu'elles y
soient représentées par des formes très-ressemblantes, cette
expression d'espèces analogues n'aura aucune signification,
à moins d'impliquer en même temps l'idée de la communauté d'origine des espèces qui se remplacent réciproquement et des évolutions locales produites par l'isolement et
le changement des conditions d'existence. Le naturaliste qui
croit à la création des espèces séparées verra sa foi mise à
une rude épreuve, lorsqu'il s'agira des mollusques terrestres
et des mollusques pulmonés ; car il paraît que dans les îles
isolées et les groupes d'îles, ces animaux, qui voyagent dif-
ficilement et qui se fixent au sol qu'ils occupent, sont parvenus à une variété extraordinaire. Dans le groupe des îles de
Madère, on comptait, il y a environ dix ans, 134 espèces
d'escargots à poumons, et 21 d'entre elles appartenaient

aussi à la faune africano-européenne. Celles-ci et les 113
autres sont généralement confinées dans d'étroits districts
et des vallées isolées. Faut-il supposer que les 113 espèces
de Madère et les 21 qui sont communes à Madère et à l'Eu-
rope-Afrique ont été créés séparément? Ne faut-il pas plutôt
admettre qu'il y eut autrefois une communication terrestre
entre l'Europe et le groupe actuel des îles de Madère et que
ces 21 espèces restèrent ce qu'elles étaient avant la séparation, tandis que des espèces aujourd'hui inconnues et qui
ne sont plus représentées sur le continent que par des analogues, donnaient naissance à la prodigieuse variété de
celles que nous connaissons maintenant. Beaucoup de luttes
furent sans doute épargnées à celles-ci et à celles des autres
îles isolées ; et c'est là certainement un heureux exemple
de la loi d'émigration de Wagner, car vu les difficultés qui
s'opposent à l'émigration de ces animaux et l'invraisemblance d'une puissante secousse, les individus qui se sépa-
raient tendaient, même sous de faibles influences nouvelles,
à s'éloigner de l'espèce souche.

Quant à cette théorie qui ne repose sur aucun fait scientifique et qui prétend que des organismes égaux ou semblables auraient été créés en grand nombre dans des conditions
extérieures semblables, ou presque semblables, il suffira
pour l'ébranler de faire observer que souvent c'est le contraire qui a lieu. Nous apporterons plus loin un plus grand
nombre de faits à l'appui de notre thèse. Nous nous bornerons pour le moment à citer un exemple frappant. Pourquoi
l'Amérique, dans la période actuelle, n'a-t-elle pas de chevaux, bien qu'il soit démontré que ceux qu'on y transporte y
prospèrent? Nous n'avons pas à expliquer pourquoi les chevaux dont on retrouve les restes fossiles en Amérique comme
dans l'hémisphère oriental ont disparu sans laisser de descendants — nous en ignorons la cause et nous l'étudierons
peut-être quelque jour — mais, dans les termes où la question est posée, les partisans de la théorie de la création doivent, ici et dans tous les cas semblables, reconnaître l'insuffisance de leur théorie mystique.

Les faits que nous avons jusqu'à ce moment exposés nous

ont fait voir que les organismes actuellement vivants descendent d'organismes qui ont vécu précédemment; la distribution actuelle sur la terre est donc une suite de la distribution des ancêtres des organismes actuels et des déplacements variés de terre et de mer qui ont médiatement ou immédiatement affecté ceux-ci.

Nous ne pouvons espérer nous former une image fidèle des transformations qui continuent à s'accomplir à la surface de la terre. Il faudrait qu'il en fût ainsi et qu'en même temps nous eussions des catalogues exacts des habitants des îles, continents et mers d'autrefois, pour établir d'une manière complète la distribution des organismes actuels. Mais à reconnaître d'une manière complète l'incertitude de nos méthodes statistiques, nous avons au moins gagné de pouvoir indiquer avec certitude la voie des recherches. Nous avons d'abord à procéder à la manière de l'ancienne géographie végétale et animale en constatant les limites naturelles ou les districts de distribution, et en second lieu à combiner ces faits avec ceux de la distribution des précurseurs éteints du monde animé actuel, qui est elle-même dominée par l'histoire des phénomènes géologiques. Il va de soi que Darwin a tracé également les traits principaux de ce travail. Il convient de mentionner particulièrement deux de ses émules, Wallace avec ses recherches sur l'archipel malais, qui abondent en fines observations (1), et Rütimeyer dans le mémoire déjà cité. Nous pouvons, dans ce qui suit, nous rattacher principalement à ce dernier.

Notre connaissance des districts de distribution du monde animal est encore singulièrement défectueuse. Que savons-nous par exemple de l'origine des animaux marins? Quelques années à peine se sont écoulées, depuis que les profondeurs de la mer sont devenues accessibles à l'observation, et le résultat de ces recherches a été pour ainsi dire un renouvellement presque complet des idées que nous nous étions formées sur l'importance géologique du fond de la mer et sur

---

1. A. B. Wallace, The Malay Archipelago. (Ed ed., London, 1870). Les passages que nous citons plus loin dans le texte se trouvent p. 10 et suivantes.

son habitabilité. Après la puissante impulsion que Maury a donnée aux recherches relatives à la constitution physique de la mer, nous avons maintenant à déterminer les températures et courants sous-marins, la constitution du terrain maritime; l'origine et les conditions vitales des organismes du fond de la mer. Nous commençons donc à rassembler les matériaux d'une géographie à venir des organismes marins. Il y a certains groupes d'animaux terrestres dont la distribution peut être déterminée isolément et qui sont inutilisables pour nos projets généraux. Tels sont les papillons. Facilement emportés par les courants d'air, ils ne sont pas arrêtés par les barrières géologiques, même par les plus importantes, comme celle qui depuis l'époque tertiaire s'est élevée entre l'Australie et l'Inde ou qui plutôt a été creusée au fond de la mer (1). Il en est de même des chauves-souris, ainsi que des oiseaux voyageurs, des oiseaux de proie et des oiseaux d'eau, tandis que, comme le montre Wallace, les autres ordres de cette classe sont, dans les zones terrestres chaudes, des habitants très-fidèles et très-stables de leurs districts souvent limités et paraissant inviter à l'émigration. Il ne reste donc que les mammifères, dont l'origine ne peut être établie d'une manière certaine, lorsque l'on compare leur cantonnement actuel — expression que nous empruntons à Rütimeyer — avec les régions occupées jadis par leurs ancêtres; comparaison d'où résultent du reste des points de vue généraux, pour l'appréciation des causes de la distribution géographique actuelle des organismes.

Si dans la détermination préparatoire des faits, on se borne aux mammifères à l'exclusion des cétacés et des chauves-souris, un premier examen superficiel suffira à montrer que pour chaque espèce et même chaque famille, il existe un district de plus grande étendue, un centre de distribution d'où sont partis les rayonnements, selon la commodité et les caractères du terrain. Le lion et le tigre, l'élé-

---

1. G. Koch, *Die indo-australiche Lepidopterenfauna in ihrem Zusammenhange mit den drei Hauptfaunen der Erde* (la faune de lépidoptères indo-australienne dans ses relations avec les trois faunes principales de la terre. 2ᵉ édition, Berlin, 1873).

phant et le chameau sont répandus sur une région déterminée ; ce n'est pas seulement la situation géographique
qui distingue les singes du nouveau monde de ceux de
l'ancien continent; il y a aussi des caractères de famille.
Les marsupiaux sont pour la grande partie concentrés en
Australie, les paresseux et les tatous dans l'Amérique du
sud. Et ces exemples faciles à multiplier montrent comment
les individus d'espèces disséminées au loin et les espèces elles-
mêmes sont sortis de points isolés de la surface terrestre et
se sont répandus sur le domaine de distribution actuellement admis. A cette observation vient s'en ajouter une autre : pendant les périodes terrestres écoulées, les mêmes
groupes avaient les mêmes centres de distribution : c'est
ainsi par exemple, que le Brésil qui possède actuellement
des paresseux et des tatous était autrefois habité par de
nombreuses espèces, généralement colossales, de ces familles
et que l'Australie a livré les restes fossiles les plus nombreux
et les plus considérables de marsupiaux. La constance de
cette localisation nous paraît très-importante; et nous expli-
quons la « répétition » de ces formes par la dérivation.

Si nous parvenons à relier entre eux les centres de distribution qui au premier abord paraissent excessivement nombreux, à en réduire le nombre autant que possible, car
selon nous, les mammifères n'ont eu qu'un seul point de
départ, si nous parvenons en outre à faire cadrer avec ces
résultats la succession géologique des organismes que nous
étudions, c'est-à-dire la distribution horizontale avec la
distribution verticale, le problème que s'est proposé la géographie animale sera bien près d'être résolu. Il y a donc
dans les travaux de Wallace et de Rütimeyer un progrès
très-important, car le premier a prouvé en détail que la
faune du monde insulaire australo-indien n'est nullement
indépendante, et ne se compose que de rejetons des continents, et ce dernier embrassant d'un coup d'œil l'ensemble
de la surface terrestre a ramené les centres de distribution
aux proportions les plus simples possibles.

Ce qui offre tout d'abord un grand intérêt, c'est la comparaison des faunes insulaires et des faunes continentales.

Si l'on prouvait en effet que les faunes de toutes les îles ne
sont que des appendices des faunes continentales, le problème serait déjà extraordinairement simplifié. Suivons la
lumineuse analyse de l'origine des îles, par Peschl (1), elle
traite d'abord des fragments de continents. Il y a un grand
nombre d'îles que l'on peut reconnaître immédiatement
comme des fragments de continents encore existants, telles
sont la Grande Bretagne et les grandes îles asiatiques.

Par contre Madagascar avec les Seychelles n'est point,
comme on pourrait le penser, un membre de l'Afrique, mais
le reste d'un ancien continent dont la flore et la faune sont
très-originales. Les autres îles proviennent de volcans sous-
marins ou de coraux, et dans ce dernier cas elles sont édi-
fiées sur des terres plongées sous les eaux. Il est évident que
sur les îles d'origine volcanique ou corallienne, on ne trouve
d'autres animaux que ceux qui y parviennent en nageant ou
en volant. Si l'on y trouve des mammifères, c'est donc qu'ils
ont été débarqués par l'homme ou qu'ils y sont parvenus par
un hasard extraordinaire. Plus ces îles seront anciennes,
plus elles seront riches en organismes. Inversement, les
îles détachées des continents seront d'autant plus riches
qu'elles seront plus récentes, témoin la Grande Bretagne.
Plus la faune diffère, et plus doit être long le temps écoulé
depuis la séparation. C'est à ce point de vue par exemple
que l'on envisage la Tasmanie et l'Australie; et si la Nouvelle Zélande peut se rattacher à l'ancien continent australien, la séparation eut lieu à une époque si éloignée qu'il
n'en jaillit aucune lumière sur la physionomie actuelle du
monde animal de la Nouvelle Zélande et vice versâ.

Wallace a, dans la description de ses voyages dans l'archipel malais, donné un exemple de recherches de géographie animale. Déjà, plusieurs années auparavant,
G. Windsor avait émis l'idée que les grandes îles de Sumatra, de Bornéo, de Java ont été réunies avec le continent
asiatique par une mer moins profonde. D'autre part la Nouvelle Guinée et quelques îles voisines de l'Australie, qui

____

1. Peschl, Neue Probleme der vergleichenden Erdkunde (nouveaux problèmes de géographie comparée), 1870.

sont comme cette dernière caractérisées par les didelphes,
font penser aussi à une mer assez basse. Wallace a caractérisé
d'un manière plus précise cette séparation par une ligne qui
désigne un abaissement plus grand du fond de la mer. Elle
passe au-dessous des Philippines, laisse Célèbe au sud,
traverse le détroit de Macassar et sépare les deux petites îles
de Bali et de Lombok. Nous suivrons maintenant la description de Wallace, dont nous communiquerons divers passages (voir l'ouvrage indiqué, page 10 et suivantes).

« On accorde généralement aujourd'hui que la distribution actuelle des êtres vivants à la superficie du globe est
surtout le résultat de la dernière série de modifications que
cette surface a subies. La géologie nous apprend que la surface terrestre et la distribution de la terre et de l'eau sont
toujours soumises à de légers changements et que, pendant
le cours des périodes dont nous possédons des témoignages,
les formes vitales participent elles-mêmes à cette transformation graduelle. Pour l'archipel malais, nous trouvons
que le vaste bras de mer qui sépare les îles Java, Sumatra et
Bornéo les unes des autres et de Malacca et de Siam est assez
peu profond pour que des vaisseaux y puissent ancrer, la profondeur dépassant rarement 40 brasses. En descendant jusqu'à
100, nous pouvons comprendre également dans notre énumé-
ration les Philippines et Bali à l'est de Java. Si donc ces îles
ont été séparées les unes des autres et du continent par l'affaissement des bandes de terre qui les réunissaient, nous
pouvons conclure que la séparation est relativement récente,
vu la faible distance entre les parties submergées et le niveau de la mer. Interrogeons maintenant la zoologie de ces
pays; elle nous fournira les preuves les plus convaincantes
à l'appui de l'hypothèse que nous avons émise, savoir que
ces grandes îles ont appartenu autrefois au grand continent
et n'en ont été séparées que pendant une période géologique
très-récente. L'éléphant et le tapir de Sumatra et de Bornéo, le
rhinocéros de Sumatra et l'espèce javanaise semblable, le
bœuf sauvage de Bornéo et la forme javanaise que l'on a considérée si longtemps comme particulière, toutes ces formes,
on le sait maintenant, se rencontrent çà et là sur le continent

dans l'Asie méridionale. Il est impossible que ces grands animaux aient autrefois franchi les détroits qui séparent actuellement ces pays, et leur présence prouve clairement qu'il dut y avoir communication lorsque les espèces se produisirent. Il y a un grand nombre de petits mammifères qui sont communs à toutes les îles et au continent; mais les grandes modifications physiques qui doivent s'être produites depuis la séparation et l'affaissement de ces grandes étendues de terre ont amené la disparition de quelques-uns d'entre eux ; d'autre part il semble que, dans quelques cas, il se soit écoulé un temps suffisant pour des transformations d'espèces. Les oiseaux et les insectes confirment cette manière de voir ; en effet chaque famille et presque chaque genre de ces groupes que l'on trouve sur quelques îles appartiennent aussi au continent asiatique, et dans un grand nombre de cas, les espèces sont complétement semblables. Les oiseaux nous offrent une des meilleures manières de déterminer la loi de la distribution; car s'il paraît au premier abord que les oiseaux peuvent franchir facilement les étendues d'eau qui séparent les quadrupèdes, il n'en est cependant pas ainsi.

« Admettons par exemple que les oiseaux aquatiques soient éminemment migrateurs, il n'en sera pas moins vrai que les autres et surtout les passereaux qui forment la majorité, seront en général aussi étroitement séparés par les bras de mer et les détroits que les quadrupèdes. Il est par exemple un fait digne de remarque : c'est que Java possède nombre d'oiseaux qui ne s'envolent pas à Sumatra, bien que ces îles ne soient séparées que par un détroit large de 15 milles anglais et qu'il y ait des îles au milieu du trajet. En réalité Java possède plus d'oiseaux et d'insectes particuliers que Sumatra et Bornéo, ce qui prouve que c'est l'île de Java qui s'est la première séparée du continent. Bornéo vient ensuite, par ordre d'originalité des organismes; par contre, les formes animales de Sumatra coïncident à tel point avec celles de la presqu'île de Malacca, que l'on peut conclure avec certitude que l'île de Sumatra s'est séparée la dernière.

« Les Philippines ressemblent sous beaucoup de rapports

à l'Asie et à ses îles, mais elles présentent quelques modifications qu i semblent indiquer qu'elles se sont séparées à une période plus récente, et que depuis cette époque, leurs conditions physiques ont subi une série de transformations.

« Tournons-nous maintenant vers le reste de l'Archipel, nous voyons que toutes les îles à l'est de Célèbe et de Lombok présentent en général une ressemblance aussi surprenante avec l'Australie et la Nouvelle Guinée que les îles occidentales avec l'Asie. On sait que les phénomènes naturels de l'Australie et l'Asie diffèrent plus entre eux que ceux des quatre anciennes parties du monde. L'Australie est réellement à part. Elle n'a ni singes, ni chats, ni loups, ni ours, ni hyènes ; pas de cerfs ni d'antilopes, de moutons ni de bœufs, pas d'éléphants ni de chevaux, d'écureuils ni de lapins ; bref aucun de ces types de famille de quadrupèdes, que l'on rencontre dans toutes les autres parties du monde. Elle n'a pour les remplacer, que des marsupiaux, des kangourous, des opposums, et des ornithorhynques. Les oiseaux aussi sont presque tous spéciaux au pays. On ne voit ni pies, ni faisans, familles qui se trouvent partout ailleurs. Ils sont remplacés par les poules pattues élevant de petites élévations sur le sol, les méliphagidées, les cacadus et les loriots à langue en pinceau, qui ne se voient nulle part ailleurs. Tous ces animaux bizarres se rencontrent aussi dans les îles qui forment la partie méridionale de l'Archipel malais.

« Le contraste tranché qui existe entre les deux divisions de l'Archipel ne saute jamais aussi subitement aux yeux que lorsqu'on passe de Bali à Lombok par les points les plus rapprochés de ces deux îles. A Bali nous avons des oiseaux à barbe, des grives à fruit et des pies ; on ne les voit pas à Lombok, mais on rencontre une foule de cacadus, de méliphagidées, de poules pattues qui sont à leur tour inconnus à Bali et dans toutes les îles occidentales. La largeur du détroit à l'endroit indiqué est de 15 milles anglais, de sorte que l'on peut en deux heures passer de l'un à l'autre de ces deux grands districts qui sous le rapport de leur population animale diffèrent aussi profondément l'un de l'autre que l'Europe et l'Amérique (1). Si de Java ou Bornéo, on se dirige vers Célèbes ou vers les Moluques, la différence est encore plus surprenante. Là les bois sont remplis de singes, de chats, de cerfs, de chats du Thibet et de civettes, et l'on rencontre des formes nombreuses d'écureuils. Ici aucun de ces animaux ; le kouskous avec le singe à queue prenante est presque le seul mammifère terrestre, excepté toutefois le cochon sauvage qu'on rencontre dans toutes les îles, et les cerfs de Célèbes et des Moluques, animaux probablement importés depuis peu. Les oiseaux qui se présentent en grand nombre dans les îles occidentales sont des pies, des oiseaux à barbe, des grives à fruit et des grives de feuillage ; on les trouve en abondance et ils donnent au pays sa physionomie ornithologique caractéristique. Ils sont tout à fait inconnus dans les îles orientales, où les méliphagidées et les petits loriots sont les oiseaux les plus communs, en sorte que le naturaliste se croit en quelque sorte transporté dans un monde nouveau et qu'il lui est difficile de s'imaginer qu'en quelques jours, sans perdre la terre de vue, il est passé d'une région dans une autre.

« De ces faits nous devons incontestablement conclure que les îles situées à l'est de Java et de Bornéo forment une partie essentielle d'un ancien continent australien ou pacifique, bien que quelques-unes d'entre elles peut-être n'y aient jamais été reliées véritablement. Ce continent doit s'être brisé avant que les îles occidentales ne se fussent séparées de l'Asie et même, selon toute apparence, avant que la pointe sud-est de l'Asie n'eût émergé de l'Océan ; en effet on sait qu'une grande partie de Bornéo et de Java appartient à une formation géologique récente, tandis que la grande différence des espèces, et même souvent des genres, des produits des îles malaises orientales et de l'Australie, de même que la grande profondeur de la mer qui les sépare maintenant, permet de conclure à une période d'isolement relativement longue.

« Quant à ce qui concerne les rapports des îles entre elles, il est intéressant de remarquer qu'une mer peu profonde indique

____

1. Ceci n'est pas très-exact, on serait plus près de la vérité, en disant : l'Europe et l'Amérique du Sud.

toujours une communication terrestre récemment supprimée. Les espèces de mammifères et d'oiseaux des îles d'Aru,
de Mysol, de Vaigin et de Jobie sont complétement identiques à celles de la Nouvelle-Guinée, et on remarque qu'elles
sont réunies avec la Nouvelle-Guinée par une mer peu profonde. En réalité la ligne de cent brasses de la Nouvelle-
Guinée indique exactement la distribution des vrais oiseaux
de paradis.

Il est encore un point très-intéressant à rattacher à la
théorie de la dépendance entre les formes vitales spécifiques
et les conditions extérieures : il faut remarquer en effet que
l'Archipel semble partagé en deux régions caractérisées par
une étonnante diversité de leurs produits naturels. La ligne
de démarcation ne coïncide en rien avec les divisions physiques ou climatériques, essentielles de la surface. Nous
n'ajouterons que quelques mots : Bornéo et la Nouvelle-
Guinée, qui, par les conditions physiques, se ressemblent
autant que peuvent le faire deux pays distincts, sont diamétralement opposées sous le rapport zoologique, l'Australie
au contraire avec ses vents secs, ses plaines ouvertes, ses déserts pierreux et son climat tempéré, possède cependant des
oiseaux et des quadrupèdes qu'une étroite parenté réunit
avec les animaux habitants des forêts chaudes et humides qui
recouvrent partout, des plaines aux montagnes, le sol de la
Nouvelle-Guinée.

Si les diverses parties de ce monde insulaire paraissent être
des membres extrêmes détachés de deux continents, leurs
faunes complétement différentes rappellent aussi cette origine : Wallace en donne les preuves les plus convaincantes.
De même l'Archipel méditerranéen et l'Archipel indo-oc-
cidental n'ont pas de caractère particulier, mais la flore et
la faune sont empruntées aux continents voisins. Il a été
question plus haut de Madère et de ses escargots terrestres.
Les faunes insulaires n'exigent donc point l'hypothèse de plus
de centres de création que les continents n'en présentent, et
Rütimeyer a tenté de ramener à deux points de départ l'origine des oiseaux et des mammifères. Il est un grand nom-
re de faits de géographie animale qui ne peuvent s'expli-

quer que par l'hypothèse de l'existence antérieure d'un continent occidental dont le continent australien est un vestige. C'est en Australie que se concentrent les marsupiaux actuels. Leur présence dans la partie sud-ouest de l'Archipel Malais, y compris la Nouvelle-Guinée, semble indiquer que c'est de là qu'ils ont rayonné. Rien n'indique que des descendants de ceux qui pendant les périodes primitives, à dater de la période jurassique, existaient sur l'hémisphère boréal et que d'autres marsupiaux, venant du continent méridional, se soient avancés vers l'équateur. Le doute ne pourrait être permis que pour la sarigue si répandue dans l'Amérique du Sud ; mais ce doute est levé quand on considère un grand nombre d'animaux analogues qui sont tous étrangers à la population américaine prédominante et indiquent une imigration qui date probablement de l'époque tertiaire ; toutefois on peut aussi penser avec Rütimeyer « que des mammifères sans placenta ont été créés aussi en dehors de l'Australie. » Il faut surtout citer les oiseaux aptères, notamment ceux qui sont réunis anatomiquement et systématiquement et que nous trouvons aujourd'hui répandus sur les continents et quelques grandes îles. Le casoar de la Nouvelle-Hollande et le casoar américain, les oiseaux gigantesques de Madagascar et de la Nouvelle-Zélande dont la race est éteinte, l'autruche africaine qui s'est avancée du sud vers le nord ne peuvent être venus au monde dans leur isolement actuel. Les mêmes conclusions s'imposent, à propos des mammifères que Linné a nommés brutes, et que leur denture incomplète a fait nommer édentés, par les modernes. Il faut y joindre aussi, si l'on admet cette dernière nomenclature, les ornithorhynques de Tasmanie. Ceux-ci occupent certainement le dernier degré parmi les mammifères actuellement vivants ; les autres édentés ne sont pas moins étrangers aux ordres supérieurs ; et leur présence d'une part dans le sud de l'Amérique, de l'Afrique et de l'Asie, de même que l'impossibilité de les faire venir d'un ancien centre commun situé dans l'hémisphère septentrional rappellent ce pays méridional disparu, qui aurait été également la patrie des ancêtres des makis de Madagascar. « Faudrait-il, dit Rütimeyer, considérer comme illusoire l'hypothèse d'une terre polaire recouverte en partie par l'Océan, en partie par la glace? Cette hypothèse devrait-elle nous paraître sans fondement à nous dont le pays est ainsi sorti d'une couverture de glace s'étendant sur l'hémisphère septentrional, à nous qui sommes encore, au milieu de nos glaciers, entourés des scènes à peine disparues de la vie arctique? Ou bien serait-il difficile d'admettre que des animaux presque exclusivement végétivores et insectivores, marsupiaux, paresseux, tatous, pangolins, fourmiliers, myrmécophages, autruches aient trouvé dans l'hémisphère sud un véritable centre de réunion, dont nous rencontrerions encore les vestiges dans la flore actuelle de la Terre de Feu, du Cap et de l'Australie? Cette hypothèse serait-elle invraisemblable dans un moment où Meer vient d'exhumer les forêts fossiles de Smithsund et du Spitzberg?

Après avoir tenté de reconstruire le continent méridional, à l'aide d'une partie des restes épars de sa faune hétérogène, Rütimeyer cherche des preuves de l'hypothèse à laquelle on est conduit en général par l'observation de la marche de la formation de la terre : les animaux d'eau douce et avec eux les animaux terrestres seraient sortis de la mer.

Les poissons sirénoïdes qui forment une curieuse petite division (*Lepidosiren Protopterus*) et qui pendant la saison chaude ont la respiration aérienne, ne peuvent être considérés comme des reptiles qui s'adaptent à la vie dans l'eau. C'est l'inverse qui a lieu. L'organe qui sert aux poissons d'appareil hydrostatique, la vessie natatoire, leur sert de poumon. Des tortues de terre, il faut remonter aux tortues d'eau et de celles-ci à ces habitants de la mer qui se sont rattachés aux énalio-sauriens si répandus dans le Jura. L'histoire du développement et de la vie des crustacés terrestre nous montre de la manière la plus nette, comment l'habitant de la mer se transforme en animal terrestre, problème spécial que Fritz Müller, comme nous l'avons déjà mentionné, a complétement résolu, et mis en honneur « pour Darwin ». Quant aux sirènes que l'on range ordinairement, mais à tort, parmi les cétacés et dont la plupart se tiennent de préférence devant les embouchures des grands fleuves, il y a une espèce qui a complétement pénétré dans les eaux continentales africaines, et certaines espèces de saumons, comme les esturgeons, qui alternent périodiquement entre la mer et l'eau douce sont en voie de se désaccoutumer de la vie maritime. J'ajoute, d'après mes observations personnelles, que les éponges des eaux saumâtres dépendent certainement des familles marines et que les éponges d'eau douce éveillent incontestablement la pensée de ces formes des eaux saumâtres.

Tous les exemples que nous venons de citer ont trait à des cas de transformation progressive et d'adaptation plus ou moins volontaire; mais on pourrait citer maintes circonstances remarquables dans lesquelles eurent lieu des isolements complets et presque subits. Je veux parler des soulèvements qui transformèrent en lacs certaines parties de la mer. On verra par les belles observations de Lovén sur les animaux des lacs Wener et Wetter et celles de Malmgren sur ceux du Ladoga, quelles modifications ont subies les poissons et les crustacés ainsi séparés. Le naturaliste dont nous venons de citer le nom a prouvé que le saumon des Alpes (*Salmo salvelinus*) est sorti de la mer polaire et qu'il a un frère germain dans le *Salmo alpinus* scandinave.

Rütimeyer est d'avis que l'étude spéciale de la faune d'eau douce et de la population de la mer expliquera le fait du cosmopolitisme des animaux d'eau douce et les relations qui unissent le monde animal antarctique au *monde animal arctique*. Pour le moment toutefois ces deux grandes provinces animales, limitées aux classes des animaux supérieurs à sang chaud, présentent une opposition assez tranchée. Nous possédons quelques rares fossiles qui semblent attester qu'à l'époque du Jura l'hémisphère septentrional était habité par un petit nombre de mammifères. Il faut admettre que sur le continent sud, les marsupiaux conservant leur caractère avaient à fournir et donnaient la preuve de leur faculté d'adaptation, tandis que de l'autre côté de l'équateur, les mammifères issus des premiers avaient une tout autre physionomie : celle dont témoignent encore aujourd'hui sur toute la surface de la terre, du nord au sud, les restes de ces animaux qui ont persisté davantage. Mais si, pour leur origine, nous en sommes réduits à combiner des faits et déduire des hypothèses, nous voyons clairement au contraire la solidarité historique qui réunit les mammifères actuels de l'ancien monde et de la plus grande partie du nouveau monde, avec leurs prédécesseurs jusqu'à l'époque tertiaire la plus reculée.

Les restes des mammifères primitifs dont il s'agit ici se trouvent dans les dépôts éocènes de la Suisse et dans les couches correspondantes de la France et du sud de l'Angleterre. Des bords du plateau du Jura, on n'eût vu ni Alpes ni terre ; et nous retrouvons aujourd'hui jusque dans la Chine les vestiges de la mer qui environnait ce plateau. Les mammifères connus de cette période, s'élèvent au moins au nombre de 70 espèces, d'après le tableau que Rütimeyer a dressé en 1867. Ce sont pour la plupart des ongulés, c'est-à-dire des herbivores ; et la moitié au moins de ceux-ci se compose de pachydermes. Ce rapport est complétement altéré aujourd'hui, et la terre tout entière nourrit à peine ce nombre de pachydermes. Seul le porc représente cette division en Europe et les ruminants prédominent partout. L'Afrique, avec sa population animale actuelle, peut être comparée à peu près à l'Europe éocène. Il faut à ces ongulés ajouter un grand nombre de carnivores analogues aux civettes et aux hyènes, que l'on voit encore aujourd'hui en Asie comme en Afrique ; de plus les ruminants, semblables au bœuf musqué, qui sont représentés dans cette faune primitive sont encore maintenant asiatiques et africains ; enfin les sarigues qui étaient autrefois françaises continuent à vivre dans l'Amérique centrale et l'Amérique du Sud ; aussi nous semble-t-il que la faune tertiaire la plus ancienne de l'Europe forme la base d'une société vraiment continentale vivant aujourd'hui sur la zone tropicale des deux mondes, mais représentée de la manière la plus complète en Afrique » (R.)

Représentée par de nombreux et puissants gisements de fossiles, la vie animale de l'époque tertiaire moyenne et nouvelle nous permet de tracer d'elle-même une image bien plus variée. Vouloir indiquer d'étroites limites dans l'intérieur de ces périodes est tout à fait impraticable ; de localité à localité, de couche à couche il y a dépendance mutuelle ; nulle part il ne se présente une espèce qui ne puisse être dérivée d'une autre, et notre champion dit que l'anatomie, la morphologie, la paléontologie, la distribution géographique ne lui ont paru présenter aucune théorie avec plus d'énergie et de conséquence que celle-ci : « il n'existe pas d'espèces séparées d'un genre, c'est-à-dire d'espèces n'ayant réellement aucun lien historique et par suite aussi aucun lien autrefois local avec une souche primitive. » La localité la plus célèbre par des découvertes de mammifères tertiaires est Pikermi, à quelques lieues d'Athènes. On y voit accumulés des squelettes entiers et des parties de squelettes dont les contrées les plus peuplées de l'Afrique peuvent, d'après les descriptions de Livingstone, nous donner une idée.

Les carnivores sont encore moins nombreux que les herbivores, cependant les félins se montrent, et quelques-uns des grands animaux féroces tertiaires sont aussi répandus que l'est le tigre actuellement. Le domaine du *Machairodus* s'étendait alors sur une grande partie de l'Amérique et de l'Europe. Mentionnons également ici que les animaux analogues au chien ne paraissent qu'un peu plus tard et que les ours ont une origine encore plus récente. Les ongulés à leur tour sont richement représentés. Les multiongulés continuent toujours à prédominer. Ce sont les porcs et les animaux analogues au bœuf musqué qui persistent avec le plus de constance. Seulement au tapir qui se rattache aux anciennes formes viennent se joindre le rhinocéros, les chevaux proprement dits et les éléphants. Le rhinocéros arrive pour ainsi dire sans transition et l'origine des mastodontes, considérés comme la forme d'éléphants la plus ancienne, est jusqu'à ce jour tout à fait inexpliquée (1). Cependant si

1. La dépendance mutuelle du mastodonte et de l'éléphant n'en est que plus claire. Entre le mastodonte pliocène de Borsonius et l'*Elephas primigenius* viennent se ranger 20 espèces auxquelles appartiennent nos éléphants encore vivants, l'espèce indienne et l'espèce africaine. La limite des deux genres se

nous cherchons en vain la forme souche la plus rapprochée de la faune des mammifères éocènes, il existe même pour l'Europe et pour l'Asie une série de signes indiquant que « la plupart des genres éocènes doivent être considérés comme de vraies formes-racines des genres miocènes (R). » Cela résulte des découvertes faites dans le *Nébraska* dans l'Amérique du Nord. Là certains genres importants qui, de même que le *Palæotherium*, vivaient dans l'ancien monde pendant la période éocène se sont réfugiés dans la société des nouveaux genres. Nous y trouvons aussi des formes intermédiaires entre le lama et le chameau, ce qui donne dans ce cas une signification réelle à ce mot de formes analogues qui n'avait pas autrefois de signification réelle. Nous trouvons de plus dans le Nébraska les chevaux triongulés (*Anchiterium*), et nous connaissons ainsi l'origine des chevaux uniongulés dans l'ancien et dans le nouveau monde.

Ce qui s'est passé depuis dans l'ancien monde se réduit à l'extinction d'un grand nombre de pachydermes, à la diminution des rhinocéros, éléphants, tapirs, hippopotames et au développement très-important des ruminants proprement dits et des bœufs qui en procèdent en exagérant la formation de la tête. Les ours et les chiens occupent le terrain où dominaient autrefois les civettes et les hyènes, mais parmi les civettes il y en a un grand nombre, qui, localement et historiquement limitées, sont restées en possession de leur ancien domicile et cet habitat selon toute apparence s'agrandissait continuellement. Le plus grand nombre des espèces de la petite faune se trouvait dans ce cas. Ces modifications graduelles sont des phénomènes du même ordre que ceux dont nous sommes encore témoins. Il est impossible de les interpréter autrement.

Comment les faits se sont-ils passés en Amérique ? Pour répondre à cette question, nous mettons sous les yeux du

---

trouve ainsi complétement effacée. L'*Elephas primigenius*, le mammouth lui-même, se partage, selon d'autres indications, en quatre variétés géographiques au moins, parmi lesquelles prennent place des espèces américaines. On a trouvé dans les cavernes de Malte une espèce d'éléphants nains qui, par la structure des dents, se rattachent aux espèces africaines.

lecteur l'exposition magistrale de Rütimeyer : « dès le premier abord l'Amérique dans sa structure, présente à la distribution des animaux une base très-différente de celle de l'ancien monde. Les chaînes de montagnes de l'ancien continent ne sont interrompues que çà et là dans la direction des degrés de longitude; elles divisent ce continent tout entier en zones montagneuses correspondant à la distribution de la température; elles prescrivent ainsi des voies déterminées de l'est à l'ouest, à la distribution des animaux; mais elles empêchent le passage du nord au sud, moins par leur hauteur que par la délimitation presque immédiate qu'elles établissent entre le nord et le sud. Derrière cette muraille et notamment dans la direction de la mer Caspienne à la Chine s'étend une zone de steppes et de déserts qui emprisonnent les animaux des bois, plus sûrement encore que les montagnes. En Amérique les animaux féroces et même les herbivores peuvent s'avancer sans obstacle depuis la région des prairies du Mackenzie, à travers les bois de sapins du Lac Supérieur, jusqu'à celle des magnolias aux environs de Mexico. 40 à 50 degrés de latitude séparent les extrémités qui se touchent à l'Himalaya. Les grandes plaines et les larges systèmes de fleuves semblent presque inviter aux émigrations. La concordance de toute la vie animale à Mexico et dans la Guyane montre du reste que l'isthme de Panama n'est qu'une bien faible barrière entre le nord et le sud de l'Amérique, dans ce pays où les larges bassins des fleuves se succèdent sans être séparés par des hauteurs considérables. Il n'y a pas du reste une seule étendue de terrain qui soit dépourvue de végétation, depuis les lacs du Canada, jusqu'en Patagonie.

« On ne sera pas loin de la vérité si l'on attribue en grande partie à cette circonstance la prodigieuse extension des mammifères fossiles et des mammifères actuels de l'Amérique. Nous avons déjà vu que la faune miocène du Nébraska est fille de la faune éocène de l'ancien monde. Le monde animal pliocène de Niobrara qui gît enfoui dans le même sol que celui de Nébraska, mais dans des couches de grès plus récentes, le prouve à un haut degré. Les éléphants, les tapirs, les chevaux, formant de nombreuses espèces, diffèrent à peine de ceux de l'ancien monde. Les porcs, à en juger par leur mâchoire, descendent des palæochœrides européens miocènes. Les ruminants sont représentés par les mêmes genres et en partie par les mêmes espèces que dans les couches analogues européennes; on y trouve des cerfs, des moutons, des bisons; les carnivores et toute la faune de petite taille ne font pas exception à la règle. Beaucoup de genres qui portent évidemment le cachet de l'ancien monde se sont avec le temps avancés très-loin vers l'Amérique du Sud et ne s'y sont éteints que peu avant l'arrivée ou même avec la collaboration de l'homme : parmi eux on compte les deux espèces de mammouths des Cordillères et les chevaux de l'Amérique du Sud dont les successeurs actuels ont atteint par une voie beaucoup plus courte ce continent insulaire. Il y a même une espèce d'antilope et deux autres ruminants à cornes (*Leptotherium*) qui se sont frayé un chemin jusqu'au Brésil. On connaît aujourd'hui deux espèces de tapirs dont la mâchoire, même aux yeux de Cuvier, ne présente pas de différence sensible avec celle du tapir indien; deux espèces de porcs dont les dents de lait permettent encore de reconnaître le caractère de la forme-souche; un grand nombre de cerfs avec des lamas; l'un d'eux né d'abord en Amérique et rejeton ultérieur des *Anoplotherium* éocènes : restes vivants de cette ancienne colonie de l'est qui n'est pas parvenue sans pertes sensibles à sa résidence actuelle. Il n'est guère permis de douter qu'une grande partie des animaux féroces qui dans le diluvium de l'Amérique du Sud ont conservé une parenté de souche plus accusée qu'aujourd'hui avec les animaux de l'ancien monde, n'y soient parvenus par cette voie. Souvenons-nous maintenant que le *Cœnopithecus* éocène d'Egerkingen rappelait d'une manière évidente le singe actuel américain et que l'on trouve des didelphes (sarigues) dans les mêmes terrains de l'Europe; nous serons tentés de penser que ce furent principalement les quadrumanes invités au séjour sur les arbres, de même que les sarigues, qui s'accoutumèrent aux immenses forêts de leur nouvelle patrie et qui d'un nouvel essor créèrent une grande quantité de formes spéciales, sans toutefois avoir atteint la hauteur du développement de leurs ancêtres restés dans l'ancien monde.

« C'est ici le lieu de revenir sur une observation que nous avons déjà faite : les animaux émigrant vers le sud du nouveau monde ne le trouvèrent point vide de mammifères : il était déjà occupé en foule par les représentants édentés d'une faune antarctique ou du moins méridionale. La faune diluvienne de l'Amérique du Sud, telle que Lund, Castelnau et Weddel l'ont trouvée dans les cavernes du Brésil et l'alluvium des pampas, comprenait en effet 118 espèces dont nous venons de mentionner quelques-unes. Il n'y avait pas moins de 35 espèces d'édentés; et tous ces animaux étaient d'une taille considérable. Négligeons 36 rongeurs et chauves-souris, et en général la petite faune; ils forment presque la moitié des grands animaux diluviens de l'Amérique du Sud. La famille des édentés, qui selon toute vraisemblance y avait précédemment fixé sa demeure, opposa au contraire une assez grande résistance à l'invasion qui venait du nord.

« On conçoit que les mêmes influences extérieures qui conduisaient toujours plus avant l'invasion des enfants de l'hémisphère septentrional, pouvaient également inviter les membres de la faune antarctique à s'étendre vers le nord. De même qu'aujourd'hui nous trouvons au Guatémala et au Mexique, la forme étrangère du paresseux, du tatou et du myrmécophage, au milieu d'une société animale qui se compose en grande partie de genres vivant encore actuellement en Europe, de même à l'époque diluvienne, nous trouvons déjà de gigantesques paresseux répandus au loin dans le nord. Le *Mégalonyx Jeffersonii* et le *Mylodon Harlemi*, dont l'origine est l'Amérique du Sud, se sont avancés jusque dans le Kentucky et le Missouri. Ils sont aussi étrangers dans le pays des bisons et des cerfs que le sont les mastodontes dans les Andes de la Nouvelle-Grenade et de la Bolivie. Le mélange et la pénétration de deux groupes de mammifères d'origine complétement différente sur l'immense étendue presque tout entière des deux moitiés du nouveau continent, forment principalement le caractère prédominant de son monde animal, et il est caractéristique que, dans chaque groupe, le nombre des représentants et l'originalité des apparences augmentent à mesure que nous nous rapprochons de son point de départ. »

Des deux côtés de l'Océan, au nord de cette frontière aux contours irréguliers de la faune antarctique ou méridionale, nous sommes donc au milieu du monde animal diluvien qui des anciens continents, par un passage voisin du pôle nord, s'étendit vers le continent américain et y conserva longtemps, dans les mastodontes et les chevaux, son ancienne apparence.

L'ordre actuel des choses, le cantonnement des animaux a été déterminé sous plusieurs rapports et modifié par de puissantes formations glaciaires prolongées pendant de longues périodes. C'est ainsi que s'explique la concordance de tant de plantes des régions les plus élevées du nord avec les plantes alpestres, lorsque la flore européenne, venant de l'est, eut fait son apparition. A dater de cette époque, le renne s'est réfugié vers notre nord, les bœufs musqués ont diminué et se sont éteints dans l'ancien monde. Les espèces d'éléphants, fuyant devant la glace ne sont point revenus sur leurs pas, et le mammouth émigrant du nord-est avec un rhinocéros son compagnon de route après l'époque glaciaire ont trouvé tous deux la mort. Plusieurs d'entre eux comme le *Bos primigenius* se sont éteints, il y a à peine quelques centaines d'années à l'état d'animaux sauvages ; certains, comme l'aurochs, le castor, qui habitent l'Europe, sont près de disparaître, et d'autres encore, le cerf et le chevreuil, mourront avec les priviléges des bois et des chasses. Mais, pour presque toutes les espèces dont nous recherchons l'origine la plus rapprochée, les temps préhistoriques nous révèlent leur histoire et nous expliquent la descendance, et c'est dans la descendance que nous trouvons en traits lumineux les causes de l'origine géographique.

CHAPITRE XI

Le résultat final auquel tend la théorie de la descendance, c'est de représenter l'arbre-souche des organismes. Pour atteindre ce résultat, il faut rassembler toute cette moisson de faits que l'on peut à peine embrasser du regard et qu'ont accumulés depuis près d'un siècle la botanique et la zoologie descriptives, ainsi que l'anatomie et l'histoire du développement, et il faut, guidé par des hypothèses spéciales, en soumettre le détail à une révision, à un nouvel examen. Nous revendiquerons donc, pour la théorie de la descendance, un droit sur lequel reposent principalement les progrès de la science, c'est-à-dire celui de diriger nos recherches d'après certains points de vue déterminés et de tenir par anticipation, le vraisemblable pour vrai, en restant toujours dans les limites de l'hypothèse scientifique. Il est évident que, lorsque la théorie de la descendance ébauchée par Darwin parut au jour, on ne pouvait indiquer que les contours généraux de ce grand arbre-souche dont la science, suivant sa voie nouvelle, devait décrire les détails ; mais lorsque l'on passa aux recherches de détail, il fallut, à la fin, donner au résultat la forme d'une partie du grand arbre-souche, à moins que l'on n'eût de prime abord des motifs de supposer certaines parentés et que l'on ne vérifiât cette hypothèse. Plus grand est le nombre de rapports d'organisation observés, plus grand aussi est le groupe et moins **un** savant pourra, en dépit de ses efforts et de ses réflexions, se soustraire à l'idée d'un arbre-souche.

Ces idées sont tellement évidentes qu'il semble que l'on ne pourrait reprocher à la théorie de la descendence l'usage de cette méthode. Cependant il en est ainsi ; les défenseurs de la théorie de la descendance sont accusés de répéter sans cesse le mot de probabilité, et l'on oublie que même dans les cas où l'on a finalement prouvé que le vraisemblable n'était pas la vérité, l'hypothèse réfutée a fait faire un progrès.

La philologie nous en fournit la preuve. On sait que la comparaison philologique dans l'intérieur de la souche indo-germanique, se proposait de reconstruire la langue primitive qui fut l'origine de toutes les autres. Johannes Schmidt (1) nous montre que les formes fondamentales que l'on découvre peuvent avoir pris naissance à des époques très-différentes et que par conséqueut la langue considérée comme un tout homogène est une fiction scientifique. Cette fiction n'en a pas moins facilité singulièrement les recherches ; et l'érection d'un arbre-souche de la famille des langues indo-germaniques s'y rattache étroitement comme une hypothèse appuyée sur de nombreux indices. On admet une bifurcation : d'une part, une langue du sud de l'Europe avec les embranchements grec, italien et celte, et d'autre part l'idiome qui par une seconde bifurcation a donné naissance à la langue fondamentale du nord de l'Europe et à la langue fondamentale ancienne. Johannes Schmidt a bien prouvé que cet arbre-souche est faux, car la structure du Slavo-lettique rend impossible la première bifurcation supposée ; mais la valeur de l'hypothèse de cet arbre-souche n'en est pas pour cela diminuée : elle était le chemin de la vérité.

Dans notre science, Haeckel a fait l'usage le plus étendu du droit que l'on possède d'élever des arbres-souches destinés à indiquer la voie des investigations ; il ne s'agit point de savoir si à plusieurs reprises Haeckel n'a pas été forcé de

---

1. Johannes Schmidt : *Die Verwandschaftsverhaeltnisse der indo-germanischen Sprachen,* 1872.

se corriger lui-même, ou si d'autres naturalistes n'ont point relevé ses erreurs. L'influence de ces arbres-souches sur le progrès de la théorie de la descendance est évidente pour celui qui jette un regard d'ensemble sur ce domaine et il ne faut pas oublier qu'une longue série de recherches poursuivies durant ces onze dernières années, a produit des résultats qui ont été fixés définitivement sous forme d'arbres-souches. Notre dessein est d'initier le lecteur à la théorie de la descendance, et nous nous bornerons à exposer quelle forme prend l'arbre-souche quand on l'applique au seul groupe des vertébrés. C'est dans ce but que nous avons construit le schéma suivant.

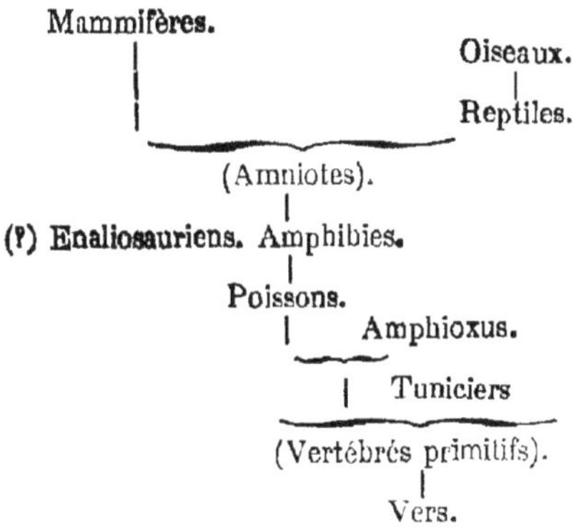

L'histoire du développement des individus fournit, comme nous l'avons déjà vu, les indications les plus importantes pour l'arbre-souche des espèces. Chez tous les vertébrés l'ébauche du germe, l'ébauche des principaux organes fondamentaux, celle de la moelle épinière et de la colonne vertébrale présentaient une concordance indiquant leur relation de parenté, mais il y avait absence apparente des caractères que la théorie exige et qui devaient indiquer l'origine située chez les animaux inférieurs. En d'autres termes, chez tous les vertébrés le souvenir de la première descendance paraissait avoir été effacé pendant le développement raccourci. Il en fut ainsi jusqu'à Kowalewsky. Ce naturaliste étudiait, il y a quelques années, le développement du vertébré le plus inférieur qui soit connu, l'amphioxus; il prouva que chez cet animal les phénomènes typiques du développement du vertébré sont précédés des périodes que la théorie avait exigées. Nous connaissons déjà cette forme de développement (pages 41 et suivantes) et nous en ferons ressortir encore une fois ici la profonde importance. L'amphioxus commence par parcourir la phase de la larve gastrula qui est vibratile et entourée d'un rebord évidé; puis ce qui doit être le côté dorsal s'aplanit et les bourrelets s'élèvent; ils se soudent bientôt au canal rachidien et, au-dessous d'eux, prend naissance cet important lacet cellulaire connu sous le nom de *chorda dorsalis*. Alors seulement l'amphioxus

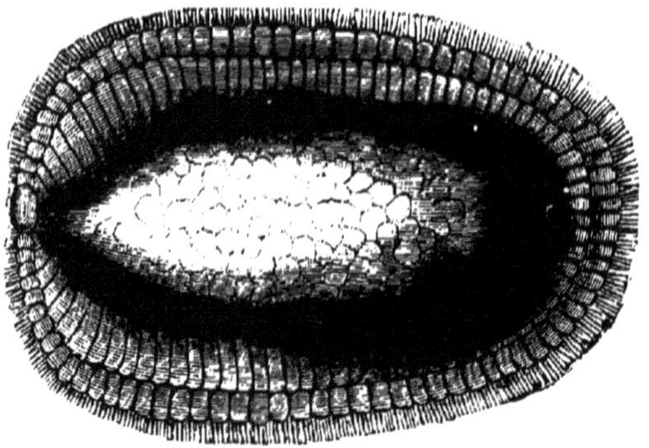

Fig. 21. — Larve d'amphioxus (d'après Kowalewsky).

se trouve vertébré, et les phases précédentes ne témoignent pas généralement d'une imperfection résultant de l'indifférence : opinion que C. E. Baër exprimait autrefois au sujet de ces phénomènes. Loin de là, ils coïncident dans leurs conditions initiale et finale, par la séparation des couches de cellules et leur totalité avec les périodes gastrula des animaux vertébrés.

Nous avons donc tout droit de considérer ces phénomènes primitifs de développement de l'amphioxus comme un souvenir des racines de la souche-vertébré et cette indication directe de la parenté des vertébrés est confirmée par une seconde et non moins importante découverte du naturaliste russe. D'après lui en effet il y a un grand nombre d'animaux à manteau de la division des ascidies qui, pendant leur développement, possèdent transitoirement la moelle épinière et l'ébauche de la colonne vertébrale. Les recherches de Kowalewsky ont été, dans tous leurs points essentiels, confirmées par Kupfer et agrandies sous beaucoup de rapports. Quant aux faits qui nous intéressent on peut les expliquer d'après la fig. 22 représentant la partie antérieure d'une larve d'ascidie dans un état assez avancé. Le corps de la larve consiste en un tronc que représente entièrement notre figure et en une queue servant de gouvernail. Les appendices antérieurs de droite sont des organes d'adhérence au moyen desquels la larve se fixe, en vue de sa transformation définitive. L'ouverture buccale prend naissance en *o;* de *d* partent la cavité branchiale et le tube digestif. A ce sujet, nous mentionnerons en passant que, chez l'amphioxus également, la partie antérieure de l'intestin primitif se transforme en cavité branchiale. Les parties les plus importantes concernant la corrélation de la larve d'ascidie avec les vertébrés sont les suivantes : Cette larve possède une véritable moelle épinière avec un cerveau faisant saillie sous forme d'ampoule (*ra*). L'ébauche et la position de cet organe coïncident exactement avec les parties correspon-

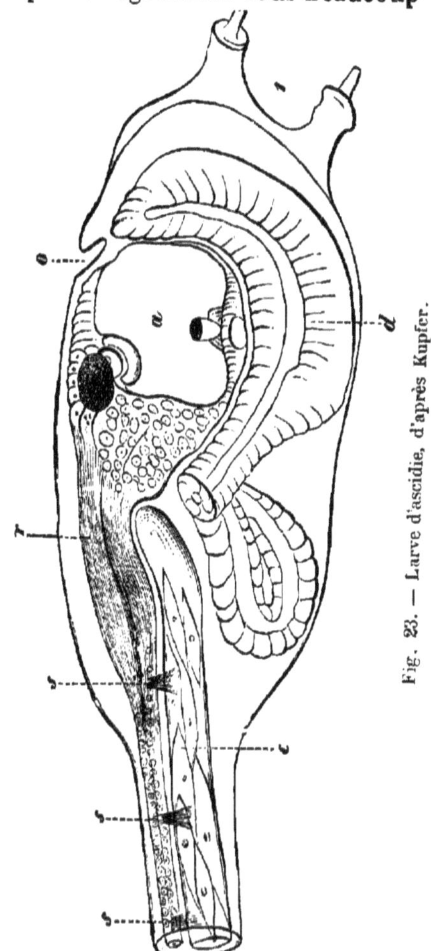

Fig. 23. — Larve d'ascidie, d'après Kupfer.

dantes du vertébré, et Kupfer a même découvert l'origine
des nerfs (*s.s.s*). Si cette observation se confirmait, elle met-
trait complétement hors de doute l'identité de l'organisme
en question avec la moelle épinière et avec les paires de
nerfs qui chez les vertébrés se détachent de cette moelle.
Nous savons du reste que ce n'est pas la moelle épinière en
elle-même qui constitue le caractère des vertébrés ; ce sont
ses rapports avec la colonne vertébrale. La larve d'ascidie (*c*)
possède cette colonne vertébrale sous forme de corde dorsale, et, comme chez le vertébré, ce rachis embryonnaire
s'insère entre l'intestin et la moelle épinière. Voilà jusqu'où
va la concordance, mais à partir de là le développement de
ces parties si importantes chez le vertébré est régressif chez
l'ascidie. La queue servant de gouvernail avec la moelle épinière et la corde dorsale qui s'y trouvent contenues disparaissent lorsque l'animal se fixe. Le cerveau de la larve ne tient
pas ses promesses ; il se contracte en un ganglion nerveux
imperceptible et l'animal à l'état complet ne permet pas de
supposer qu'il se soit jamais rattaché aux vertébrés.

Il a donc été prouvé par ces laborieuses observations que
les vertébrés n'ont pas un droit incontestable de propriété sur la
moelle épinière et sur la colonne
vertébrale, que des êtres dont l'organisation était inférieure à celle de
leurs ancêtres leur ont transmis ces
organes en héritage. Or, si les darwinistes ne s'avisent point de voir
dans l'homme un descendant direct
des singes actuels, l'idée ne leur
vient pas davantage de conclure, des
observations relatives à la larve ascidienne, que les vertébrés sont descendus des ascidies. La coïncidence
les oblige plutôt à supposer une sou-

Fig. 23. — Larve d'ascidie parvenue à sa croissance complète.

che inconnue de vertébrés primitifs, issue elle-même de quelque rameau de la division des vers qui comprend des formes
si nombreuses. De cette souche se sont séparés d'une part les

animaux à manteau dits tuniciers, que l'on peut d'ailleurs considérer comme des vertébrés manqués, et d'autre part, les vertébrés proprement dits (1).

L'amphioxus vit sur diverses plages, dans le sable, aux endroits humides ; à Messine, par exemple, on peut prendre tous les jours des milliers d'amphioxus. Cet animal est long de cinq à six centimètres, aplati comme un poisson ; il se termine en pointe en avant et en arrière ; il est presque transparent lorsqu'il est en vie. Il ne possède pas de trace de membres ; à l'extrémité caudale seulement, de légers bourrelets de la peau indiquent les nageoires latérales et dorsales. La structure intérieure est si simple que c'est à tort qu'on désigne généralement l'amphioxus comme un poisson. Le squelette se borne à la *chorda dorsalis* et à quelques baguettes carti-

1. Divers adversaires de la théorie de la descendance, voyant que l'on explorait l'arbre-souche des vertébrés et par conséquent aussi celui de l'homme, au-delà même des vertébrés, jusqu'à des êtres aussi communs que les ascidies, ont laissé éclater leur colère en expressions tranchantes, excluant toute discussion scientifique. Il en est autrement de ceux qui ont critiqué les observations de Kowalewsky et de Kupfer et qui, reconnaissant les faits, croient devoir s'écarter dans l'interprétation. Parmi ceux-ci, j'avais cru, lorsque j'écrivais mon livre, au commencement de 1872, qu'il me fallait compter M. A. Giard. Mais je n'avais lu de lui, à ce moment, qu'une critique relative à la parenté soupçonnée des vertébrés et des ascidiens, et non ses véritables travaux. Ma supposition, je le déclare avec plaisir, était erronée. M. Giard a beaucoup contribué à débrouiller l'histoire naturelle des ascidiens, et il s'est montré transformiste déclaré.

Quant à la comparaison des ascidiens avec les vertébrés, il avait dit : « La corde et l'appendice caudal sont chez la larve ascidienne des organes de locomotion d'une importance assez secondaire malgré leur généralité pour qu'on les voie disparaître presque entièrement dans le genre Molgula, où ils sont devenus inutiles par suite des mœurs de l'animal adulte ; l'homologie entre cette corde dorsale et celle des vertébrés n'est donc qu'une homologie d'adaptation déterminée à remplir l'identité des fonctions, et n'indique pas de rapports de parenté immédiate entre les vertébrés et les ascidiens. »

Encore à présent, le professeur de Lille prétend que les homologies de l'appendice des cynthia avec la queue des jeunes poissons résultent seulement d'une tendance à la production des parties homologues sous des influences identiques. C'était cette assertion que j'avais combattue et que je n'accepte pas. On peut lire à cet effet les rapports de l'association française pour l'avancement des sciences, congrès de Lille, 1874. Nous n'entrons pas ici dans les détails ; mais j'avoue que l'interprétation fournie par M. Giard sur le « développement condensé » de la Molgula me plaît beaucoup.

lagineuses de la bouche et des branchies. L'amphioxus n'a
pas de cerveau ; les organes des sens n'existent pas, si ce
n'est peut-être une cavité qui serait un organe d'olfaction ;
le cœur présente la forme utriculaire. La différence est si
grande entre cet animal et les autres poissons proprement
dits qu'il demeure possible que la voie de développement
parcourue par les poissons n'ait pas renfermé de périodes
à formes d'amphioxus.

Nos connaissances sur les relations de parenté des *poissons* peuvent se résumer dans l'arbre-souche suivant :

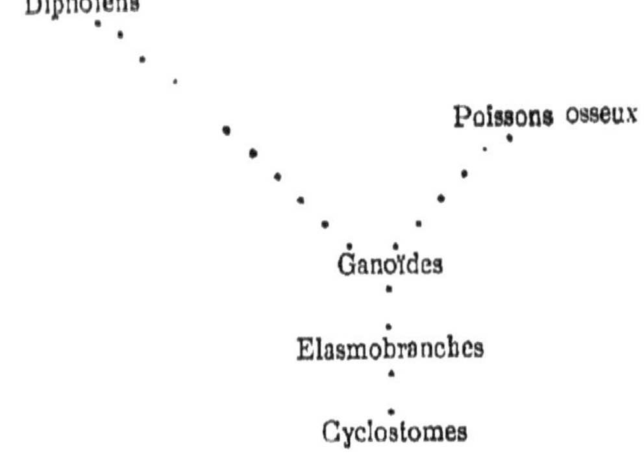

Il est vrai que les cyclostomes présentent des particularités très-importantes, telles que l'absence de membres,
le défaut de plaques osseuses ou d'écailles dans la peau,
mais le cerveau, le cœur, et la colonne vertébrale qui
s'élève bien au-dessus de celle de l'amphioxus, bien qu'elle
reste complétement cartilagineuse, permettent de les rattacher immédiatement aux poissons. Les restes fossiles de ces
animaux si connus du genre lamproie (*Petromyzon*) n'existent point ; tout au plus aurait-on pu retrouver leurs défenses.

Après ces lacunes évidentes, les ordres suivants présentent un ensemble d'autant plus facile à embrasser. Au point
de départ se trouvent les *élasmobranches*, auxquels appartiennent les chimères, les requins et les raies. Le cerveau
et les ouïes indiquent la parenté avec les cyclostomes.

Dans la constitution du crâne et du squelette de la tête, du thorax et des extrémités antérieures, dans celle du cœur et du tube digestif, il y a des formations telles que les parties correspondantes des *ganoïdes* semblent en être les développements progressifs ou les réductions, ainsi que Gegenbauer l'a montré dans ses recherches classiques. Huxley a également indiqué la manière exacte de concevoir ces relations. Il est nécessaire, du reste, pour en être pleinement convaincu, d'entrer dans l'étude des détails, sinon il est impossible de se figurer comment chez les élasmobranches l'appareil branchial proprement dit fait encore défaut, et comment l'arc cartilagineux qui chez eux remplace les branchies sert au ganoïde de mâchoire ou de tige de suspension de la véritable mâchoire inférieure ; on ne peut concevoir comment les branchies intérieures des premiers sont devenues les branchies extérieures des seconds, ni comment dans le squelette des extrémités antérieures, on peut suivre pas à pas, des requins et des raies aux ganoïdes et surtout aux esturgeons qui en font partie, la simplification graduelle qui a atteint son plus haut degré d'une part dans les poissons osseux, d'autre part, dans les vertébrés supérieurs, en accomplissant chez ces derniers des perfectionnements variés du bras et de la main. Les ganoïdes n'ont laissé que quelques survivants : la famille des esturgeons ainsi que quelques genres américains et africains pour lesquels, comme le dit Rütimeyer, la fuite dans les eaux douces fut un acte de salut. Ils suffisent pour expliquer les relations d'un groupe autrefois très-répandu, avec les élasmobranches et les poissons osseux.

Dans les *poissons osseux*, l'évolution de l'organisation, commencée chez les ganoïdes, a été poussée plus loin. On ne peut parler de développement supérieur qu'à la condition de faire des réserves relatives surtout au squelette auquel l'ancienne zoologie attachait trop d'importance. Cerveau, cœur, formation des extrémités, système de reproduction sont bien à la vérité des développements séparés qui, en se combinant avec la forme extérieure et les enveloppes dermatiques, ont témoigné d'une grande faculté d'adaptation mais qui n'ont pas été capables d'un développement ultérieur. L'anatomie comparée s'est vainement efforcée de faire dériver l'organisation spéciale des poissons osseux de celle des animaux supérieurs, ou d'expliquer par en haut les particularités des premiers. Ce fut peine perdue, parce que la voie que nous avons indiquée, les poissons osseux descendant des poissons analogues au requin, par l'intermédiaire des ganoïdes, est la seule qui conduise à la solution.

Les poissons osseux sont donc le terme d'un développement qui se termine à la période actuelle, et nous avons à chercher un autre degré de transition qui conduise des poissons aux amphibies. Il existe dans l'ordre des *dipnoiens*, qui n'est représenté que par quelques espèces éparses (les lepidosirens, les protopterus). Ces animaux analogues aux poissons vivent dans quelques fleuves de l'Afrique et de l'Amérique du Sud, qui se dessèchent pendant la saison chaude. Ils sont poissons par le squelette, les écailles et quelques autres caractères. Cependant le crâne est presque semblable à celui des amphibies ; parfois aussi ils se servent de leur vessie natatoire comme de poumon, et par cette alternance de la respiration aquatique et de la respiration aérienne, ils représentent la transition entre la respiration branchiale des larves des amphibies et la respiration aérienne d'une autre période. Ce sont parmi les poissons proprement dits, ceux qui se rapprochent le plus de la famille des crossoptérygiens, actuellement représentés par le *Polypterus* africain, et cette parenté a été confirmée par la découverte récente d'un poisson australien, le *Ceratodus*.

C'est donc par l'intermédiaire de ces formes, semblables à celles des Dipnoiens, que le progrès s'est accompli, des poissons aux amphibies ; cependant un ami scientifique, très-versé dans l'histoire du développement, m'a fait à ce sujet une observation basée sur la comparaison des organes respiratoires des cyclostomes avec ceux des amphibies : il est également possible que les grenouilles et les salamandres descendent directement d'êtres très-rapprochés de cette

division des cyclostomes qui est connue sous le nom de
myxinoïdes. Il faut espérer que ces observations très-intéressantes seront bientôt livrées à la publicité. En général
nous voyons, dans l'ontogénie des amphibies, que les formes
pourvues d'une queue sont les plus anciennes. C'est ce que
nous montrent aussi les amphibies les plus anciens, c'est-à-
dire les *labyrinthodontes*. Leurs restes, et surtout ceux qui
sont contenus dans la formation carbonifère (*Archegosau-
rus*, etc.) nous ont appris que leurs extrémités étaient
incomplètes ou nulles, que leur face ventrale était partiellement garnie de morceaux osseux de cuirasse, que
les vertèbres étaient analogues à celles des poissons, et
que leur crâne réunissait aux caractères des amphibies
actuels d'autres caractères qui rappellent certains reptiles
à os dont l'apparition est ultérieure. Le crâne des *Cœciliens,* animaux singulièrement allongés, mais dépourvus de
queue et d'extrémités, présente bien, il est vrai, certaines
particularités du crâne du labyrinthodonte ; mais il faut,
pour cet ordre, comme pour les deux autres ordres actuellement vivants des *Cœciliens* et des *Grenouilles*, confesser
notre complète ignorance de leurs ancêtres proprement
dits. Nous sommes donc invités, à ce propos, à aborder l'histoire du développement des individus : c'est une observation que nous avions déjà faite. Les chapitres précédents ont
déjà fait connaître au lecteur de quel droit cette histoire du
développement nous permet de tracer une image du développement de la souche, qui se rapproche de la réalité. C'est
parmi les amphibies à queue, et non pas seulement dans
l'ontogénie, que nous voyons la transition de la respiration
branchiale à la respiration pulmonaire. De même la série
systématique du protée au triton et à la salamandre nous
représente cette gradation physiologique, reliée à diverses
évolutions morphologiques, gradation qui existe aussi, on
peut le démontrer, entre les exemplaires anciens et récents
des labyrinthodontes. Il est vrai que dans leur développement les grenouilles s'élèvent plus haut que les cœciliens ;
mais par la structure des branchies intérieures de leurs
larves, elles se rapprochent des myxinoïdes, ainsi que me l'a

appris l'ami dont j'ai parlé plus haut. Le tableau ci-dessous, dans lequel nous nous sommes abstenus d'introduire aucune désignation systématique, permettra d'embrasser d'un coup d'œil l'ensemble des reptiles.

	ICHTHYOSAURES	PLÉSIOSAURES	DICYNODONTES	TORTUES	SERPENTS	SAURIENS	PTÉROSAURIENS	CROCODILES	ORNITHOSCÉLIDES
Epoque actuelle.									
Diluvium.				+	+	+		+	
Epoque tertiaire				+	+	+		+	
Craie.	+			+		+	+	+	+
Jura.	+	+		+		+	+	+	+
Trias.	?	+	+			+		+	+
Dyas.						+			
Houille.									

La classe présente une très-belle image, bien qu'il n'existe actuellement que quatre ordres, parmi lesquels il en est deux, les *sauriens* et les *ophidiens*, qui se confondent presque entre eux. Les ophidiens apparaissent pour la première fois, à l'époque tertiaire. Ils descendent en droite ligne des sauriens. L'anatomie comparée et l'histoire du développement nous en donnent la certitude. Nous voyons, chez diverses familles de sauriens, les pattes disparaître, tandis que le corps s'allonge et que le nombre des vertèbres augmente. De même les modifications caractéristiques du crâne des serpents proprement dits sont représentées dans la série systématique par des transitions graduelles dont le point de départ est le crâne des sauriens. Nous ne pouvons pas indiquer les genres fossiles avec lesquels commence l'évolution, mais un doute, dans ce cas, ne serait qu'une négation capricieuse. Il en est autrement des autres ordres, qui, dans celles de leurs origines auxquelles on a pu remonter jusqu'à ce jour, présentent déjà des différences tellement accusées qu'il est impossible de songer, même pour quelques-uns d'entre eux, à une descendance directe, ayant pour origine des membres connus d'autres groupes. Huxley, qui connaissait parfaitement l'anatomie de ces animaux, s'exprime ainsi à ce sujet (1) : « Si nous nous demandons comment les représentants primitifs de ces ordres se distinguent des ordres actuellement vivants ou des membres les plus anciennement connus de ces ordres, nous trouverons dans tous les cas que la grandeur de la différence est singulièrement petite, soit qu'on la considère en elle-même, soit qu'on la compare aux périodes intermédiaires. Il n'y a pas, que je sache, un seul fait dont on puisse dire qu'il constitue un progrès des ptérosaures les plus tardifs ou des ichthyosaures sur les plus jeunes (les plus anciens)? Il n'est pas évident que l'organisation des dinosauriens de la formation de Weald et de la formation crétacée soit supérieure à celle des dinosauriens du trias; mais lorsqu'on peut observer un progrès dans la différenciation de l'organisation, comme chez les lacertiliens ou les crocodiles, ce progrès se borne à modifier les surfaces des vertèbres ou la quantité des os qui entourent les ouvertures nasales intérieures. Les différences ostéologiques, que les restes fossiles peuvent seuls nous transmettre, ont sans doute été accompagnées de maints changements dans l'organisation des parties molles du corps; mais l'ensemble des faits présents à nos yeux prouve cependant que les changements survenus dans l'organisation des reptiles depuis leur première apparition connue sur la terre ne sont pas considérables en eux-mêmes, et paraissent insignifiants, si nous considérons le laps de temps écoulé depuis cette

1. Huxley, *Traité d'anatomie des vertébrés.*

époque et les modifications des circonstances extérieures, qui sont représentées par les formations mésozoïques et tertiaires.

« Au point de vue de l'hypothèse du développement, on peut supposer que les reptiles sont issus d'une souche commune, et je ne vois rien qui justifie l'opinion que cette divergence ait été plus considérable (1) avant le trias, qu'à n'importe quelle époque ultérieure. Par conséquent, si les représentants les plus anciennement connus des divers ordres se rapprochent très-peu les uns des autres, les reptiles doivent avoir vécu avant le trias, pendant un laps de temps relativement auquel celui qui s'est écoulé depuis le trias jusqu'aujourd'hui est très-court. En d'autres termes, l'apparition des reptiles doit avoir eu lieu à une date très-reculée de la période paléozoïque. »

La comparaison nous rejette donc à des époques qui ne nous ont laissé aucun enseignement en vertu duquel il nous soit possible de remonter avec certitude à l'origine de cette classe. Il n'est pas jusqu'aux *ichthyosaures* et *plésiosaures*, si fréquemment nommés ensemble, qui ne s'écartent les uns des autres par des caractères si importants que leur problématique communauté d'origine en est reportée bien loin en arrière. Nous ne mentionnerons que les extrémités des premiers de ces animaux. Elles ressemblent complétement à des nageoires et portent encore en elles l'empreinte du type-poisson. Nous sommes donc généralement renvoyés à des formes mal venues qui ont dû être semblables à celles des labyrinthodontes; nous sommes même autorisés à nous demander si les ichthyosaures, loin de former à eux seuls un rameau indépendant des autres branches de la souche-reptiles, n'ont pas été accompagnés dans cette ramification par les plésiosaures, éventualité dont il a été tenu compte dans l'arbre-souche. Le crâne des *dicynodontes* présente une certaine ressemblance avec celui des tortues. Chez eux aussi les mâchoires, ainsi qu'il résulte de leurs formes, étaient recouvertes d'étuis cornés; mais aussi la

---

1. Il faut sans doute *plus insignifiante?*

mâchoire supérieure contient deux puissantes défenses, et il est à peine permis de penser qu'il y ait eu transition directe des dicynodontes qui apparaissent dans le trias, à la tortue dont la venue est **ultérieure** à celle de ces animaux. Les anciennes formes des *crocodiles* se rattachent aux sauriens par quelques points du crâne et par la position des ouvertures nasales postérieures. Il est conforme à toute apparence que le rameau formé par les premiers ait eu pour origine, l'ancienne forme inconnue des seconds. Les *sauriens volants* ou ptérosauriens seraient aussi une ramification des sauriens. Ils ont acquis par adaptation quelques propriétés qu'ils partagent avec les oiseaux : la forme et la légèreté de la tête, les os tubulaires, grêles et pneumatiques. Toutefois ce n'est pas chez eux qu'il faut chercher les véritables ancêtres des oiseaux, c'est dans la division des *ornithoscélides*, c'est-à-dire de reptiles à pattes d'oiseau, division dans laquelle Huxley a rassemblé plusieurs familles. C'est parmi ces derniers qu'un des caractères les plus importants des oiseaux se prépare, de manière à trahir son origine même dans l'animal adulte, ou que ce caractère s'accomplit comme dans le genre *Campsognathus*. Nous avons déjà mentionné cette particularité : la partie supérieure du tarse se soude avec le tibia, la partie inférieure avec le métatarse, de telle sorte que l'astragale est insérée dans le métatarse.

Tous les reptiles vivants se distinguent nettement des amphibies et des poissons, par quelques caractères qui accompagnent leur développement; ils possèdent deux organes qui enveloppent l'embryon : l'amnios qui est, à proprement parler, une enveloppe protectrice de l'être en voie de développement, et l'allantoïde qui règle et qui modère le cercle de développement, la nutrition et la respiration du fœtus. L'allantoïde est au moins indiqué chez la grenouille, et nous devons supposer que la plus grande partie des reptiles fossiles s'était déjà approprié ce progrès de l'organisation générale. Il y a progrès, en ce sens que les animaux qui se développent avec l'amnios et l'allantoïde, parviennent plus loin que les vertébrés inférieurs, pendant la période embryonnaire, et qu'à la sortie de l'ovaire, ils ont une plus grande force de résistance. Nous devons donc, pour ces motifs, transporter aux périodes les plus éloignées du développement des amphibies et des reptiles la prise de possession de l'amnios et de l'allantoïde, parce que les oiseaux qui descendent des reptiles proprement dits et les mammifères, qui ne peuvent descendre de véritables reptiles, sont doués, comme les oiseaux, de ces enveloppes et de ces organes embryonnaires.

Les *oiseaux* se rattachent anatomiquement aux reptiles, d'une manière si étroite, que Huxley, auteur d'un parallèle très-rigoureux de ces deux classes, les a réunies en une grande unité systématique, sous le nom de *sauropsides*, c'est-à-dire animaux semblables aux sauriens. Une écaille de saurien et une plume paraissent deux choses complètement différentes ; mais leur première ébauche est absolument pareille, et la plume ressemble beaucoup plus à l'écaille qu'au cheveu. Il faut donc faire dériver de la formation de l'écaille le plumage qui semble imprimer à l'oiseau un caractère spécifique. Quant aux organes mous intérieurs, nous n'insisterons que sur le cœur et les poumons. Pour tous les anciens zoologistes, le cœur de l'oiseau ressemblait à celui du mammifère et de l'homme ; cependant ses dispositions spéciales ne peuvent se comprendre qu'à la condition de connaître le cœur du reptile, et la trachée artère ne se ramifie pas en forme d'arbre comme chez le mammifère. On a fait observer à plusieurs reprises qu'il y a chez les reptiles, une transition graduelle conduisant aux os des oiseaux. Dans le bassin de l'oiseau, on remarque aussi tout d'abord la longueur de l'os pubis et de l'os ischion ; ce bassin est ouvert en avant ; il ne présente qu'un faible progrès sur la formation du bassin, telle qu'on la rencontre déjà chez divers ornithoscélides. C'est ainsi qu'au sujet de l'os ischion de l'*Hypsilophodon* Huxley dit que le faible diamètre et la longueur remarquable de cet os lui impriment l'aspect d'un os d'oiseau, à un degré étonnant. Enfin les particularités du crâne qui opposent l'oiseau aux mammifères ne sont pas uniquement propres à l'oiseau ; ce sont les caractères généraux des reptiles : unique articulation renflée derrière la

tête, os quadratique, forme spéciale du colimaçon de l'o-
reille, conformation de la mâchoire inférieure, et insertion
de celle-ci au crâne par l'os quadratique. Cette similitude
du type-reptile et du type-oiseau devient parfaitement claire,
lorsque l'on compare les oiseaux et les reptiles vivants.

Quant à la preuve que l'oiseau des-
cend du reptile, elle est devenue inattaquable, depuis les découvertes
éparses des formes intermédiaires
fossiles. On a déjà parlé du bassin et
de la patte des ornithocélides. On a
trouvé dans les schistes de Solenhofen
un oiseau qui présente un degré intermédiaire très-désiré et très-intéressant entre la queue du reptile et
celle du poisson. Je veux parler de
l'*Archœopterix*. Malheureusement cet
exemplaire est incomplet et a été
considérablement détérioré par la
pression. La *fig.* 24 représente une
empreinte de la queue de l'*Archœopterix macrurus. Ow.* Parmi les oiseaux
actuels, l'autruche américaine (*rhea*)
est le seul qui possède de nombreuses
vertèbres caudales séparées; mais la
queue de cet oiseau est si courte
qu'elle ne fait point songer à la

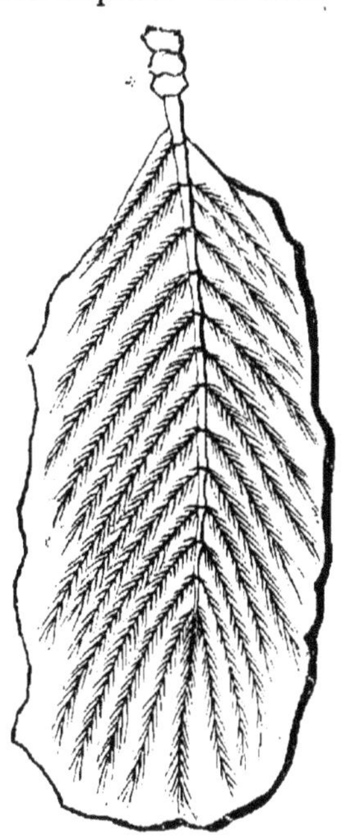

Fig. 24. — Empreinte de la
queue de l'*Archœopterix
macrurus*, Ow.

queue du lézard. Or, l'archæopterix nous présente une
longue queue munie de deux rangées de plumes rigides,
dont l'empreinte s'est conservée d'une manière admirable-
ment complète. Le crâne du précieux exemplaire que l'on
conserve au British Museum, est tellement endommagé
qu'il est bien difficile de se faire une idée de sa structure.
On ne peut décider notamment si les mâchoires portaient
des dents. L'exemple des tortues nous apprend que dans
l'intérieur du type-reptile, la formation des dents fut remplacée par des gaînes cornées, sans que l'animal pût, en
se développant, acquérir la faculté du vol; les ptérosauriens

à leur tour réunissent à cette faculté une tête légère, mais pourvue de nombreuses dents. L'incertitude dans laquelle nous nous trouvons, relativement à ces parties des premiers oiseaux préhistoriques, a été levée par une découverte du naturaliste américain Marsh (1). Il a trouvé dans le terrain crétacé supérieur du Kansas les restes de deux genres d'oiseaux dont les vertèbres bi-concaves rappellent les caractères des anciens reptiles, et ces oiseaux par là se présentent déjà comme des degrés intermédiaires précieux ; de plus, les deux mâchoires sont garnies de dents. Celles-ci, petites et pointues, étaient si nombreuses que dans la mâchoire inférieure de l'animal nommé *Ichthyornis dispar*, il y en avait vingt de chaque côté.

Nous sommes donc aujourd'hui parfaitement au courant de la parenté des oiseaux, quant à l'extérieur. L'oiseau est un reptile accommodé à la vie aérienne, et les oiseaux que nous voyons les plus éloignés du vol n'ont acquis que par voie de formation rétrograde, les propriétés qui se rattachent à la plus ou moins grande incapacité de voler. Aussi, règne-t-il quelque obscurité dans l'ordre intérieur de cette classe animale. Les autruches ne sont pas, comme on pourrait le conclure à cause de la force de leurs pattes et de leur aptitude à la course, les animaux les plus jeunes de leur classe et les plus rapprochés des mammifères ; mais la distribution géographique et les caractères anatomiques prouvent que ces oiseaux sont les plus anciens des animaux actuellement vivants. L'espèce d'imperfection de leurs ailes montre, comme on l'a dit, qu'ils se trouvent dans un état d'atrophie et de formation rétrograde. On ne va pas au delà de cette observation générale. Si l'on considère les oiseaux comme des animaux volants, ceux qui ont le mieux appris à voler occupent à ce point de vue le rang le plus élevé. On sait qu'en général l'avantage revient aux oiseaux de proie, bien que d'autres ordres ne soient pas dépourvus d'oiseaux aptes au vol. Brehm et d'autres considèrent les perroquets comme les oiseaux les plus élevés, parce qu'ils semblent

---

1. Marsh, *American journal of sciences and arts*, février 1873.

être les plus dociles. Mais tout cela est arbitraire et ne peut que par hasard correspondre, en quelques parties, à la véritable ramification encore inconnue de la branche des oiseaux, sur l'arbre-souche des vertébrés.

Les restes de *mammifères* les plus anciens qui nous soient connus sont ceux du trias; ils se présentent un peu plus fréquemment dans les couches mésozoïques moyennes, et presque tous appartiennent aux marsupiaux. Or, ces derniers, relativement aux classes inférieures de vertébrés, dont ils doivent être descendus, sont parvenus à un développement très-élevé, et nous avons dans les monotrèmes (ornithorhynques et échidnés) des mammifères qui sont évidemment très-inférieurs aux marsupiaux. Aussi en sommes-nous réduits à des suppositions et à des déductions, relativement à l'origine des mammifères. Ceux-ci conduisent à des êtres analogues aux amphibies, dans lesquels étaient formées à l'avance certaines particularités du crâne des mammifères, telles que le double condyle à la partie postérieure de la tête, et qui se rapprochaient des reptiles proprement dits par la formation de l'amnios et de l'allantoïde. Cependant ces ancêtres des mammifères ne sont représentés dans aucun des ordres de reptiles ou d'amphibies actuellement vivants. Aussi l'arbre-souche (page 240) dans lequel nous groupons les mammifères fossiles les plus exactement connus et ceux qui vivent actuellement, contient-il des lacunes considérables et repose-t-il en bonne partie sur l'hypothèse; cependant il donne une image qui paraît approximativement exacte de la parenté sanguine des ordres, et comparé au système édifié dans les traités de zoologie avant la résurrection de la théorie de la descendance, il a la valeur d'un grand et important progrès,

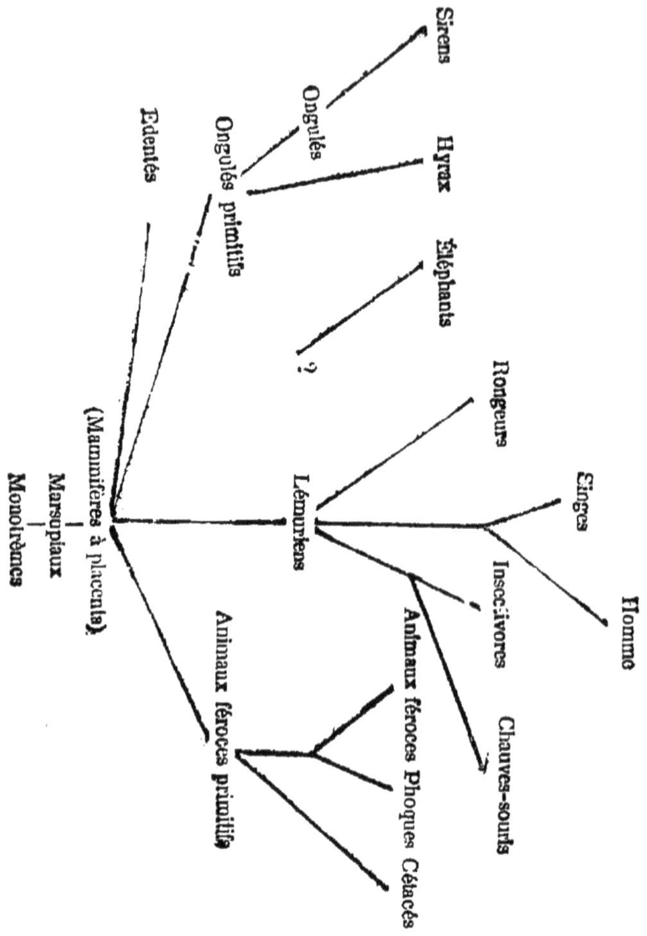

Les *monotrèmes* (ornithorhynques, échidnés), limités à l'Australie et à la Tasmanie, paraissent être les membres les plus inférieurs de leur classe, lorsque l'on considère la structure du crâne, celle du thorax, et la réunion des voies intestinales, urinaires et sexuelles en un cloaque commun. On suppose que tel a été le point de départ du développement des marsupiaux. La faculté d'adaptation de ces derniers s'est vérifiée surtout en Australie, où les sous-divisions de l'ordre ordinairement désignées sous le nom de familles, ont accompli sous le rapport de la formation dentaire et des mœurs, un développement analogue à celui des ordres qui apparaissent sur le second grand théâtre du développement des mammifères, je veux dire sur l'hémisphère septentrional.

Le squelette est moins imparfait que celui des monotrèmes; mais sous le rapport du système de reproduction, les marsupiaux restent à un degré inférieur, et comme les monotrèmes, ils n'ont pas de placenta. En effet, les vaisseaux sanguins de l'embryon ne sont pas intimement réunis avec ceux de l'utérus, réunion qui facilite le développement plus complet des autres mammifères dans le sein maternel. Ce caractère, ainsi que la formation corrélative d'une poche destinée à porter les petits venus au monde dans un état d'imperfection très-grand, réunit les familles des marsupiaux qui se séparent les unes des autres, comme les autres ordres.

Indépendamment des deux ordres sus-nommés, l'embryon chez les autres mammifères est réuni avec l'organisme maternel par ce que l'on appelle le *placenta*. Les vaisseaux sanguins des petits en voie de formation, pénètrent par l'allantoïde jusqu'aux parois de l'utérus. Ils forment des pelotes et des lacets, entre lesquels croissent et s'insèrent d'autres excroissances et appendices des vaisseaux sanguins de l'utérus, en sorte qu'à travers les parois des vaisseaux sanguins en contact, il s'opère un échange plus abondant des liquides circulant des deux côtés; par suite la nutrition est plus prolongée, et le fœtus se développe ultérieurement et plus complétement. Le caractère supérieur des *mammifères à placenta* est déjà clairement exprimé par les détails anatomiques, mais il est confirmé par la présence du placenta. Cependant il manque tous les degrés intermédiaires qui permettraient de conclure avec certitude à une transition directe entre les mammifères sans placenta et les mammifères à placenta. Ceux des mammifères à placenta qui sont évidemment les plus inférieurs, les *édentés*, présentent si peu de relations morphologiques avec les marsupiaux, que nous devons nous borner à indiquer d'une manière

O. SCHMIDT.   16 générale, l'hypothèse très-vraisemblable , appuyée par la distribution géographique et la zoologie, hypothèse selon laquelle les édentés représenteraient une branche très-ancienne de placentaliens. Paresseux, tatous, myrmécophages diffèrent entre eux au moins autant que le rongeur, l'insectivore et la chauve-souris. La théorie de la descendance, en s'arrêtant devant ces fragments d'un monde disparu, ne témoigne pas par là son impuissance; mais le défaut de matériaux la laisse en présence d'une impossibilité.

Pour rechercher les causes des relations de parenté des autres ordres, la systématisation moderne, de même que la systématisation de la descendânce, ont cru devoir attacher une grande importance à l'absence ou à la présence de ce que l'on a appelé la *decidua* Ceci a besoin de brèves explications. Chez un grand nombre d'ordres de mammifères, les excroissances des parois de l'ovaire sont si solidement engagées dans la partie fœtale du placenta qu'au moment de la naissance, toute cette couche de peau de l'utérus se déchire et est expulsée avec le jeune animal. Chez les autres ordres, les masses vasculaires des deux côtés ne se rattachent pas si étroitement ensemble, elles s'écartent à la naissance sans grandes déchirures, et par conséquent il n'y a pas de membrane (*membrana decidua*) qui tombe et qui soit rejetée. Or, les conditions spéciales de la formation déciduale ont été encore trop peu comparées, ce me semble, pour que ce simple fait de la perte de certaines parties de la paroi de l'utérus puisse nous autoriser à conclure à une proche parenté. Bien plus, on doit à priori reconnaître que la formation déciduale peut apparaître sous l'influence de circonstances secondaires de la nature la plus diverse, et par conséquent chez des ordres d'une parenté très-éloignée ou justifiée uniquement par le placenta. Nous considérons donc la décidua comme un caractère systématique subordonné, lorsqu'il se trouve en contradiction avec les caractères anatomiques et morphologiques.

Nous allons plus loin. La systématisation moderne se sert aussi de la forme du placenta pour le groupement des ordres. Lorsque l'on réunit sous le nom de *déciduates*, les ordres à placenta circulaire, lémuriens, insectivores, chauves-souris et singes, cette réunion est confirmée du reste par une série d'autres motifs, et il est conforme à toute vraisemblance que la forme du placenta, dans l'intérieur de ce groupe d'ordres, repose sur l'homologie, c'est-à-dire sur la descendance. Si de plus nous considérons les animaux féroces, les éléphants et les hyrax, nous nous trouvons dans la même situation que quand la decidua devait décider de la dépendance mutuelle, et nous pensons que la forme subordonnée du placenta pouvait se reproduire par différentes voies, d'une manière analogue, comme elle s'est développée sous des aspects différents, dans l'intérieur de la division des ongulés, fondée avec plus de certitude. Du reste, nous ne pouvons, pour appuyer notre opinion de quelques exemples, rien indiquer de certain, touchant la descendance des animaux à trompe. Cependant il est également certain que le parallèle accoutumé relativement au placenta en forme de ceinture ne signifie absolument rien. Mais on se rapprochera de la vérité, si dans l'arbre généalogique, on place cette branche d'origine inconnue, plus près de celle des ongulés que de celle des animaux féroces. Si l'on admet maintenant que les cétacés qui n'ont pas de decidua, sont liées avec les ongulés par une plus étroite parenté que avec les carnivores qui ont un décidua, cette considération n'a aucune valeur décisive à nos yeux, car des raisons importantes militent en faveur de cette opinion que le développepement de la baleine a commencé à des genres semblables aux animaux féroces.

Déjà dans l'exposition de la distribution géographique des animaux, nous avons eu l'occasion d'apprendre de Rûti-meyer les relations de parenté, et notamment celles des ongulés. Il n'y a pas une autre division qui possède des matériaux fossiles aussi riches. Nous trouvons dans les anciennes couches tertiaires les restes de deux familles d'ongulés : les *paléothérides* et les *anoplothérides*, qui se distinguent essentiellement par la dentition, et qui ont été le point de départ des groupes d'ongulés qui paraissent aujourd'hui en partie très-isolés. La racine à laquelle remontent ces deux familles

est inconnue, par contre il résulte de la comparaison directe
des membres en question avec les ongulés actuels que la
division qui caractérise l'époque actuelle se produisit avec
le temps, et que l'isolement apparent fut causé par l'extinc-

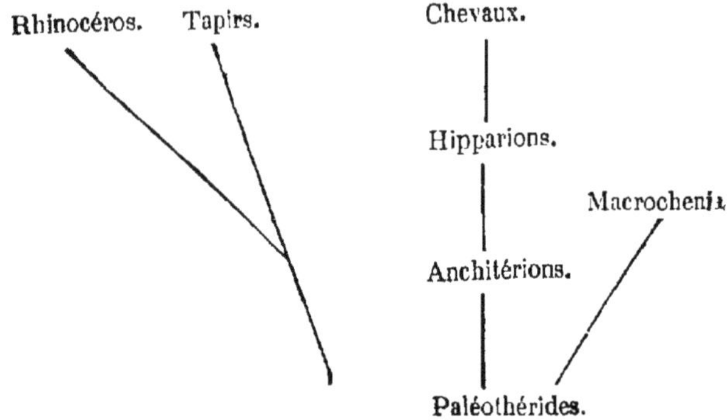

tion des membres. C'est par celle-ci que l'ancienne systématique fut amenée à disposer trois ordres d'ongulés : les
multi-ongulés, les bi-ongulés et les uni-ongulés. L'arbre-
souche spécial, issu des paléothérides, comprend, parmi les
ongulés actuels, les *chevaux*,
les *tapirs* et les *rhinocéros*. On
peut suivre directement la
transition du paléothérium au
cheval, et ce dans les deux caractères les plus importants,
les dents et les pieds. Dans
l'anchitherion et l'hipparion
s'accomplit la transformation
de l'ongulé à trois doigts en
ongulé à un doigt, et les brillantes recherches de Rütimeyer
ont montré comment dans les
dents de lait de ce genre se
répète la dentition définitive

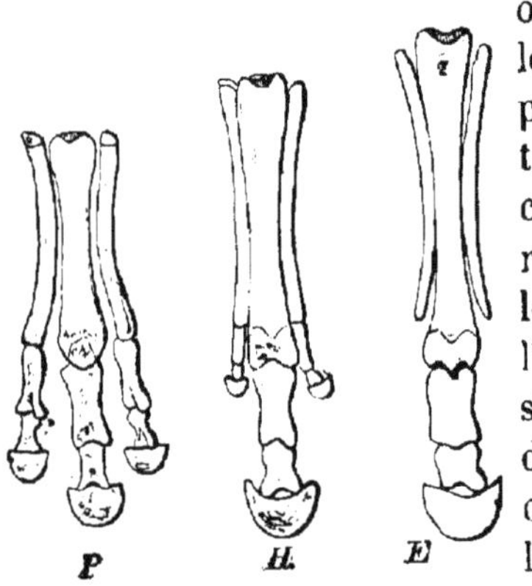

Fig. 25. — Squelette du pied d'anchitherion (P), d'hipparion (H), et de cheval (E)

du genre souche, et comment l'ontogénie trouve dans la
phylogénie une expression non ambiguë. L'anchitherion
est un cheval à trois doigts, mais dont le doigt moyen a déjà

pris le principal rôle. Chez l'hipparion les deux doigts laté-
raux se sont déjà complétement éloignés du col et le manque d'usage conduit à l'atrophie qui est complète chez le
cheval.

Ce sont les tapirs qui, dans la constitution des molaires,
sont restés le plus fidèles au type-souche. Toutefois le tapir
a quatre doigts, tandis que les paléothériens les plus anciennement connus n'en possèdent que trois, et cette circonstance
prouve que ce n'est pas le genre paléotherium lui-même qui
peut être le père-souche des tapirs. En effet l'hypothèse que
le tapir ait acquis le quatrième doigt est contraire à tout ce
que nous savons sur la formation des extrémités. Les rhinocéros ont aussi quatre doigts en avant, et leur proche parenté avec les tapirs est prouvée par la structure des doigts
et par une série de détails du squelette.

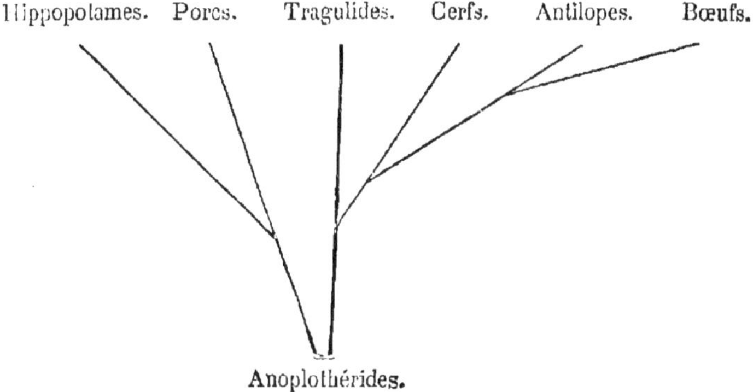

Le genre fossile *macrauchenia* qui réunit les caractères des
chevaux et ceux des rhinocéros avec ceux des *chameaux*
paraît être un embranchement isolé des paléothérides. Jusqu'à quel point les chameaux, à titre de ruminants. sont-ils
en relation directe avec les ruminants, jusqu'à quel point la
formation du crâne, qui se rapproche de celle des chevaux,
indique-t-elle de véritables homologies, on ne pourrait le
dire actuellement.

Les *anoplothérides* se distinguent aussi par une certaine
indifférence de la structure des dents, d'où pourrait sortir
une série de formations spéciales dans diverses directions.

Des anoplothérides descendent en droite ligne les *tragulides*, petit groupe qui ressemble aux bœufs musqués et qui est limité à l'Afrique et à l'Asie méridionales. Comme ruminants, ils se rattachent étroitement aux autres types connus de ces animaux, et d'autre part ils occupent une position intermédiaire vis-à-vis des autres membres non ruminants et dans le monde préhistorique vis-à-vis des membres de la division toute entière qui sont réunis par les anoplothérides. Les suides ou animaux analogues au porc étaient très-richement représentés à l'époque éocène et miocène. Les *hippopotamides* sont issus d'une branche latérale de ces prédécesseurs des anoplothérides. La fonction qui caractérise les ruminants est liée, comme on le sait, à une structure compliquée de l'estomac ainsi qu'à des dispositions spéciales de l'œsophage. Il est naturellement impossible de déterminer chez quels animaux fossiles ont commencé ces dispositions, cependant il semble que ce fut très-tôt. Il est possible que la constitution compliquée de quelques genres non ruminants, comme celle de l'hippopotame et du porc à nombril, ait été acquise depuis l'époque des anoplothérides, et la concordance si évidente des tragulides connus avec les anoplothériens permet avec assez de certitude de reconnaître ceux-ci comme des ruminants.

Si nous faisons abstraction des chameaux, déjà mentionnés plus haut et dont la place est incertaine, les *ruminants* typiques se décomposent en ruminants semblables aux cerfs et en ruminants à cornes. Les bœufs musqués sans cornes réunissent les *cerfs* avec les tragulides et les anciens genres. Les *girafes* forment une branche latérale. L'*helladotherium*, très-rapproché de la girafe, vivait autrefois par troupeaux sur le sol athénien ; cet animal et le *sivatherium* colossal qui a été trouvé dans les montagnes de l'Himalaya expliquent un peu la position de la girafe tout-à-fait isolée dans le monde actuel, mais les détails de leur descendance restent encore très-obscurs.

Des *antilopes* aux genres *chèvre* et *mouton* qui s'y rattachent étroitement et que l'on peut à peine séparer les uns des autres, ainsi qu'aux *bœufs*, la série systématique et la série paléontologique, de même que les degrés ontogéniques présentent des transitions d'où résulte irréfutablement la parenté de souche. Un fait très-intéressant à ce sujet, indépendamment des analogies que présentent les dents de lait, des genres dérivés aux genres-souche, c'est l'évolution graduelle du crâne, évolution qui atteint son plus haut degré chez les bœufs, et qui progresse depuis l'antilope et la brebis, en passant par l'ovibos, le buffle et le bison. C'est chez ce dernier que la position verticale de l'os pariétal est le plus marquée, et cette transformation du crâne de l'antilope se renouvelle individuellement dans le veau.

Le parallèle que l'on avait coutume d'établir entre les *sirènes* ou vaches de mer et les baleines était évidemment une méprise systématique, causée par la considération exclusive et superficielle des organes de locomotion. Tous les autres caractères essentiels, mais avant tout la structure du crâne et celle des dents, les éloignent autant des baleines qu'ils les rapprochent des ongulés. Déjà dans l'hippopotame nous avons un animal de ce genre presque complétement transformé en animal aquatique. Pour concevoir l'origine des sirènes, il faut nous imaginer qu'elle se trouve dans d'autres genres inconnus, et selon toute apparence séparés très-tôt par ramification.

Les *hyracoïdes*, qui ne sont actuellement représentés que par quelques espèces du genre hyrax, occupent une position très-incertaine. Lorsqu'on dit que leurs caractères rappellent en partie soit les ongulés, soit les rongeurs, soit les insectivores, on n'a rien expliqué par là. Vu la grande valeur que présentent les molaires pour l'appréciation de la descendance, il faut attacher la plus grande importance à la ressemblance de celles de l'hyrax avec celles du rhinocéros, et par suite nous considérons l'hyrax comme le descendant d'une ancienne souche d'ongulé.

Relativement aux ancêtres des éléphants, nous nous abstiendrons de toute supposition.

Les *carnivores* et surtout les *animaux féroces* semblent être apparus plus tard que les végétivores sur la scène du monde animal arctique. Si l'on concède qu'il est possible

que les formations de placenta se soient formées de diverses
manières, et à la vérité on ne peut guère adopter une autre
hypothèse, il paraîtra également possible que les carnassiers
ainsi que d'autres ordres, tels que les rongeurs notamment,
descendent directement de marsupiaux carnassiers. Les animaux féroces les plus anciennement connus ressemblent
aux chats, ou aux civettes et aux hyènes. Puis viennent les
chiens et en dernier lieu les animaux analogues aux ours.
Sous le rapport du crâne, de la mâchoire et des extrémités,
les *Phoques* forment une branche latérale. Sans que
l'on puisse penser à une parenté spéciale des loutres et des
phoques, la comparaison que l'on peut en faire permet plus
facilement de concevoir comment des véritables animaux
féroces et animaux terrestres devait sortir la forme étrange
des chiens de mer.

Si l'hypothèse que nous avons énoncée plus haut devait
se confirmer, c'est-à-dire si les déchirures et les expulsions
qui dans le domaine du placenta forment le phénomène de
la décidua doivent se présenter très-différemment dans des
groupes de souches parentes, les *cétacés* dans notre arbre-
souche prendraient place dans le voisinage des animaux
féroces. Entre un loup et une baleine, s'insèrent angulai-
rement un nombre incalculable de formes intermédiaires.
Mais nous devons toujours avoir présent à l'esprit, qu'il ne
s'agit point de combler des lacunes entre les formes extrêmes
actuelles, représentant les extrémités des séries de développement, mais de trouver les points de départ et les nœuds.
On connaît des cétacés fossiles de l'époque tertiaire, tels que
le *zeuglodon* et le *squalodon*. Les restes très-bien conservés
du premier de ces genres colossaux sont conservés à Berlin,
où Johannes Müller a découvert les affinités qui le rattachent soit aux phoques, soit aux baleines. L'appareil dentaire ressemble à celui des phoques, il y a dans le squelette
maints détails qui rappellent les baleines, et bien que les
zeuglodontes aient été précédés d'une grande quantité d'espèces et qu'ils aient dû être suivis d'une série moins longue,
mais toujours considérable, avant que les baleines actuelles
n'en fussent sorties, un développement de ce genre paraît très-

vraisemblable et naturel. Les anciens membres des cétacés proprement dits sont, en raison de la dentition encore complète et des dimensions encore proportionnées du crâne, les *dauphins*. A ces derniers sont venus se joindre les physétères, et les baleines barbues sont les membres les plus tardifs. Cela résulte de ce que celles-ci ne commencent à se développer qu'après l'apparition dans les mâchoires de l'embryon, de dents accidentelles, héritage des ancêtres qui pendant toute leur vie étaient pourvus de nombreuses dents.

Dans les animaux connus sous le nom de lémuriens, le système réunit les restes hétérogènes d'une société animale que l'on considère comme faisant partie des singes « proprement dits » à cause des pieds postérieurs préhensiles, munis d'un pouce opposable aux autres doigts. Le lien qui les réunit n'est point leur structure anatomique car ils s'écartent considérablement les uns des autres pour la forme du crâne et la dentition, mais c'est leur distribution géographique, limitée à Madagascar et à quelques postes de l'Asie. On s'est du reste aussi laissé guider, ce qui est tout-à-fait contraire à la méthode scientifique, par une certaine impression, singulièrement désagréable, qu'ils font sur l'observateur. La structure du crâne leur assigne une position très inférieure, dans l'échelle des mammifères. Or, dans leur ensemble ils ne présentent pas de relations avec un ordre déterminé de mammifères, mais leurs divers genres rappellent les ordres qui possèdent comme eux un placenta circulaire ; aussi beaucoup de raisons plaident-elles en faveur de l'hypothèse, selon laquelle les lémuriens actuellement vivants seraient les derniers retardataires peu modifiés d'une division des mammifères, plus richement développée autrefois, tandis que les rongeurs, les insectivores, les chauves-souris et les singes seraient des rameaux de cette branche.

Les *rongeurs* sont particulièrement intéressants, parce que, conservant avec ténacité une dentition développée d'une manière très-caractéristique et accompagnée de plusieurs particularités du crâne, ils possèdent une faculté extraordinaire d'adaptation au sol des forêts et des steppes, à la terre et à l'eau. Les *insectivores* sont loin d'être aussi riches en espèces ; mais ils présentent une image semblable des adaptations, en vertu desquelles leurs genres sont devenus également des répétitions de rongeurs ; les *chauves-souris* peuvent dans leur division qui compte un grand nombre de représentants, être considérées comme un rameau latéral des insectivores, si elles ne sont directement issues d'animaux semblables aux lémuriens.

A quelle période géologique les formes analogues aux lémurides ont-elles donné naissance aux *singes*, nous l'ignorons. Les quelques singes fossiles que l'on connaît appartiennent à des familles supérieures et supposent une longue série d'ancêtres. On est nécessairement conduit à la même hypothèse par l'isolement géographique des singes américains et de ceux de l'ancien monde, isolement qui se rattache à des différences anatomiques considérables, sans qu'il soit possible à la zoologie et à l'anatomie comparée de nier leur solidarité systématique.

Les relations qui existent entre les singes inférieurs et les singes supérieurs exigent encore quelques explications. Nous les donnerons en traitant de la relation entre l'homme et les singes.

CHAPITRE XII

Gœthe a dit quelque part : « Nous nous heurtons sans cesse
« à des problèmes ; l'homme est un être obscur ; du monde
« il ne sait pas grand chose, et il s'ignore lui-même (1). »
C'est répéter à peu près ce que J.-J. Rousseau a dit dans son
Emile (2) : « Nous n'avons point la mesure de cette machine
« immense. Nous n'en pouvons calculer les rapports ; nous
« n'en connaissons ni les premières lois ni les causes finales ;
« nous nous ignorons nous-mêmes ; nous ne connaissons ni
« notre nature ni notre principe actif. » Telles sont les citations qu'on nous oppose pour justifier et pour confirmer les
assertions relatives à la limite de notre pouvoir d'investigation et aux forces de la science. Mais lorsqu'il s'agit d'anthropologie, J.-J. Rousseau n'est pas une plus grande autorité
pour nous que ne le serait un Père de l'Église. Quant à Gœthe,
dont Eckermann transmet à la postérité l'opinion sur ce
sujet, nous lui opposerons Gœthe lui-même qui s'écrie dans
l'enthousiasme de sa puissante jeunesse : « Réjouis-toi, sou-
« verain de la création ! Tu sens en toi la puissance de con-
« cevoir les plus hautes pensées auxquelles se soit élevée la

1. Eckermann, *Gespraeche mit Goethe*, II, 132.
2. Rousseau Emile (*Œuvres*, Paris, 1820, IX, 17).

« nature créatrice (1). » Et Gœthe imagine que l'homme « la plus belle organisation » (c'est ainsi qu'il l'appelle) se trouve en harmonie complète avec ces pensées sublimes.

Les observations et les développements qui précèdent manqueraient de conclusion, si l'homme devait en être exclu, si tout ce que nous avons dit sur la condition future et la solidarité du monde animal ne pouvait et ne devait immédiatement servir à reconnaître la nature de l'homme. Tout le trouble apporté par la théorie de la descendance, le doute dont elle est l'objet, la colère qu'elle excite, tout se concentre sur la possibilité de l'appliquer à l'homme et sur l'application qui en a déjà été faite. Nous concède-t-on par contrainte tout ce qui est corporel, on voudrait au moins que la sphère intellectuelle de l'homme restât inaccessible, qu'elle fût un « noli tangere » pour les naturalistes. Il y a quelques années encore, les adversaires de la théorie de la descendance pouvaient conserver cette consolation que Darwin lui-même ne s'était pas prononcé directement sur l'homme ; on raillait ses partisans, plus darwinistes que Darwin. Il y eut encore un fâcheux malentendu. Les défenseurs de la théorie de la descendance, pensait-on, faisaient procéder le genre humain de l'orang-outang, du chimpanzé ou du gorille ennoblis.

Dès la première apparition de la théorie de Darwin, tout penseur quelque peu logique en ses déductions devait regarder l'homme lui-même, et considérer que l'homme est variable et issu de la variabilité des espèces. Darwin dans son ouvrage « de la descendance de l'homme » a expliqué pour quel motif il n'avait pas lui-même exprimé dans son premier ouvrage cette conclusion évidente par elle-même : il ne voulait ni provoquer ni confirmer les préjugés soulevés par sa doctrine ; il connaissait la fragilité humaine et sous-entendait sa conclusion : « Il me parut suffisant, » dit-il « dans la première édition de l'Origine des espèces, « d'indiquer que ce livre jetterait quelque lumière sur l'ori-« gine de l'homme et sur son histoire, ce qui implique que

1. Metamorphose der Thiere.

« l'homme avec les autres êtres organiques devait être com-
« pris dans toute conclusion générale, relative au mode de
« son apparition sur la terre. »

Darwin est même allé plus loin. Au grand désespoir de
ceux qui s'imaginent que l'homme est venu au monde fraî-
chement rasé et la bouche en cœur, il a tracé un portrait,
peu flatteur à la vérité, et du reste en maint endroit peut-
être aussi peu fidèle que flatteur de nos ancêtres putatifs,
à la période où commença la transformation en homme.
Avant de traiter sérieusement ce sérieux sujet, nous nous
permettrons de citer l'appréciation légère d'un spirituel feuil-
letoniste (1) : « Supposons, pour plaisanter, que la nature
« que nous voyons toujours procéder du simple au concret,
« de l'inférieur au supérieur, ait subitement renoncé à cette
« loi à l'égard de l'homme ; qu'elle n'ait pas subitement
« interrompu son développement, qu'elle n'ait point en lui
« commencé une création nouvelle, mais que là, comme
« partout, elle ait procédé avec une entière lenteur, pro-
« gressivement, naturellement, et que par suite l'homme ne
« soit que le dernier membre de la série infinie des ani-
« maux, qu'il ne soit qu'un singe développé, la première
« conclusion qui s'imposerait à nous serait celle-ci : c'est
« que cette hypothèse ne changerait rien aux faits, c'est que
« l'homme resterait ce qu'il est, c'est-à-dire qu'il conser-
« verait la même forme, le même visage, la même dé-
« marche, le même maintien, les mêmes dispositions, les
« mêmes forces, les mêmes pensées et la même souveraineté
« sur les singes. Cela est très-simple, cela va de soi, mais en
« même temps cela est aussi très-important, car cela donne
« à l'homme la forte conviction qu'il est dans son état actuel
« un être classé à part, très-différent des créatures même
« qui sont ses plus proches parents et que cette nature parti-
« culière est en même temps sa propriété la plus personnelle:
« Peu importe que cette propriété du reste lui ait été donnée
« gratuitement ou qu'il l'ait péniblement acquise pendant
« des milliers d'années, et qu'il soit ainsi sorti d'un état

1. Waldeck, dans le journal « *die Presse* », 1865, n° 327.

« très-inférieur. Si maintenant sa constitution actuelle ne se
« ressent nullement de son origine animale supposée, ses
« tendances et ses devoirs, son but et sa vocation, bref tout
« son avenir ne peuvent être différents de ce qu'il peut se
« figurer et concevoir d'après l'ensemble de son être ; sinon
« la partie éclairée de l'humanité devrait-elle être à ce point
« découragée par la pensée de descendre du singe, que,
« renonçant à l'impossibilité de maintenir et de faire pro-
« gresser sa civilisation, qui n'est pas tombée à ses pieds
« comme un fruit mûr, mais qu'elle a péniblement acquise,
« elle dût renoncer à ses formes de législation et de consti-
« tution politique, à ses arts et à ses mœurs et descendre au
« niveau du nègre australien? Devrait-elle abandonner la
« voie qui l'a menée à un point si élevé au-dessus du singe
« et qui l'élève toujours plus haut parce qu'il lui fut autre-
« fois difficile de s'élever même de l'épaisseur d'un cheveu,
« au-dessus de ce dernier ?

« Mais quel homme destiné par la nature à la souverai-
« neté, aurait renoncé à la couronne parce qu'il serait le
« fils d'un valet? Quel peintre, né avec les talents de Ra-
« phaël, eût renoncé au pinceau et à la palette parce que
« son père aurait manié la brosse du badigeonneur? L'hu-
« manité, comme tout individu, exercera et développera ses
« forces parce qu'elle les a, et non parce qu'elle les tire de
« telle ou telle origine. »

Nous rendons justice à la forme vive et légère de ces
observations, mais nous avons le droit d'exiger une contradiction plus sérieuse, avant de nous prononcer d'une manière définitive. Pour ceux qui veulent approfondir la théorie de la descendance, l'application à l'homme n'est qu'un
simple cas de déduction générale acquis par la méthode de
l'induction. De même que Gœthe réclamait pour l'homme l'os
inter-maxillaire avant de l'avoir vu et d'avoir constaté son
existence, de même la théorie de la descendance doit transmettre à l'homme tous ses résultats et toutes les lois qu'elle
a plus ou moins clairement exposées. La déduction serait
l'œuvre des observations de l'anatomie comparée, de l'histoire du développement et de la paléontologie, observations

accumulées qui s'appuient, se contrôlent et se confirment réciproquement. La théorie de la descendance est donc le seul recours réservé à celui que ne satisfait ni la croyance aux miracles, ni l'hypothèse de la révélation. Appliquer cette théorie à l'homme n'a rien d'audacieux. C'est une nécessité intérieure au même titre que celle à laquelle nous obéissons, nous autres zoologistes, lorsque nous apprécions d'après cette théorie quelques polypes jusqu'alors inconnus, une étoile de mer ou une souris. Nos adversaires le nient ; l'homme posséderait selon eux des facultés qui le sépareraient complétement de l'animal et qui dans ce cas unique excluraient l'application de la théorie de la descendance, si toutefois on voulait bien l'admettre en principe. A cette assertion, si souvent exprimée, nous opposerons une remarque générale concernant la conception de l'essence de l'humanité :

On oublie d'ordinaire que, indépendamment de la valeur de la théorie de la descendance ou même de son existence, on a commis une singulière inconséquence relativement à la définition de l'humanité. La philosophie de l'histoire a fait de la variabilité et surtout de l'aptitude au progrès l'essence de l'humanité. Mais si l'on a admis je ne sais quelle solidarité invariable de l'esprit et du corps, comme on l'a fait, sauf une tendance spiritualiste exagérée, on ne pouvait par suite cependant concevoir le perfectionnement du pouvoir intellectuel du genre humain sans une certaine évolution parallèle du substratum corporel, évolution dépassant les limites de la simple variabilité. A supposer même que l'esprit formât lui-même son organe, le cerveau, on aurait dû faire consister la notion spécifique de l'homme dans la faculté du perfectionnement, même corporel, opposé à la rigidité supposée de l'organisme animal, car en principe il est indifférent que les bras et les jambes se transforment visiblement, ou que les molécules de la substance cérébrale se transforment d'une manière invisible à l'œil. Nous ne faisons que réparer une lacune de la philosophie en reconnaissant à la variabilité corporelle de l'homme l'extension qui lui revient lorsqu'on applique la théorie de la descendance à ce cas particulier.

La concordance corporelle entre l'homme et l'animal ne laisse que peu à désirer à la théorie de la descendance, et la crainte de Méphistophélès que l'homme ne finît par s'abîmer dans ses recherches, avant de ressembler à Dieu, s'appliquerait bien plutôt à la ressemblance animale. Le corps humain, comme celui de tout animal, indique dans son développement, un travail qui le conduit de la forme indifférente à la forme plus spécifiée. La forme totale du corps, le développement des divers organes est commun à l'homme et à tous les mammifères, et conduit à cette parenté générale ; et si pour expliquer la présence d'un placenta circulaire il ne nous convient pas de recourir à une nouvelle création particulière de cet organe de développement, et de penser que le créateur s'en serait tenu au modèle du placenta des demi-singes, des rongeurs, des insectivores, des chauves-souris et des singes, il ne nous reste que cette alternative : c'est le hasard ou toute une autre série de causes, à nous inconnue, qui dans le développement naturel de l'homme a conduit au développement circulaire du placenta, comme dans les exemples que nous citons, où la concordance est motivée par la parenté sanguine avec les mammifères discoplacentaliens. Déjà plus haut (page 242), nous avons exprimé nos doutes à ce sujet et fait observer que la coïncidence superficielle du placenta ne permet pas de conclure avec certitude à la parenté des divers ordres de mammifères. Par conséquent, si nous attachons quelque importance à la concordance du placenta de l'homme avec celui du singe, nous avons à justifier les déductions que nous en tirons. Les ordres susnommés présentent tous un placenta de faible étendue et de forme circulaire. Dans la forme de ce disque et dans le nombre des vaisseaux sanguins du cordon ombilical qui permet là respiration et la circulation du fœtus il se présente un grand nombre de variétés. C'est ainsi que dans la variété des singes pithécoïdes le placenta se divise en deux disques tandis que les vaisseaux du cordon ombilical coïncident avec ceux de l'homme ; par contre chez les singes américains le placenta est simple et les vaisseaux sont différents. Nous ne savons

rien relativement à ces organes chez l'orang-outang et chez
le gorille, mais le chimpanzé se rapproche de l'homme en
ce qu'il a un simple placenta circulaire avec deux vaisseaux
conducteurs (*arteriæ ombilicales*) et un vaisseau de retour
(*vena ombilicalis*).

Le placenta de l'homme présentant généralement la même
forme que celui des mammifères discoplacentaliens, l'homme
spécialement se rapproche plus de ces singes anthropomorphes dont nous avons déjà parlé qu'aucun de ces derniers ne se rapproche des autres singes et c'est ainsi que
la constitution du placenta est de la plus grande importance lorsque l'on veut apprécier le rang systématique de
l'homme. Autant serait invraisemblable le hasard inouï
auquel nous avons fait allusion plus haut, autant est vraisemblable, autant est seule admissible la parenté sanguine,
et si l'on tient compte de l'ensemble de l'organisation, si
l'on compare spécialement l'homme et les mammifères, le
singe doit passer au premier plan. Cette comparaison a été
supérieurement établie par Huxley et Broca (1). Ce dernier
s'est proposé de rechercher, indépendamment de toute discussion de principes et sans s'inquiéter de la théorie de la
descendance, c'est-à-dire au seul point de vue de l'anatomie
descriptive et de la zoologie, si la constitution anatomique
de l'homme, comparée avec celle des singes d'après des principes zoologiques généraux, permettait de réunir les uns et
les autres en un même ordre, celui des primates. Huxley
montre que les singes anthropomorphes, le gibbon, le chimpanzé, l'orang, le gorille diffèrent plus des singes inférieurs
que de l'homme et que, si l'on se voit contraint d'admettre
la parenté sanguine de tous les singes entre eux, la descendance commune des singes anthropomorphes et de l'homme
est au moins aussi naturelle.

Entre les membres extrêmes des groupes systématiques

1. *Témoignages relatifs à la position de l'homme dans la nature*, 1863.
Traduction allemande de Carus.

Le même. *Traité d'anatomie des vertébrés*, 1873. Traduction allemande de
Ratzel.

Broca. *L'ordre des primates. Parallèle anatomique de l'homme et des singes*
(Paris, 1870).

de singes, c'est-à-dire entre les Sahuis américains et les Ba-
bouins, ainsi que les anthropomorphes de l'ancien monde,
il y a des différences très-considérables dans la structure
des extrémités et des autres parties du squelette ainsi
que des parties molles correspondantes notamment celles
des muscles non moins que dans la dentition et le développement du crâne. C'est à tort que l'on nomme les singes
quadrumanes : il serait bien plus exact de dire que dans
l'ordre des singes l'opposition des attributs anatomiques essentiels de la main et du pied est très-accentuée, et que chez
les singes anthropomorphes et surtout chez le gorille elle est
presque aussi tranchée que chez l'homme.

L'anatomiste Lucæ, qui a mesuré tant de crânes, d'une
façon si exacte, prétend voir dans la position de l'axe crânien une délimitation très-importante entre l'homme et le
singe. Chez ce dernier en effet les trois os qui forment l'axe du
crâne, l'occipital et les deux os sphénoïdes se prolongent pour
ainsi dire en une seule ligne, tandis que chez l'homme cet
axe subit une double courbure; et l'angle qui chez le singe
diminue avec l'âge s'agrandit au contraire chez l'homme et
vice versâ. Le trou occipital chez l'homme devient plus ho-
rizontal avec les progrès de l'âge; chez le singe il se redresse,
mais tous ces faits confirment uniquement les assertions de
la théorie de la descendance : les deux séries, l'homme et le
singe, divergent et les jeunes individus se ressemblent plus
que les vieux; le singe en grandissant devient plus animal,
l'homme, comme l'indique déjà l'énigme du sphinx, devient
plus humain. La courbure des os sphénoïdes et la position
horizontale du trou occipital déterminent la marche verticale qui a pour effet de séparer complétement la main et le
pied. Cette obliquité de l'axe crânien peut donc servir de
caractère distinctif de l'homme par rapport au singe; et
même, pour la question de la descendance, ce fait nous paraît présenter une importance considérable.

Les singes anthropomorphes se rapprochent donc beaucoup
plus de l'homme que de ces singes inférieurs du nouveau
monde qui ont le nez épaté, et ce n'est pas seulement sous
le rapport de la main et du pied, mais aussi sous le rapport

de la dentition et du développement du crâne. Ces singes en effet possèdent six molaires et leur cerveau présente les imperfections de celui des lémuriens et des rongeurs. Les singes anthropomorphes au contraire possèdent cinq molaires comme les singes de l'ancien monde, et chaque partie du crâne humain jusqu'au petit pied de cheval se rencontre aussi chez eux.

La controverse relative à cette partie insignifiante du crâne, que R. Owen a considérée comme un caractère particulièrement humain, n'a plus qu'un intérêt historique, depuis que, grâce aux travaux des anatomistes les plus distingués, la présence de la partie cornée postérieure des cavités cérébrales latérales a été démontrée chez l'orang-outang et chez le chimpanzé. Celui qui ne veut pas renoncer à l'espérance de trouver des différences spécifiques entre le cerveau de l'homme et celui du singe ne pourra donc recourir qu'aux anfractuosités et aux protubérances superficielles du cerveau, c'est-à-dire aux circonvolutions. Ici on chercherait vainement des différences fondamentales à moins de vouloir attacher une importance capitale au fait que chez l'embryon humain la division du cerveau commence par les lobes cérébraux, tandis que chez le singe elle commence par les lobes du cervelet. Les circonvolutions constantes communes à tous les cerveaux humains se montrent aussi chez l'orang et chez le chimpanzé. Ces circonvolutions se perdent chez les singes qui se rapprochent le plus des anthropomorphes, ou plutôt elles y sont incomplètes; elles disparaissent chez les ouistitis. Mais la similitude de la surface cérébrale des deux singes susnommés avec celle de l'homme est si grande que, selon l'expression de Broca, « il faut l'œil d'un anato-« miste exercé pour distinguer leur cerveau du cerveau hu-« main sur les dessins où tous deux sont reproduits sous les « mêmes dimensions, — surtout lorsqu'on prend pour objet « de comparaison des cerveaux de nègres ou de Hottentots « qui sont plus simples que ceux des blancs. » Gratiolet, l'anatomiste parisien, mort prématurément, a fait une tentative désespérée pour sauver les caractères cérébraux spécifiques de l'homme; l'homme devait se distinguer par un des replis dits de transition. Ces plis de transition sont des circonvolutions qui réunissent le lobe postérieur du cerveau avec les parties antérieures et latérales. Or Broca a très-lumineusement démontré qu'il en est de ces caractères comme des autres, que les plis de transition ressemblent plus à ceux de l'homme qu'à ceux du chimpanzé, et qu'en général les différences existantes ont tout au plus la valeur de caractères d'espèces et de genre.

La distance entre les singes inférieurs et les singes supérieurs est beaucoup plus grande qu'entre ces derniers et l'homme, et si au point de vue du darwinisme on a admis la parenté sanguine de tous les singes, il est d'autant moins permis de douter des liens de parenté qui unissent les singes de l'ancien monde et l'homme. Mais la forme du crâne parvenu à son complet développement ainsi que de la mâchoire, pour insister sur ces organes, ne permettent pas de penser que l'homme ait des ancêtres immédiats parmi les singes actuellement vivants. On s'est réjoui bien gratuitement d'une plaisanterie innocente en demandant pourquoi on ne voyait pas s'accomplir le spectacle si intéressant de la transformation du chimpanzé en homme ou réciproquement de celle, par atrophie, de l'homme en orang-outang. On a prouvé seulement par là la plus profonde ignorance de la théorie de la descendance. On ne voit pas un seul de ces singes retomber à l'état de ses ancêtres primitifs, car il ne peut, même par voie d'atrophie, se dépouiller de ses qualités acquises et fixées par l'hérédité. Il n'y a donc en aucune façon retour à l'état primitif et le singe ne peut pas davantage s'élever jusqu'à l'homme, car ce dernier ne se trouve pas dans sa voie directe de développement. Le développement des singes anthropoïdes a suivi une voie latérale à celle des ancêtres humains les plus proches d'eux, et l'homme ne peut pas plus se transformer en gorille que l'écureuil en rat. La parenté simiesque de l'homme n'est donc nullement mise en question par la forme bestiale de la mâchoire de l'orang ou du gorille adultes, ni par les anfractuosités ou les protubérances des cerveaux de ces animaux. Un zoologiste connu, un des rares savants qui soient restés fidèles à l'ancienne croyance, s'est vainement donné la peine de démontrer qu'il est impossible que le crâne de l'orang se transforme en crâne humain, comme si la théorie de la descendance avait avancé une telle absurdité! La boîte crânienne de ces singes est réduite à une forme extrême comparable à celle de la boîte crânienne du bœuf. Mais cet extrême n'apparaît que peu à peu, dans le cours de la croissance; elle est presque insensible chez le veau, qui présente, comme nous l'avons déjà mentionné, la forme du crâne des ancêtres, analogue à celui des antilopes. Cette forme qui n'est que transitoire chez le veau s'est immobilisée chez les antilopes actuelles et même chez les chèvres et les moutons. Le crâne des singes anthropomorphes, pendant la jeunesse, indique d'une manière irrécusable que ces animaux descendent d'ancêtres à crâne bien conformé, encore susceptible de développement, et à mâchoire très-voisine de celle de l'homme; mais la transformation de ces parties avec celle du cerveau, vu la constance du faible volume de ce dernier, a en quelque sorte suivi une voie fatale, tandis que dans le rameau humain la sélection a agi pour la plus grande conservation de ces propriétés crâniennes.

Ainsi est réduite également à néant l'objection récemment élevée par Karl Ernst Baer. On ne pourrait concevoir comment le pied du singe, habile à grimper et à saisir, aurait pu, dans la lutte pour l'existence, se transformer en pied humain, disposé pour la marche sur le sol. On sait que l'homme est enclin à opposer le pouce du pied aux autres doigts, c'est-à-dire à se servir du pied comme d'un organe préhensile, et que cette disposition a été acquise par hérédité. On ignore jusqu'à quel point cette faculté pouvait être développée chez les ancêtres primitifs, de même qu'on ignore ces ancêtres eux-mêmes. L'habileté à grimper, que possèdent la plupart des singes actuels, ne présente donc qu'une relation très-éloignée avec l'inaptitude de l'homme, et c'est à peine si l'on tient compte de ces propriétés, lorsqu'il s'agit d'apprécier la parenté sanguine.

La théorie de la descendance, exigeant par une déduction logique, une commune origine de l'homme et des singes anthropoïdes, repousse, il est inutile d'insister sur ce point, toute réclamation incompréhensible de formes intermédiaires entre l'homme et le gorille. Ce que les temps à venir découvriront peut-être, ce sont des formes intermédiaires qui remonteraient à la forme originelle commune des singes actuels et de l'homme. Ainsi subsiste, en dépit des relations intimes dont nous avons parlé, une lacune qui trouve son expression dans le rapport entre le poids du cerveau humain le plus inférieur qui ait été mesuré jusqu'à ce jour et le poids du cerveau du gorille. Le poids d'un cerveau de Boschimann, fonctionnant encore normalement, dans le mode propre à cette souche, était de 872 grammes (le cerveau de Cuvier pesait 1629 grammes); on peut estimer à 563 grammes environ, d'après la capacité crânienne, le poids d'un cerveau de gorille; ce qui donne à peu près le rapport de 3 à 2. Mais si l'homme a le sentiment de sa supériorité corporelle qui l'élève au-dessus de l'animal, ici non plus il ne fait pas exception, car il y a de nombreuses formes animales qui occupent de même une position isolée relativement à ceux de leurs parents dont on ne saurait méconnaître la pensée rapprochée.

Imaginerons-nous une double création de vertébrés parce que l'amphioxus se trouve à une distance des poissons représentée par toute une échelle d'êtres intermédiaires qui ne sont plus? L'exemple du cheval aussi est très-instructif dans le cas qui nous occupe. Représentons-nous que ce genre diffère d'une manière plus sensible des végitivores actuellement vivants par la structure des extrémités et de la mâchoire, que l'homme ne diffère du singe. N'eût-on point trouvé les ongulés fossiles qui mettent en évidence la commune origine du cheval, ainsi que des bi-ongulés et des multi-ongulés, nous ne regarderions point le cheval comme une création miraculeuse particulière, mais nous déduirions d'une manière inattaquable sa parenté avec les autres ongulés; cependant cette pure déduction n'est point nécessaire parce que les ancêtres du cheval sont là, qu'ils sont représentés par des restes remarquables, comme nous l'avons vu précédemment, et qu'ils ont, il y a déjà un demi-siècle, convaincu R. Owen d'une transformation directe des genres à 3 doigts en genre solipède. C'est à un heureux hasard que l'on doit la connaissance des chevaux à 3 doigts; ils étaient originaires de parties de l'Europe qui ont été étudiées et analysées avec le plus grand soin pour les besoins de la paléontologie.

Les ancêtres fossiles de l'homme manquent encore dans nos musées. Cette lacune n'est pas plus surprenante que l'absence jusqu'à ce jour des formes intermédiaires qui, par exemple, fixeraient définitivement la place du dinothérium dans le système. Nous rappellerons encore l'éléphant qui, avec le mastodonte son plus proche parent, occupe une position plus isolée vis-à-vis des autres pachydermes que l'homme par rapport au singe : Il n'existe point de fossile qui lui assigne sa place. Nous pensons avoir ainsi expliqué que l'anatomie comparée et la paléontologie considèrent comme de nulle valeur l'objection selon laquelle des caractères sans transition, marche verticale, absence relative de poils, menton, assigneraient à l'homme une place absolument à part; nous croyons avoir prouvé que, si l'on demande aux partisans de la théorie de la descendance de présenter les formes intermédiaires qui ont dû nécessairement exister autrefois, cette exigence ne peut être formulée que par certains amateurs pour lesquels le domaine de la vie dans son ensemble est demeuré lettre morte.

Nous l'avons déjà fait remarquer : on fait bon marché de la nature corporelle de l'homme; on l'abandonne à l'investigation naturelle ; on pense ainsi sauver avec plus de facilité le dualisme. Mais nous ne prendrons pas le change et nous n'abandonnerons pas notre appréciation personnelle. Les forces intellectuelles de l'homme dans leur origine, leur croissance et leur efficacité sont accessibles elles aussi à l'investigation naturelle, et pendant trop longtemps la psychologie a cru pouvoir se passer de la physiologie; livrons-nous donc hardiment à un rapide examen de la psychologie.

On accorde en général qu'il existe une certaine parenté, une certaine analogie entre la puissance intellectuelle des animaux supérieurs et celle de l'homme. Mais, dit-on, la *raison* est la seule faculté que l'animal ne possède pas ; la raison c'est-à-dire la notion innée des activités morales, grâce à laquelle l'homme parvient à la conscience de lui-même et s'élève à l'abstraction, combine des notions, principalement religieuses, et vit dans l'art et dans la science. Nous répliquerons que ce ne sont point seulement les animaux qui sont privés de ce développement intellectuel, mais qu'il fait également défaut à l'homme resté aux degrés inférieurs du développement.

L'âme de l'enfant nouveau-né ne diffère point dans ses manifestations extérieures de celles du jeune animal. Ces manifestations extérieures sont des manifestations du système nerveux de l'enfant ; elles croissent et se développent avec ce système nerveux en même temps que la langue ; le degré jusqu'auquel s'élève généralement ce développement dépend des générations antérieures. Les facultés morales de chaque individu portent en elles le type de la souche et sont déterminées par les lois de l'hérédité, car il est évidemment faux qu'à conditions égales et sans tenir compte ni de la couleur ni de la descendance, tout homme puisse atteindre à un même degré de développement intellectuel. On nous oppose, pour prouver cette égalité primitive de l'humanité, certains exemples de nègres et d'Indiens supérieurement doués ; mais ces derniers ont derrière eux d'innombrables générations exercées à mainte industrie, et particulièrement accoutumées à un mode spécial d'activité.

Si l'on étudie jusqu'au fond ces rares phénomènes, on voit qu'ils restent au-dessous des individus moyennement doués des races avancées. Or dans chaque race tout individu parcourt les degrés inférieurs de l'échelle du développement intellectuel, degrés qui, constamment en rapport avec le développement anatomique, sont partout les mêmes, tandis que les particularités psychologiques de la race n'apparaissent que dans les degrés supérieurs. Il en est de l'humanité comme de l'individu : elle a acquis dans le cours du temps les facultés intellectuelles supérieures dont l'ensemble constitue la raison.

L'histoire démontre le progrès intellectuel, personne ne le

conteste, mais seulement chez les peuples qui ont participé eux-mêmes à l'histoire, progrès limité du reste à la durée de cette participation et à celle de l'usage des organes intellectuels. Il y a aussi des races humaines inférieures, nous pouvons même les nommer espèces humaines, qui présentent les unes vis-à-vis des autres les mêmes relations que les animaux supérieurs vis-à-vis des animaux inférieurs. On pourrait même caractériser le genre humain par ce fait que ses espèces occupent des degrés extraordinairement variés de l'état intellectuel. On ne nous induira pas en erreur par certaines assertions contraires de missionnaires et autres amis de l'humanité, par les grands mots de dignité humaine, de ressemblance divine et l'on ne nous dupera point en nous annonçant un développement encore à venir de tous les peuples restés jusqu'à présent en arrière. Il résulte évidemment de la théorie de la descendance et de celle de la sélection qu'un grand nombre des races qui, au point de vue intellectuel, restent aujourd'hui bien en arrière, progresseront beaucoup dans l'avenir. Considérons l'éthnographie et l'anthropologie, non pas au point de vue du philanthrope et du missionnaire, mais du naturaliste chercheur, froid et rigoureux, et nous verrons qu'il est d'autres peuples dont l'état arriéré, réglé par les conditions générales du développement, assure par avance la défaite dans la lutte pour l'existence, conformément au cours naturel des choses. Si nous scrutons l'état intellectuel de l'humanité et que nous le comparions avec les facultés morales des animaux, nous ne prendrons point pour mesure la moyenne humaine de l'Européen ou de l'Indien mais bien ces souches australiennes et papoues qui, même corporellement, sont en partie restées à un degré d'où sont depuis longtemps sorties, aux âges pré-historiques, les autres souches privilégiées. Du reste il y a beaucoup d'hommes qui simplifient la difficulté et qui croient à je ne sais quelle dignité humaine nivellatrice comme à un dogme qui n'a besoin d'aucune démonstration. Pour toutes ces races restées profondément en arrière ils ont une explication toute prète : il n'est pas douteux que ces races n'aient possédé autrefois un riche développement intellectuel d'où elles seraient retombées dans la barbarie actuelle. Mais, dût-on accorder cette possibilité pour quelques souches telles que les habitants de la Terre de Feu, il en est d'autres, au contraire, tels que les Australiens, par exemple, pour lesquels manque la preuve véritable de cet état antérieur d'une dignité humaine plus développée.

Les priviléges intellectuels qui doivent séparer l'homme de l'animal se réduisent aux points suivants :

L'homme seul, dit-on, serait capable de développement et de progrès. Tout progrès spécifiquement humain est déterminé et transmis par le langage, car il y a beaucoup d'animaux qui possèdent le don de communiquer entre eux. Si l'on réfléchit que les progrès de l'homme ne datent point de toute éternité, on se demandera de quelle nature était le commencement de ce progrès ; et c'est ainsi que toute la controverse se trouve concentrée sur la question de l'origine du langage. Nous reviendrons sur ce point. On ne saurait en général refuser le progrès, même aux animaux. Qui pourrait mettre en doute que certaines races de chien, qui descendent d'une manière presque certaine de chacals et de loups stupides, ne se soient élevées à une grande hauteur au-dessus de leurs ancêtres. Qui peut douter, après avoir lu les fécondes recherches de H. Müller, le frère de Fritz Müller, que l'abeille, en acquérant progressivement ses avantages et ses particularités corporelles, n'ait aussi développé les forces intellectuelles supérieures correspondant à une organisation plus délicate et plus compliquée du cerveau. L'homme ne diffère de beaucoup d'animaux que par le degré et l'instrument du progrès. Il est en effet contraire à la méthode scientifique d'opposer ici les notions abstraites de la nature humaine et de la nature animale.

L'homme seul, ajoute-t-on; possède le libre arbitre. L'homme doué d'un développement supérieur agit d'après des considérations philosophiques, morales et religieuses qu'il doit à l'éducation et à l'enseignement ; il peut concevoir l'idéal et y tendre en vertu d'une faculté intellectuelle et corporelle acquise par l'individu. Nous concédons facilement ce domaine de la volonté bien que nous sachions que cette liberté elle-même est le résultat total de causes naturelles. Plus simples et plus uniformes sont les conditions d'existence, plus les actions de l'homme perdent le caractère et l'apparence de la liberté et plus l'individu n'agit qu'en vertu de la volonté de la tribu à laquelle il remonte, je veux dire en vertu de la volonté collective, en d'autres termes instinctivement. Jamais alors ces actions ne témoignent de cette réflexion surprenante qui permet à certains individus animaux, heureusement organisés, ou à tous les individus de diverses espèces de tirer parti des circonstances, grâce à un libre arbitre apparent. Le libre arbitre de l'homme moralement supérieur, n'est pas le bien commun de tous les hommes.

L'homme seul et tous les hommes, dit-on, possèdent une conscience. Nous pensons au contraire que la conscience qui, on le sait, dans un grand nombre d'états civilisés, fait complétement défaut à beaucoup d'individus, est comme la volonté morale, un résultat d'éducation de certaines races et de certaines souches.

La crainte d'être pris après une mauvaise action ne constitue pas la conscience, et l'on ne pourrait nier que certains chiens bien dressés n'éprouvent des remords de conscience bien au-dessus de la crainte animale des cannibales après le meurtre de leur semblable. Les preuves à ce sujet abondent dans la collection anthropologique de Waitz.

Nous nions que la notion de Dieu soit une propriété fondamentale de tous les hommes. On soutient le contraire à l'aide d'une phrase stéréotypée : les peuplades même les plus incultes seraient guidées par le sentiment et le besoin obscur d'un Dieu inconnu. Cette hypothèse est aussi ancienne que la tentative bien connue de la preuve de l'existence de Dieu : « De quo omnium natura consentit, id verum esse necesse « est. » (Ce que le consentement universel admet est nécessairement vrai.) Combien de fois a-t-on répété, sans y penser, cette sentence cicéronienne ? Or cette notion de Dieu n'est pas plus innée que la distinction du bien et du mal par la conscience. D'autres affirment le contraire. C'est ainsi que Gerland dit des Australiens (1) : « L'état de la civilisation australienne rappelle un degré supérieur. Nulle part le fait du domaine religieux n'apparaît plus clairement qu'ici. Il semble que l'on perçoive les dernières lueurs d'un passé plus brillant ; mais nous n'éprouvons nullement l'impression d'un demi-développement, d'un arrêt dans la marche. Il est donc faux qu'il n'y eût chez les Australiens aucune trace de religion ou de mythologie, mais cette religion a dégénéré, s'est abîmée en une démonologie sauvage, incohérente, souvent même absurde, au delà de toute imagination, en une crainte superstitieuse des mauvais génies. »

Quelques lignes plus loin il est dit, dans l'ouvrage en question, que les naturels habitant à l'ouest de la chaîne de Liverpool, attribuent à « Devil-Devil » tout ce qui, dans la nature, leur paraît inexplicable (2). L'auteur ajoute que c'est là évidemment un nom de divinité tiré de l'anglais *devil* (diable), et que ces peuplades ne concevaient pas plus nettement cette divinité. La faiblesse de cet argument à l'appui de l'hypothèse d'un état primitif supérieur, actuellement oublié, nous permet de conclure aux autres cas. Nous avons sujet bien plutôt de faire cadrer cet état inférieur du développement intellectuel, avec celui du développement corporel. Ne savons-nous pas que les natifs du golfe Vincent et des environs d'Adélaïde ont la chevelure très-forte, et que même les premiers cheveux des enfants sont si touffus et si longs, que la peau de ces enfants, à l'âge de cinq ou six ans, présente l'aspect d'une fourrure? Mais il est conforme à l'expérience et à l'histoire, de croire que les habitants du nord de l'Australie sont les plus primitifs, car ils ne sont pas seulement les plus civilisés, ils sont aussi corporellement et intellectuellement les mieux développés. Ce sont les seuls qui aient adopté des mœurs sédentaires, et, en tout cas, il est plus facile et plus naturel de penser que les autres

---

1. Waitz, *Anthropologie der Naturvoelker*, tome 6me, p. 796 (revu par Gerland).

2. Waitz. Ouvrage cité à la note précédente, page 798.

natifs se soient éteints dans le cours de leurs périgrinations
plutôt que de faire disparaître ceux qu'ont fixés les avantages du sol.

L'auteur, on le voit, se défait allègrement du bagage gê-
nant de l'anthropologie, telle qu'on l'a conçue jusqu'à ce
jour. Il y a, du reste, des peuplades même très-avancées qui
ne possèdent pas la notion de Dieu. Schweinfurth nous dit
que les Niam-Niam, ce peuple nain si intéressant de l'intérieur de l'Afrique, n'ont pas de mot pour Dieu, et que par
conséquent ils n'en ont pas non plus la notion; et Moritz
Wagner nous a fourni un grand nombre de documents relatifs à l'absence de conscience religieuse chez les peuples
inférieurs (1). Que si, en dépit de toutes ces confirmations,
on réplique sans cesse que les sauvages, même les plus infé-·
rieurs, manifestent le sentiment obscur d'une puissance supérieure, c'est ergoter sur les mots, et la théorie de la descendance n'y trouve plus aucun intérêt.

Toutefois nous n'abandonnerons pas ce sujet, sans énoncer
un fait bien connu, mais qui, chose surprenante, n'a pas
encore été utilisé dans cet ensemble de considérations. Ce
fait suffit, il nous semble, pour confondre ceux qui prétendent que la notion de Dieu est innée pour la nature
humaine. Il y a, parmi les peuples même les plus civilisés,
des millions de penseurs qui ne trouvent pas dans leur
conscience la notion d'un Dieu personnel. Ce sont précisément les esprits les plus éminents, les plus limpides. David
Strauss a courageusement porté la parole en leur nom, et
s'est approprié la devise de Ulrich von Hutten, son auteur
favori : J'ai osé — « Jacta est alea! »

Mais le langage? Tous les philologues de l'époque moderne s'accordent en un point : les langues se développent,
et selon toute apparence, toutes les familles de langue parcourent trois périodes. A celle des langues isolantes, tous les
mots sont racines; on se borne à les accoler les uns aux
autres. Au second degré, celui des langues agglutinantes,
une racine définit l'autre, et la racine définissante se change

____

1. *Augsburger allgemeine Zeitung*, 1873, n° 92-94, feuilleton.

finalement en un simple élément déterminant. Enfin, dans les langues à flexion, l'élément déterminant, dont la signification déterminante est depuis longtemps disparue de la conscience populaire, se réunit avec l'élément de forme en un tout homogène. Comme on l'a dit, tous les philologues admettent ce développement, sur lequel la formation rétrograde exerce également une influence étendue. Quant à l'origine des matériaux même du langage, de ces racines qui mettent à l'épreuve la sagacité du chercheur, les opinions diffèrent. Une grande autorité, Max Müller (1), voit dans la présence des racines la preuve de la séparation absolue de l'homme et de l'animal. Locke dit que l'homme se distingue de l'animal parce que l'homme peut former des notions générales; mais le philologue doit dire que la langue humaine se distingue des moyens de communication existant entre les animaux, parce qu'elle possède la faculté de former des racines. Il est inadmissible que tous les mots remontent à des sons imitatifs ou à des cris d'appel. Il est bien plus fréquent au contraire de rencontrer des racines inexplicables en soi, dont la forme est fixe et la signification universelle. La présence de ces racines, devant lesquelles la linguistique s'arrête, présenterait un obstacle insurmontable à l'admission de l'homme, comme membre du développement universel des organismes.

Sauf ce point, le célèbre savant concède naturellement tous ces phénomènes d'héritages, d'acquêts, d'atrophie qui se révèlent par les lois du langage et qui trouvent dans notre théorie de la descendance les analogies les plus complètes. Si, par exemple, nous comparons le zend et le sanscrit, et que nous en entendions expliquer certains mots, ces éclaircissements éveillent la pensée des organes rudimentaires et de leur signification. Il est une foule d'anomalies qui, à l'image des organismes isolés à l'époque moderne, sont les vestiges réguliers et les témoins des périodes philologiques écoulées; bref, jusque dans les détails même de la philologie, on retrouve la concordance et l'analogie avec la théorie de

____

1. J'ai suivi avec un grand intérêt et beaucoup de profit les leçons que ce savant a faites à Strasbourg, sur les résultats de la philologie.

la descendance des organismes et nous nous arrêterions devant les origines du langage comme devant un problème inaccessible, insondable!

La plupart des savants qui s'occupent aujourd'hui de la comparaison des langues n'en tiennent pas compte. Max Müller appelle les racines « types phonétiques fondamentaux « qui ont été produits par une force inhérente à la nature « humaine. » Pour lui, l'homme « aurait possédé à un état « plus complet le pouvoir de donner aux conceptions intel- « lectuelles de son esprit une expression meilleure, plus dé- « licatement articulée. » D'autre part, l'ingénieux Lazarus Geiger (1) considère l'hypothèse d'une faculté de création de langage actuellement perdue et celle d'un état primitif plus complet comme un appel à l'incompréhensible et un re- tour au mysticisme. L'incompris n'est pas l'incompréhen- sible. Ce n'est point notre affaire de prendre parti pour Geiger qui fait participer à la formation des mots les per- ceptions visuelles, ni pour Bleck, G. Curtius, Schleicher, Steinthal et tant d'autres qui attribuent à l'imitation phoné- tique la première place dans la génération du langage. Tou- tefois il est certain que l'opinion de Max Müller est fort précieuse pour ceux qui préfèrent répéter une leçon acquise que de critiquer par eux-mêmes, mais elle est isolée au mi- lieu de la science, et la grande majorité des hommes compé- tents à qui ce sujet, si intimement lié aux investigations scientifiques, est familier, se voit contrainte d'accepter une conclusion tirée de la philologie comparée et de la philo- sophie du langage. Il y eut à l'origine des êtres semblables aux hommes et privés de raison; ils se transformèrent peu à peu en hommes, la raison se développant avec la langue, au cours d'une longue série de siècles.

Déjà en 1851, lorsqu'il n'était nullement question de la théorie de la descendance, Steinthal (2) dit : « Avec la lan- « gue apparaît l'esprit. » Dix années après l'apparition de Darwin, Geiger écrit : « La langue a créé la raison; avant « elle l'homme en était dépourvu. » Pour lui comme pour

1. L. Geiger, *Der Ursprung der Sprache*, 1869, p. 37.
2. Steinthal, *Der Ursprung der Sprache*, 1851.

tous ceux qui se sont élevés au-dessus du mysticisme,
« l'humanité est un genre qui est sorti du monde animal
« par suite de la naissance et du développement de son
« essence particulière. » Et cette conclusion n'est point em-
pruntée au darwinisme, comme les orthodoxes et les réac-
tionnaires l'affirment avec complaisance à la foule, elle découle de la philologie par la voie qui lui est propre et à l'aide
de la méthode scientifique. Nous nous bornerons à indiquer comment Geiger a prouvé par de nombreux exemples
historiques que la lenteur du développement, les modifications insensibles conduisant à des antithèses accentuées,
sont l'origine des diverses acceptions données à un même
mot. Par conséquent, la création du langage repose sur ce
phénomène qu'elle n'apparaît nulle part avec la soudaineté
d'une catastrophe; ainsi les prétendues lois qu'on invoque
sont de pures habitudes, et la signification particulière finalement acquise par un vocable dans le cours du temps n'est
jamais que le résultat du hasard, en d'autres termes, du développement.

Ces conclusions des investigations philologiques confirment par conséquent, de la manière la plus complète, le
résultat des investigations naturelles, et si l'on se donne la
peine de poursuivre la marche de la philologie on se con-
vaincra, ainsi que nous l'avons dit, que ces représentants,
sauf Bleek, Schleicher et Friedrich Müller, tendaient plutôt
à infirmer qu'à soutenir la théorie de la descendance. Aussi
attachons-nous une grande importance à ces résultats;
nous avons fait justice de la plus puissante objection que l'on
ait élevée contre notre droit de faire rentrer l'homme dans
la grande loi du développement.

Le reste n'est qu'accessoire et amplification. On a agité
souvent une question qui est aujourd'hui parfaitement absurde : l'humanité provient-elle d'un seul couple ou bien de
plusieurs? La souche dans laquelle apparut plus tard le langage, a pris progressivement et naturellement naissance
chez les animaux, nos ancêtres. La sélection conduisant à la
langue et à la raison, devait s'exercer chez des commu-
nautés d'individus plus considérables. On se rapprocherait

davantage de la notion biblique de l'unité du genre humain, si toutes les souches linguistiques indiquaient une
source commune, mais si l'on démontrait que certaines souches philologiques conduisent à des racines entre lesquelles
tout rapprochement est impossible, la science naturelle
se verrait contrainte de confesser que diverses langues ont
pris naissance à divers endroits de la terre et que la séparation des espèces eut lieu avant que la sélection naturelle ne
fût parvenue au point de la formation du langage. Cette
dernière hypothèse est cependant de beaucoup la plus vraisemblable. Et même la plupart des philologistes qui se sont
occupés de cette question, la considèrent comme seule possible. Elle a été soutenue de la manière la plus formelle par
Friedrich Müller (1). « L'homme, dit-il, à l'époque où il
« n'y avait que des races et point de peuples, était un être
« privé de langage; il était encore totalement dépourvu de
« ce développement intellectuel qui repose sur l'activité lin-
« guistique : la considération des langues elle-même nous
« impose cette hypothèse, indépendamment des propositions
« d'histoire naturelle qui ont été développées. En effet, les
« diverses souches linguistiques auxquelles la science peut
« faire remonter les langues, supposent chez les races des
« origines totalement étrangères les unes aux autres, et
« même pour une seule et même race, elles indiquent des
« points de départ indépendants les uns des autres. »

Nous reproduisons ci-dessous l'arbre-souche dans lequel
Friedrick Müller développe l'esquisse de Haeckel. On y verra
comment il est possible de se représenter la solidarité des
familles de peuples. Il y est question d'*espèces* et de *races*
humaines. Selon l'auteur, les espèces sont anéanties, et c'est
en considérant les formes humaines actuelles comme des
races, qu'il les distingue les unes des autres. Nous n'insisterons pas sur ce sujet, car dès qu'on le serre de près ce n'est
qu'une question de mots. L'homme ne forme qu'une famille
dans l'ordre des primates et, en tous cas, il n'y est représenté
que par un seul genre. Que maintenant on appelle espèces

---

1. Friedrich Müller, *Allgemeine Ethnographie* (Vienne, 1873).

ou races les nègres, les canadiens, les papous, les américains, etc... cela est indifférent. La facilité des croisements
des hommes entre eux semblerait indiquer qu'ils forment
diverses races. Or le croisement des espèces ne diffère pas
originairement du croisement des races, et les différences
corporelles qui se manifestent dans la couleur, la chevelure,
le crâne et les autres caractères, sont accompagnées de différences philologiques aussi profondes; aussi la division du
genre humain en espèces se subdivisant elles-mêmes en races
nombreuses est-elle plus naturelle. De même que dans la
question de l'espèce, c'est le sentiment individuel qui décide
en dernier ressort. Fut-on guidé par une heureuse inspira-
tion lorsque l'on prit pour base de la classification du genre
humain, la position des cheveux distribués en boucles isolées ou répartis également sur le cuir chevelu, ou la forme
ovale ou circulaire de leur diamètre, enfin la tendance à se
boucler ou à rester raides et lisses, c'est ce que l'avenir nous
apprendra.

Les 12 races figurées sur le tableau-souche qui suit présentent des caractères distinctifs tirés de l'histoire naturelle; or on trouve chez les races les mieux connues des langues et des familles de langues qui indiquent une origine
commune; il en résulte que la formation du langage n'a
commencé qu'après la séparation des races formées des
hommes primitifs encore privés de langage. Toute chrono-
logie relative aux périodes géologiques et aux temps primitifs est mensongère au premier chef. Toutefois nous citerons
avec plaisir une appréciation de Friedrich Müller relative au
développement des langues dans la race méditerranéenne.
Les souches de langues parmi les peuples habitant surtout
le bassin de la Méditerranée sont les langues basque, cauca-
sienne, hamito-sémitique, indo-germanique. « Les langues
« de ces 4 souches » dit Müller « ne sont point parentes entre
« elles ainsi que l'admettent les philologistes les plus com-
« pétents. Si maintenant nous considérons que la race médi-
« terranéenne embrasse 4 souches de peuple qui ne présen-
« tent entre elles aucune relation de parenté, on est bien
« près de conclure que si chaque langue représente une

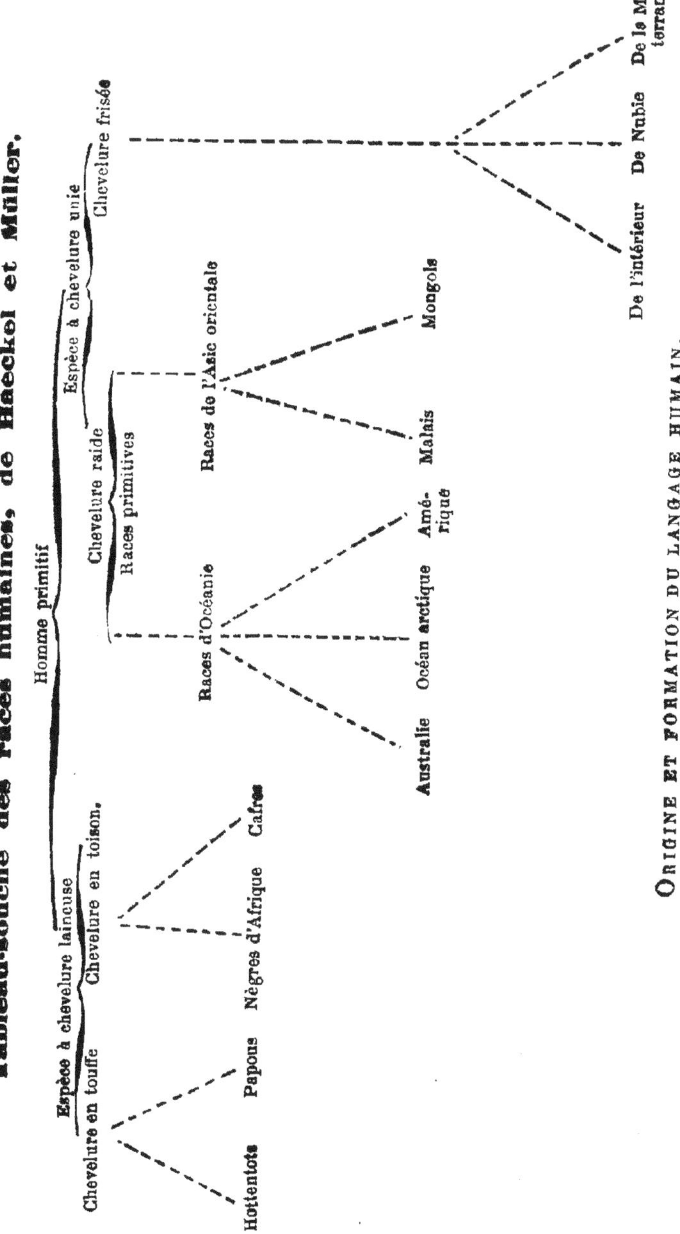
Tableau-souche des races humaines, de Haeckel et Müller.
Homme primitif
Espèce à chevelure laineuse
Espèce à chevelure unie
Chevelure en touffe
Chevelure en toison.
Chevelure frisée
Chevelure raide
Races primitives
Races de l'Asie orientale
Races d'Océanie
Hottentots
Papous
Nègres d'Afrique
Cafres
Australie
Océan arctique
Amérique
Malais
Mongols
De l'intérieur
De Nubie
De la Méditerranée
Origine et formation du langage humain.

« société, il y eut une race unique qui se fractionna peu
« ı peu en 4 sociétés dont chacune se forma une langue à
« part. On peut tirer de ces faits une dernière conclusion :
« C'est que la race en elle-même ne possède pas de langue,
« car autrement la race et la langue subsisteraient encore
« simultanément et il n'en va pas ainsi.

« Nous sommes donc forcés de supposer que le langage
« faisait totalement défaut à l'homme, lorsque les divers
peuples de la race méditerranéenne ne formaient qu'une
« unité, lorsque l'homme n'appartenait pas à tel ou tel
« peuple, lorsqu'il appartenait à une race unique. » Müller
a estimé approximativement que 3000 ans suffisaient à
représenter l'espace de temps écoulé depuis le fractionnement de la race en sociétés encore privées de langage,
jusqu'à l'époque où celles-ci formèrent des peuples séparés
et caractérisés par des langues. Un grand nombre de personnes considèrent ce chiffre comme de beaucoup insuffisant. Quand on rattache à ces considérations l'antique peuple
civilisé qui habitait l'Egypte et que l'on calcule l'époque
présumée de son émigration de l'Asie « l'année 6500 au
« moins avant le commencement de notre ère paraît être
« l'époque à laquelle il nous est permis de parler d'un
« peuple primitif hamito-sémitique dans le nord de l'Eu-
« rope. » Il existait donc il y a déjà 12 000 ans une race méditerranéenne mais il est impossible de calculer quel temps
fut nécessaire pour que l'homme primitif se divisât en races,
d'autant plus que jusqu'à ce jour on n'en a pas retrouvé
les moindres vestiges.

La géologie a prouvé d'une manière générale que les
périodes des couches terrestres rentrent insensiblement les
unes dans les autres et que la continuité n'a été interrompue
que par des circonstances locales depuis les époques tertiaires jusqu'à l'époque actuelle en passant par l'époque
diluvienne. Par suite la question de « l'homme-fossile »
que l'on considérait autrefois comme une question fondamentale a pris un autre aspect. En Europe l'homme a
vécu avec le mammouth et le rhinocéros à cloison nasale
osseuse (*elephas primigenius*, *rhinoceros tichorhinus*), ani-

maux fossiles aujourd'hui pour nous puisqu'ils ont disparu. On a affirmé que l'homme Européen aurait existé déjà à l'époque tertiaire supérieure, mais les preuves à l'appui de cette assertion sont contestables. Ce que l'on possède des restes de ces hommes les plus anciens **qui nous soient** connus, témoigne d'un développement avancé et appartient incontestablement à l'époque où l'homme avait déjà trouvé dans le langage l'instrument qui lui permit de rejeter peu à peu les scories de son origine inférieure. Que l'on trouve ou que l'on ne trouve point un jour l'homme primitif, notre origine est incontestable.

FIN

TABLE DES MATIÈRES

FIN DE LA TABLE.

Coulommiers. — Typ. Paul BRODARD et Cie.

ANCIENNE LIBRAIRIE GERMER BAILLIERE ET Cⁱᵉ

FÉLIX ALCAN, ÉDITEUR

CATALOGUE

DES

LIVRES DE FONDS

(PHILOSOPHIE — HISTOIRE)

TABLE DES MATIÈRES

On peut se procurer tous les ouvrages qui se trouvent dans ce Catalogue par l'intermédiaire des libraires de France et de l'Étranger.

On peut également les recevoir *franco* par la poste, sans augmentation des prix désignés, en joignant à la demande des TIMBRES-POSTE FRANÇAIS ou un MANDAT sur Paris.

PARIS

108, BOULEVARD SAINT-GERMAIN, 108

Au coin de la rue Hautefeuille.

MARS 1888

Les titres précédés d'un *astérisque* sont recommandés par le Ministère de l'Instruction publique pour les Bibliothèques et pour les distributions des prix des lycées et collèges. — Les lettres V. P. indiquent les volumes adoptés pour les distributions de prix et les Bibliothèques de la Ville de Paris.

BIBLIOTHÈQUE DE PHILOSOPHIE CONTEMPORAINE
Volumes in-12 brochés à 2 fr. 50.

Cartonnés toile. 3 francs. — En demi-reliure, plats papier. 4 francs.

Quelques-uns de ces volumes sont épuisés, et il n'en reste que peu d'exemplaires imprimés sur papier vélin ; ces volumes sont annoncés au prix de 5 francs.

ALAUX, professeur à la Faculté des lettres d'Alger. **Philosophie de M. Cousin.**

AUBER (Ed.). **Philosophie de la médecine.**

BALLET (G.), professeur agrégé à la Faculté de médecine. **Le Langage intérieur et les diverses formes de l'aphasie,** avec figures dans le texte. 2° édit.

BARTHÉLEMY SAINT-HILAIRE, de l'Institut. **De la Métaphysique.**

* BEAUSSIRE, de l'Institut. **Antécédents de l'hégélianisme dans la philosophie française.**

* BERSOT (Ernest), de l'Institut. **Libre Philosophie.** (V. P.)

* BERTAULD, de l'Institut. **L'Ordre social et l'Ordre moral.**

— **De la Philosophie sociale.**

BINET (A.). **La Psychologie du raisonnement,** expériences par l'hypnotisme.

BOST. **Le Protestantisme libéral.**

BOUILLIER. **Plaisir et Douleur.** Papier vélin.   5 fr.

* BOUTMY (E.), de l'Institut. **Philosophie de l'architecture en Grèce.** (V. P.)

* CHALLEMEL-LACOUR. **La Philosophie individualiste,** étude sur G. de Humboldt. (V. P.)

COIGNET (Mme C.). **La Morale indépendante.**

COQUEREL Fils (Ath.). **Transformations historiques du christianisme.**

— **La Conscience et la Foi.**

— **Histoire du Credo.**

COSTE (Ad.). **Les Conditions sociales du bonheur et de la force.** (V. P.)

DELBŒUF (J.). **La Matière brute et la matière vivante.** Étude sur l'origine de la vie et de la mort.

* ESPINAS (A.), professeur à la Faculté des lettres de Bordeaux. **La Philosophie expérimentale en Italie.**

FAIVRE (E.), professeur à la Faculté des sciences de Lyon. **De la Variabilité des espèces.**

FÉRÉ (Ch.). **Sensation et mouvement.** Étude de psycho-mécanique, avec figures.

— **Dégénérescence et criminalité,** avec figures.

FONTANÈS. **Le Christianisme moderne.**

FONVIELLE (W. de). **L'Astronomie moderne.**

* FRANCK (Ad.), de l'Institut. **Philosophie du droit pénal.** 2° édit.

— **Des Rapports de la religion et de l'Etat.** 2° édit.

— **La Philosophie mystique en France au XVIII° siècle.**

* GARNIER. **De la Morale dans l'antiquité.** Papier vélin.   5 fr.

GAUCKLER. **Le Beau et son histoire.**

HAECKEL, prof. à l'Université d'Iéna. **Les Preuves du transformisme.** 2° édit.

— **La Psychologie cellulaire.**

HARTMANN (E. de). **La Religion de l'avenir.** 2° édit.

— **Le Darwinisme,** ce qu'il y a de vrai et de faux dans cette doctrine. 3° édit.

* HERBERT SPENCER. **Classification des sciences,** trad. de M. Cazelles. 4° édit.

— **L'Individu contre l'État,** traduit par M. Gerschel. 2° édit.

Suite de la *Bibliothèque de philosophie contemporaine*, format in-12,
à 2 fr. 50 le volume.

* JANET (Paul), de l'Institut. **Le Matérialisme contemporain.** 4ᵉ édit.
— * **La Crise philosophique.** Taine, Renan, Vacherot, Littré.
— * **Philosophie de la Révolution française.** 3ᵉ édit. (V. P.)
— * **Saint-Simon et le Saint-Simonisme.**
— **Les Origines du socialisme contemporain.**
* LAUGEL (Auguste). **L'Optique et les Arts.** (V. P.)
— * **Les Problèmes de la nature.**
— * **Les Problèmes de la vie.**
— * **Les Problèmes de l'âme.**
— * **La Voix, l'Oreille et la Musique.** Papier vélin.   5 fr.
LEBLAIS. **Matérialisme et Spiritualisme.**
* LEMOINE (Albert), maître de conférences à l'Ecole normale. **Le Vitalisme et
l'Animisme.**
— * **De la Physionomie et de la Parole.**
— * **L'Habitude et l'Instinct.**
LEOPARDI. **Opuscules et Pensées,** traduit par M. Aug. Dapples.
LEVALLOIS (Jules). **Déisme et Christianisme.**
* LÉVÊQUE (Charles), de l'Institut. **Le Spiritualisme dans l'art.**
— * **La Science de l'invisible.**
LÉVY (Antoine). **Morceaux choisis des philosophes allemands.**
* LIARD, directeur de l'Enseignement supérieur. **Les Logiciens anglais con-
temporains.** 2ᵒ édit.
— * **Des définitions géométriques et des définitions empiriques.** 2ᵒ édit.
* LOTZE (H.). **Psychologie physiologique,** traduit par M. Penjon.
MARIANO. **La Philosophie contemporaine en Italie.**
* MARION, professeur à la Faculté des lettres de Paris. **J. Locke, sa vie, son
œuvre.**
* MILSAND. **L'Esthétique anglaise,** étude sur John Ruskin.
MOSSO. **La Peur.** Étude psycho-physiologique, trad. de l'italien par F. Hément
(avec figures).
ODYSSE BAROT. **Philosophie de l'histoire.**
PAULHAN. **Les Phénomènes affectifs et les lois de leur apparition.** Essai de
psychologie générale.
PI Y MARGALL. **Les Nationalités,** traduit par M. L. X. de Ricard.
* RÉMUSAT (Charles de), de l'Académie française. **Philosophie religieuse.**
RÉVILLE (A.), professeur au Collège de France. **Histoire du dogme de la divi-
nité de Jésus-Christ.**
RIBOT (Th.), direct. de la *Revue philos.* **La Philosophie de Schopenhauer.** 2ᵉ édit.
— * **Les Maladies de la mémoire.** 4ᵉ édit.
— **Les Maladies de la volonté.** 4ᵉ édit.
— **Les Maladies de la personnalité.** 2ᵉ édit.
— **Le Mécanisme de l'attention.** (*Sous presse.*)
RICHET (Ch.), professeur à la Faculté de médecine. **Essai de psychologie géné-
rale** (avec figures).
ROISEL. **De la Substance.**
SAIGEY. **La Physique moderne.** 2ᵉ tirage. (V. P.)
* SAISSET (Emile), de l'Institut. **L'Ame et la Vie.**
— * **Critique et Histoire de la philosophie** (fragm. et disc.).
SCHMIDT (O.). **Les Sciences naturelles et la Philosophie de l'inconscience.**
SCHŒBEL. **Philosophie de la raison pure.**

Suite de la *Bibliothèque de philosophie contemporaine*, format in-12,
à 2 fr. 50 le volume.

* SCHOPENHAUER. **Le Libre arbitre**, traduit par M. Salomon Reinach. 3ᵉ édit.
— * **Le Fondement de la morale**, traduit par M. A. Burdeau. 2ᵉ édit.
— **Pensées et Fragments**, avec intr. par M. J. Bourdeau. 7ᵉ édit.
SELDEN (Camille). **La Musique en Allemagne**, étude sur Mendelssohn. (V. P.)
SICILIANI (P.). **La Psychogénie moderne.**
STRICKER. **Le Langage et la Musique**, traduit par M. Schwiedland.
* STUART MILL. **Auguste Comte et la Philosophie positive**, traduit par M. Clé-
menceau. 2ᵉ édit. (V. P.)
— **L'Utilitarisme**, traduit par M. Le Monnier.
TAINE (H.), de l'Académie française. **L'Idéalisme anglais**, étude sur Carlyle.
— * **Philosophie de l'art dans les Pays-Bas.** 2ᵉ édit. (V. P.)
— * **Philosophie de l'art en Grèce.** 2ᵉ édit. (V. P.)
— * **De l'Idéal dans l'art.** Papier vélin.   5 fr.
— * **Philosophie de l'art en Italie.** Papier vélin.   5 fr.
— * **Philosophie de l'art.** Papier vélin.   5 fr.
TARDE. **La Criminalité comparée.**
TISSANDIER. **Des Sciences occultes et du Spiritisme.** Pap. vélin.   5 fr.
* VACHEROT (Et.), de l'Institut. **La Science et la Conscience.**
VÉRA (A.), professeur à l'Université de Naples. **Philosophie hégélienne.**
VIANNA DE LIMA. **L'Homme selon le transformisme.**
ZELLER. **Christian Baur et l'École de Tubingue**, traduit par M. Ritter.

BIBLIOTHÈQUE DE PHILOSOPHIE CONTEMPORAINE

Volumes in-8.

Brochés à 5 r., 7 fr. 50 et 10 fr. — Cart. anglais, 1 fr. en plus par volume.
Demi-reliure..................... 2 francs.

AGASSIZ. **De l'Espèce et des Classifications.** 1 vol.   5 fr.
BAIN (Alex.) *. **La Logique inductive et déductive.** Traduit de l'anglais par
M. G. Compayré. 2 vol. 2ᵉ édit.   20 fr.
— * **Les Sens et l'Intelligence.** 1 vol. Traduit par M. Cazelles.   10 fr.
— * **L'Esprit et le Corps.** 1 vol. 4ᵉ édit.   6 fr.
— **La Science de l'Éducation.** 1 vol. 6ᵉ édit.   6 fr.
— **Les Émotions et la Volonté.** Trad. par M. Le Monnier. 1 vol.   10 fr.
* BARDOUX, sénateur. **Les Légistes, leur influence sur la société française.**
1 vol.   5 fr.
* BARNI (Jules). **La Morale dans la démocratie.** 1 vol. 2ᵉ édit. précédée d'une
préface de M. D. Nolen, recteur de l'académie de Douai. (V. P.)   5 fr.
BEAUSSIRE (Émile), de l'Institut. **Les Principes de la morale.** 1 vol.   5 fr.
— **Les Principes du droit.** 1 vol. in-8.   5 fr.
BERTRAND (A.), professeur à la Faculté des lettres de Lyon. **L'Aperception du
corps humain par la conscience.** 1 vol.   5 fr.
BÜCHNER. **Nature et Science.** 1 vol. 2ᵉ édit. Traduit par M. Lauth.   7 fr. 50
CARRAU (Ludovic), directeur des conférences de philosophie à la Sorbonne. **La
Philosophie religieuse en Angleterre**, depuis Locke jusqu'à nos jours. 1 vol. 5 fr.
CLAY (R.). **L'Alternative, contribution à la psychologie.** 1 vol. Traduit de
l'anglais par M. A. Burdeau, député, ancien prof. au lycée Louis-le-Grand. 10 fr.
EGGER (V.), professeur à la Faculté des lettres de Nancy. **La Parole intérieure.**
1 vol.   5 fr.

Suite de la *Bibliothèque de philosophie contemporaine*, format in-8.

ESPINAS (Alf.), professeur à la Faculté des lettres de Bordeaux. **Des Sociétés animales**. 1 vol. 2ᵉ édit.   7 fr. 50

FERRI (Louis), correspondant de l'Institut. **La Psychologie de l'association**,
depuis Hobbes jusqu'à nos jours. 1 vol.   7 fr. 50

* FLINT, professeur à l'Université d'Edimbourg. **La Philosophie de l'histoire en
France**. Traduit de l'anglais par M. Ludovic Carrau, directeur des conférences
de philosophie à la Sorbonne. 1 vol.   7 fr. 50

— * **La Philosophie de l'histoire en Allemagne**. Trad. de l'angl. par M. Ludovic
Carrau. 1 vol.   7 fr. 50

FONSEGRIVES. **Essai sur le libre arbitre**. Sa théorie, son histoire. 1 vol.   10 fr.

* FOUILLÉE (Alf.), ancien maître de conférences à l'École normale supérieure.
La Liberté et le Déterminisme. 1 vol. 2ᵉ édit.   7 fr. 50

— **Critique des systèmes de morale contemporains**. 1 vol. 2ᵉ édit.   7 fr. 50

FRANCK (A.), de l'Institut. **Philosophie du droit civil**. 1 vol.   5 fr.

GAROFALO, agrégé de l'Université de Naples. **La Criminologie**. 1 vol.   7 fr. 50

* GUYAU. **La Morale anglaise contemporaine**. 1 vol. 2ᵉ édit.   7 fr. 50

— **Les Problèmes de l'esthétique contemporaine**. 1 vol.   5 fr.

— **Esquisse d'une morale sans obligation ni sanction**. 1 vol.   5 fr.

— **L'Irréligion de l'avenir**, étude de sociologie. 1 vol. 2ᵉ édit.   7 fr. 50

HERBERT SPENCER *. **Les Premiers Principes**. Traduit par M. Cazelles. 1 fort
volume.   10 fr.

— **Principes de biologie**. Traduit par M. Cazelles. 2 vol.   20 fr.

— * **Principes de psychologie**. Trad. par MM. Ribot et Espinas. 2 vol.   20 fr.

— * **Principes de sociologie** :
Tome I. Traduit par M. Cazelles. 1 vol.   10 fr.
Tome II. Traduit par MM. Cazelles et Gerschel. 1 vol.   7 fr. 50
Tome III. Traduit par M. Cazelles. 1 vol.   15 fr.
Tome IV. Traduit par M. Cazelles. 1 vol.   3 fr. 75

— * **Essais sur le progrès**. Traduit par M. A. Burdeau. 1 vol. 2ᵉ éd.   7 fr. 50

— **Essais de politique**. Traduit par M. A. Burdeau. 1 vol. 2ᵉ édit.   7 fr. 50

— **Essais scientifiques**. Traduit par M. A. Burdeau. 1 vol.   7 fr. 50

* **De l'Education physique, intellectuelle et morale**. 1 vol. 5ᵉ édit.   5 fr.

— * **Introduction à la science sociale**. 1 vol. 6ᵉ édit.   6 fr.

— **Les Bases de la morale évolutionniste**. 1 vol. 3ᵉ édit.   6 fr.

— * **Classification des sciences**. 1 vol. in-18. 2ᵉ édit.   2 fr. 50

— **L'Individu contre l'État**. Traduit par M. Gerschel. 1 vol. in-18. 2ᵉ édit. 2 fr. 50

— **Descriptive Sociology**, or Groups of sociological facts. French compiled by
James COLLIER. 1 vol. in-folio.   50 fr.

* HUXLEY, de la Société royale de Londres. **Hume, sa vie, sa philosophie**. Traduit
de l'anglais et précédé d'une Introduction par G. COMPAYRÉ. 1 vol.   5 fr.

* JANET (Paul), de l'Institut. **Les Causes finales**. 1 vol. 2ᵉ édit.   10 fr.

— * **Histoire de la science politique dans ses rapports avec la morale**.
2 forts vol. in-8. 3ᵉ édit., revue, remaniée et considérablement augmentée.   20 fr.

* LAUGEL (Auguste). **Les Problèmes** (Problèmes de la nature, problèmes de la
vie, problèmes de l'âme). 1 vol.   7 fr. 50

* LAVELEYE (de), correspondant de l'Institut. **De la Propriété et de ses formes
primitives**. 1 vol. 4ᵉ édit. (*Sous presse.*)

* LIARD, directeur de l'enseignement supérieur. **La Science positive et la Métaphysique**. 1 vol. 2ᵉ édit.   7 fr. 50

— **Descartes**. 1 vol.   5 fr.

LOMBROSO. **L'Homme criminel** (criminel-né, fou-moral, épileptique). Étude anthropologique et médico-légale, précédée d'une préface de M. le docteur LETOURNEAU.
1 vol. in-8.   10 fr.

— **Atlas** de 32 planches, contenant de nombreux portraits, fac-similés d'écritures et
de dessins, tableaux et courbes statistiques pour accompagner ledit ouvrage.   8 fr.

Suite de la *Bibliothèque de philosophie contemporaine*, format in-8.

MARION (H.), professeur à la Faculté des lettres de Paris. **De la Solidarité morale.** Essai de psychologie appliquée. 1 vol. 2ᵉ édit. (V. P.) 5 fr.

MATTHEW ARNOLD. **La Crise religieuse.** 1 vol. 7 fr. 50

MAUDSLEY. **La Pathologie de l'esprit.** 1 vol. Trad. par M. Germont. 10 fr.

* NAVILLE (E.), correspond. de l'Institut. **La Logique de l'hypothèse.** 1 vol. 5 fr.

PÉREZ (Bernard). **Les trois premières années de l'enfant.** 1 fort vol. 3ᵉ édit. 5 fr.

— **L'Enfant de trois à sept ans.** 1 vol. 5 fr.

— **L'Éducation morale dès le berceau.** 1 vol. 2ᵉ édit. 5 fr.

— **L'Art et la Peinture chez l'enfant.** (*Sous presse.*)

PIDERIT. **La Mimique et la Physiognomonie.** Trad. de l'allemand par M. Girot. 1 vol. avec 95 figures dans le texte. 5 fr.

PREYER, professeur à la Faculté d'Iéna. **Éléments de physiologie.** Traduit de l'allemand par M. J. Soury. 1 vol. 5 fr.

— **L'Ame de l'enfant.** Observations sur le développement psychique des premières années. 1 vol., traduit de l'allemand par M. H. C. de Varigny. 10 fr.

* QUATREFAGES (De), de l'Institut. **Ch. Darwin et ses précurseurs français.** 1 vol. 5 fr.

RIBOT (Th.), directeur de la *Revue philosophique*. **L'Hérédité psychologique.** 1 vol. 3ᵉ édit. 7 fr. 50

— * **La Psychologie anglaise contemporaine.** 1 vol. 3ᵉ édit. 7 fr. 50

— * **La Psychologie allemande contemporaine.** 1 vol. 2ᵉ édit. 7 fr. 50

RICHET (Ch.), professeur à la Faculté de médecine de Paris. **L'Homme et l'Intelligence.** Fragments de psychologie et de physiologie. 1 vol. 2ᵉ édit. 10 fr.

ROBERTY (E. de). **L'Ancienne et la Nouvelle philosophie.** 1 vol. 7 fr. 50

SAIGEY (Emile). **Les Sciences au XVIIIᵉ siècle.** La physique de Voltaire. 1 vol. 5 fr.

SCHOPENHAUER. **Aphorismes sur la sagesse dans la vie.** 3ᵉ édit. Traduit par M. Cantacuzène. 1 vol. 5 fr.

— **De la quadruple racine du principe de la raison suffisante,** suivi d'une *Histoire de la doctrine de l'idéal et du réel.* Trad. par M. Cantacuzène. 1 vol. 5 fr.

— **Le monde comme volonté et représentation.** Traduit de l'allemand par M. A. Burdeau. 3 vol. Tome I. 1 vol. 7 fr. 50

Les tomes II et III paraîtront dans le courant de l'année 1888.

SÉAILLES, maître de conférences à la Faculté des lettres de Paris. **Essai sur le génie dans l'art.** 1 vol. 5 fr.

SERGI, professeur à l'Université de Rome. **La Psychologie physiologique,** traduite de l'italien par M. Mouton. 1 vol. avec figures. 1888. 10 fr.

* STUART MILL. **La Philosophie de Hamilton.** 1 vol. 10 fr.

— * **Mes Mémoires.** Histoire de ma vie et de mes idées. Traduit de l'anglais par M. E. Cazelles. 1 vol. 5 fr.

— * **Système de logique déductive et inductive.** Trad. de l'anglais par M. Louis Peisse. 2 vol. 20 fr.

— * **Essais sur la religion.** 2ᵉ édit. 1 vol. 5 fr.

SULLY (James). **Le Pessimisme.** Trad. par MM. Bertrand et Gérard. 1 vol. 7 fr. 50

VACHEROT (Et.), de l'Institut. **Essais de philosophie critique.** 1 vol. 7 fr. 50

— **La Religion.** 1 vol. 7 fr. 50

WUNDT. **Éléments de psychologie physiologique.** 2 vol. avec figures, trad. de l'allem. par le Dʳ Élie Rouvier, et précédé d'une préface de M. D. Nolen. 20 fr.

ÉDITIONS ÉTRANGÈRES

Éditions anglaises.	*Éditions allemandes.*
AUGUSTE LAUGEL. The United States during the war. In-8. 7 shill. 6 p.	PAUL JANET. The Materialism of present day. 1 vol. in-18, rel. 3 shill.
ALBERT RÉVILLE. History of the doctrine of the deity of Jesus-Christ. 3 sh. 6 p.	JULES BARNI. Napoléon Iᵉʳ. In-18. 3 m.
H. TAINE. Italy (Naples et Rome). 7 sh. 6 p.	PAUL JANET. Der Materialismus unsere Zeit. 1 vol. in-18. 3 m.
H. TAINE. The Philosophy of Art. 3 sh.	H. TAINE. Philosophie der Kunst. 1 volume in-18. 3 m.

COLLECTION HISTORIQUE DES GRANDS PHILOSOPHES

PHILOSOPHIE ANCIENNE

ARISTOTE (Œuvres d'), traduction de M. BARTHÉLEMY SAINT-HILAIRE.
— **Psychologie** (Opuscules), avec notes. 1 vol. in-8 .... 10 fr.
— **Rhétorique**, avec notes. 1870. 2 vol. in-8 .... 16 fr.
— **Politique**, 1868, 1 v. in-8. 10 fr.
— **Traité du ciel**, 1866. 1 fort vol. grand in-8 .... 10 fr.
— **La Métaphysique d'Aristote.** 3 vol. in-8, 1879 .... 30 fr.
— **Traité de la production et de la destruction des choses**, avec notes. 1866. 1 v. gr. in-8 .... 10 fr.
— **De la Logique d'Aristote**, par M. BARTHÉLEMY SAINT-HILAIRE. 2 vol. in-8 .... 10 fr.
* SOCRATE. **La Philosophie de Socrate**, par M. Alf. FOUILLÉE. 2 vol. in-8 .... 16 fr.
* PLATON. **La Philosophie de Platon**, par M. Alfred FOUILLÉE. 2 vol. in-8 .... 16 fr.
* — **Études sur la Dialectique dans Platon et dans Hegel**, par M. Paul JANET. 1 vol. in-8. 6 fr.
— **Platon et Aristote**, par VAN DER REST. 1 vol. in-8 .... 10 fr.
* ÉPICURE. **La Morale d'Épicure et ses rapports avec les doctrines contemporaines**, par M. GUYAU. 1 vol. in-8. 3e édit.... 7 fr. 50
* ÉCOLE D'ALEXANDRIE. **Histoire de l'École d'Alexandrie**, par M. BARTHÉLEMY SAINT-HILAIRE. 1 v. in-8 .... 6 fr.
MARC-AURÈLE. **Pensées de Marc-Aurèle**, traduites et annotées par M. BARTHÉLEMY SAINT-HILAIRE. 1 vol. in-18 .... 4 fr. 50
BÉNARD. **La Philosophie ancienne**, histoire de ses systèmes. Première partie : *La Philosophie et la Sagesse orientales. — La Philosophie grecque avant Socrate. — Socrate et les socratiques. — Etudes sur les sophistes grecs.* 1 vol. in-8. 1885 .... 9 fr.
BROCHARD (V.). **Les Sceptiques grecs** (couronné par l'Académie des sciences morales et politiques). 1 vol. in-8. 1887 .... 8 fr.
* FABRE (Joseph). **Histoire de la philosophie, antiquité et moyen âge.** 1 vol. in-18. .... 3 fr. 50
OGEREAU. **Essai sur le système philosophique des stoïciens.** 1 vol. in-8. 1885 .... 5 fr.
FAVRE (Mme Jules), née VELTEN. **La Morale des stoïciens.** 1 volume in-18. 1887 .... 3 fr. 50
— **La Morale de Socrate.** 1 vol. in-18. 1888 .... 3 fr. 50
TANNERY (Paul). **Pour l'histoire de la science hellène** (de Thalès à Empédocle). 1 v. in-8. 1887. 7 fr. 50

PHILOSOPHIE MODERNE

* LEIBNIZ. **Œuvres philosophiques**, avec introduction et notes par M. Paul JANET. 2 vol. in-8. 16 fr.
— **Leibniz et Pierre le Grand**, par FOUCHER DE CAREIL. 1 v. in-8. 2 fr.
— **Leibniz et les deux Sophie**, par FOUCHER DE CAREIL. In-8. 2 fr.
DESCARTES, par Louis LIARD. 1 vol. in-8 .... 5 fr.
— **Essai sur l'Esthétique de Descartes**, par KRANTZ. 1 v. in-8. 6 fr.
* SPINOZA. **Dieu, l'homme et la béatitude**, trad. et précédé d'une Introd. de P. JANET. In-18. 2 fr. 50
— **Benedicti de Spinoza opera** quotquot reperta sunt, recognoverunt J. Van Vloten et J.-P.-N. Land. 2 forts vol. in-8 sur papier de Hollande. .... 45 fr.
* LOCKE. **Sa vie et ses œuvres**, par M. MARION. 1 vol. in-18. 2 fr. 50
* MALEBRANCHE. **La Philosophie de Malebranche**, par M. OLLÉ-LAPRUNE. 2 vol. in-8 ...... 16 fr.
PASCAL. **Etudes sur le scepticisme de Pascal**, par M. DROZ, 1 vol. in-8 .... 6 fr.
* VOLTAIRE. **Les sciences au XVIIIe siècle.** Voltaire physicien, par M. Em. SAIGEY. 1 vol. in-8. 5 fr.
FRANCK (Ad.). **La Philosophie mystique en France au XVIIIe siècle.** 1 vol. in-18... 2 fr. 50
* DAMIRON. **Mémoires pour servir à l'histoire de la philosophie au XVIIIe siècle.** 3 vol. in-8. 15 fr.

PHILOSOPHIE ECOSSAISE

* DUGALD STEWART. **Éléments de la philosophie de l'esprit humain**, traduits de l'anglais par L. PEISSE. 3 vol. in-12... 9 fr.
* HAMILTON. **La Philosophie de Hamilton**, par J. STUART MILL, 1 vol. in-8............. 10 fr.
* HUME. **Sa vie et sa philosophie**, par Th. HUXLEY, trad. de l'angl. par M. G. COMPAYRÉ. 1 vol. in-8. 5 fr.

PHILOSOPHIE ALLEMANDE

KANT. **Critique de la raison pure**, trad. par M. TISSOT. 2 v. in-8. 16 fr.

— Même ouvrage, traduction par M. Jules BARNI. 2 vol. in-8. . 16 fr.

* — **Éclaircissements sur la Critique de la raison pure**, trad. par M. J. TISSOT. 1 vol. in-8... 6 fr.

— **Principes métaphysiques de la morale**, augmentés des *Fondements de la métaphysique des mœurs*, traduct. par M. TISSOT. 1 v. in-8. 8 fr.

— Même ouvrage, traduction par M. Jules BARNI. 1 vol. in-8... 8 fr.

* — **La Logique**, traduction par M. TISSOT. 1 vol. in-8..... 4 fr.

* — **Mélanges de logique**, traduction par M. TISSOT. 1 v. in-8. 6 fr.

* — **Prolégomènes à toute métaphysique future** qui se présentera comme science, traduction de M. TISSOT. 1 vol. in-8... 6 fr.

* — **Anthropologie**, suivie de divers fragments relatifs aux rapports du physique et du moral de l'homme, et du commerce des esprits d'un monde à l'autre, traduction par M. TISSOT. 1 vol. in-8..... 6 fr.

— **Traité de pédagogie**, trad. J. BARNI; préface par M. Raymond THAMIN. 1 vol. in-12. 2 fr.

— **Critique de la raison pratique**, trad. et notes de M. PICAVET. 1 vol. in-8............. 5 fr.

* FICHTE. **Méthode pour arriver à la vie bienheureuse**, trad. par M. Fr. BOUILLIER. 1 vol. in-8. 8 fr.

— **Destination du savant et de l'homme de lettres**, traduit par M. NICOLAS. 1 vol. in-8. 3 fr.

* — **Doctrines de la science**. 1 vol. in-8............. 9 fr.

SCHELLING. **Bruno, ou du principe divin**. 1 vol. in-8....... 3 fr. 50

SCHELLING. **Écrits philosophiques et morceaux propres à donner une idée de son système**, traduit par M. Ch. BÉNARD. 1 vol. in-8. 9 fr.

HEGEL. * **Logique**. 2e édit. 2 vol. in-8................. 14 fr.

* — **Philosophie de la nature**. 3 vol. in-8 .... 25 fr.

* — **Philosophie de l'esprit**. 2 vol. in-8............. 18 fr.

* — **Philosophie de la religion**. 2 vol. in-8............. 20 fr.

— **Essais de philosophie hégélienne**, par A. VÉRA. 1 vol. 2 fr. 50

— **La Poétique**, trad. par M. Ch. BÉNARD. Extraits de Schiller, Gœthe Jean, Paul, etc., et sur divers sujets relatifs à la poésie. 2 v. in-8. 12 fr.

— **Esthétique**. 2 vol. in-8, traduit par M. BÉNARD....... 16 fr.

— **Antécédents de l'hégélianisme dans la philosophie française**, par M. BEAUSSIRE. 1 vol. in-18... ...... 2 fr. 50

* — **La Dialectique dans Hegel et dans Platon**, par M. Paul JANET. 1 vol. in-8............. 6 fr.

— **Introduction à la philosophie de Hegel**, par VÉRA. 1 vol. in-8. 2e édit............... 6 fr. 50

HUMBOLDT (G. de). **Essai sur les limites de l'action de l'État**. 1 vol. in-18 .... 3 fr. 50

— * **La Philosophie individualiste**, étude sur G. de HUMBOLDT, par M. CHALLEMEL-LACOUR. 1 v. in-18. 2 fr. 50

* STAHL. **Le Vitalisme et l'Animisme de Stahl**, par M. Albert LEMOINE. 1 vol. in-18.... 2 fr. 50

LESSING. **Le Christianisme moderne**. Étude sur Lessing, par M. FONTANÈS. 1 vol. in-18. 2 fr. 50

PHILOSOPHIE ALLEMANDE CONTEMPORAINE

L. BUCHNER. **Nature et Science.** 1 vol. in-8. 2e édit....... 7 fr. 50

— * **Le Matérialisme contemporain**, par M. P. JANET. 4e édit. 1 vol. in-18......... 2 fr. 50

CHRISTIAN BAUR **et l'École de Tubingue**, par M. Ed. ZELLER. 1 vol. in-18.......... 2 fr. 50

HARTMANN (E. de). **La Religion de l'avenir.** 1 vol. in-18.. 2 fr. 50

— **Le Darwinisme**, ce qu'il y a de vrai et de faux dans cette doctrine. 1 vol. in-18. 3e édition.. 2 fr. 50

HAECKEL. **Les Preuves du transformisme.** 1 vol. in-18. 2 fr. 50

— **Essais de psychologie cellulaire.** 1 vol. in-18... 2 fr. 50

O. SCHMIDT. **Les Sciences naturelles et la Philosophie de l'inconscient.** 1 v. in-18. 2 fr. 50

LOTZE (H.). **Principes généraux de psychologie physiologique.** 1 vol. in-18.......... 2 fr. 50

PIDERIT. **La Mimique et la Physiognomonie.** 1 v. in-8. 5 fr.

PREYER. **Éléments de physiologie.** 1 vol. in-8....... 5 fr.

— **L'Ame de l'enfant.** Observations sur le développement psychique des premières années. 1 vol. in-8. 10 fr.

SCHŒBEL. **Philosophie de la raison pure.** 1 vol. in-18. 2 fr. 50

SCHOPENHAUER. **Essai sur le libre arbitre.** 1 vol. in-18. 3e éd. 2 fr. 50

— **Le Fondement de la morale.** 1 vol. in-18.......... 2 fr. 50

— **Essais et fragments**, traduit et précédé d'une Vie de Schopenhauer, par M. BOURDEAU. 1 vol. in-18. 6e édit........ 2 fr. 50

— **Aphorismes sur la sagesse dans la vie.** 1 vol. in-8. 3e éd. 5 fr.

— **De la quadruple racine du principe de la raison suffisante.** 1 vol. in-8....... 5 fr.

— **Le Monde comme volonté et représentation.** Tome premier. 1 vol. in-8.......... 7 fr. 50

— **Schopenhauer et les origines de sa métaphysique**, par M. L. DUCROS. 1 vol. in-8..... 3 fr. 50

— **La Philosophie de Schopenhauer**, par M. Th. RIBOT. 1 vol. in-18. 2e édit.......... 2 fr. 50

RIBOT (Th.). **La Psychologie allemande contemporaine.** 1 vol. in-8. 2e édit......... 7 fr. 50

STRICKER. **Le Langage et la Musique.** 1 vol. in-18....... 2 fr. 50

WUNDT. **Psychologie physiologique.** 2 vol. in-8 avec fig. 20 fr.

PHILOSOPHIE ANGLAISE CONTEMPORAINE

STUART MILL *. **La Philosophie de Hamilton.** 1 fort vol. in-8. 10 fr.

— * **Mes Mémoires.** Histoire de ma vie et de mes idées. 1 v. in-8. 5 fr.

— * **Système de logique** déductive et inductive. 2 v. in-8. 20 fr.

— * **Auguste Comte** et la philosophie positive. 1 vol. in-18. 2 fr. 50

— **L'Utilitarisme.** 1 v. in-18. 2 fr. 50

— **Essais sur la Religion.** 1 vol. in-8. 2e édit.......... 5 fr.

— **La République de 1848 et ses détracteurs.** 1 v. in-18. 1 fr.

— **La Philosophie de Stuart Mill**, par H. LAURET. 1 v. in-8. 6 fr.

HERBERT SPENCER *. **Les Premiers Principes.** 1 fort volume in-8.............. 10 fr.

HERBERT SPENCER *. **Principes de biologie.** 2 forts vol. in-8. 20 fr.

— * **Principes de psychologie.** 2 vol. in-8........... 20 fr.

— * **Introduction à la science sociale.** 1 v. in-8 cart. 6e édit. 6 fr.

— * **Principes de sociologie.** 4 vol. in-8............. 36 fr. 25

— * **Classification des sciences.** 1 vol. in-18, 2e édition. 2 fr. 50

— * **De l'éducation intellectuelle, morale et physique.** 1 vol. in-8, 5e édit............. 5 fr.

— * **Essais sur le progrès.** 1 vol. in-8. 2e édit.......... 7 fr. 50

— **Essais de politique.** 1 vol. in-8. 2e édit........ 7 fr. 50

— **Essais scientifiques.** 1 vol. in-8................. 7 fr. 50

HERBERT SPENCER *. **Les Bases de la morale évolutionniste.** 1 vol. in-8. 3° édit......... 6 fr.
— **L'Individu contre l'Etat.** 1 vol in-18. 2° édit......... 2 fr. 50
BAIN *. **Des sens et de l'intelligence.** 1 vol. in-8.... 10 fr.
— **Les Émotions et la Volonté.** 1 vol. in-8............ 10 fr.
— * **La Logique inductive et déductive.** 2 vol. in-8. 2° édit. 20 fr.
— * **L'Esprit et le Corps.** 1 vol. in-8, cartonné, 4° édit .... 6 fr.
— * **La Science de l'éducation.** 1 vol. in-8, cartonné. 6° édit. 6 fr.
DARWIN *. **Ch. Darwin et ses précurseurs français**, par M. de QUATREFAGES. 1 vol. in-8.. 5 fr.
— *. **Descendance et Darwinisme**, par Oscar SCHMIDT. 1 vol. in-8 cart. 5° édit......... 6 fr.
— **Le Darwinisme**, par E. DE HARTMANN. 1 vol. in-18.. 2 fr. 50
FERRIER. **Les Fonctions du Cerveau.** 1 vol. in-8....... 10 fr.
CHARLTON BASTIAN. **Le cerveau**, organe de la pensée chez l'homme et les animaux. 2 vol. in-8. 12 fr.
CARLYLE. **L'Idéalisme anglais**, étude sur Carlyle, par H. TAINE. 1 vol. in-18........... 2 fr. 50
BAGEHOT *. **Lois scientifiques du développement des nations.** 1 vol. in-8, cart. 4° édit.... 6 fr.

DRAPER. **Les Conflits de la science et de la religion.** 1 volume in-8. 7° édit............. 6 fr.
RUSKIN (JOHN) *. **L'Esthétique anglaise**, étude sur J. Ruskin, par MILSAND. 1 vol. in-18 ... 2 fr. 50
MATTHEW ARNOLD. **La Crise religieuse.** 1 vol. in-8.... 7 fr. 50
MAUDSLEY *. **Le Crime et la Folie.** 1 vol. in-8. cart. 5° édit... 6 fr.
— **La Pathologie de l'esprit.** 1 vol in-8............. 10 fr.
FLINT *. **La Philosophie de l'histoire en France et en Allemagne.** 2 vol in-8. Chacun, séparément .... 7 fr. 50
RIBOT (Th.). **La Psychologie anglaise contemporaine.** 3° édit. 1 vol. in-8.......... 7 fr. 50
LIARD *. **Les Logiciens anglais contemporains.** 1 vol. in-18. 2° édit............. 2 fr. 50
GUYAU *. **La Morale anglaise contemporaine.** 1 v. in-8. 2° éd. 7 fr. 50
HUXLEY *. **Hume, sa vie, sa philosophie.** 1 vol. in-8...... 5 fr.
JAMES SULLY. **Le Pessimisme.** 1 vol. in-8........... 7 fr. 50
— **Les Illusions des sens et de l'esprit.** 1 vol. in-8, cart.. 6 fr.
CARRAU (L.). **La Philosophie religieuse en Angleterre**, depuis Locke jusqu'à nos jours. 1 volume in-8.................... 5 fr.

PHILOSOPHIE ITALIENNE CONTEMPORAINE

SICILIANI. **La Psychogénie moderne.** 1 vol. in-18..... 2 fr. 50
ESPINAS *. **La Philosophie expérimentale en Italie**, origines, état actuel. 1 vol. in-18. 2 fr. 50
MARIANO. **La Philosophie contemporaine en Italie**, essais de philos. hégélienne. 1 v. in-18. 2 fr. 50
FERRI (Louis). **Essai sur l'histoire de la philosophie en Italie au XIX° siècle.** 2 vol. in-8. 12 fr.
— **La Philosophie de l'association depuis Hobbes jusqu'à nos jours.** In-8......... 7 fr. 50

MINGHETTI. **L'État et l'Église.** 1 vol. in-8.................. 5 fr.
LEOPARDI. **Opuscules et pensées.** 1 vol. in-18.......... 2 fr. 50
MOSSO. **La Peur.** 1 vol. in-18. 2 fr. 50
LOMBROSO. **L'Homme criminel.** 1 vol. in-8............ 10 fr.
MANTEGAZZA. **La Physionomie et l'Expression des sentiments.** 1 vol. in-8 cart......... 6 fr.
SERGI. **La Psychologie physiologique.** 1 vol. in-8... 7 fr. 50
GAROFALO. **La Criminologie.** 1 volume in-8............ 7 fr. 50

BIBLIOTHÈQUE
D'HISTOIRE CONTEMPORAINE

Volumes in-18 brochés à 3 fr. 50. — Volumes in-8 brochés à 5 et 7 francs.

Cartonnage anglais, 50 cent. par vol. in-18; 1 fr. par vol. in-8.

Demi-reliure, 1 fr. 50 par vol. in-18; 2 fr. par vol. in-8.

EUROPE

* SYBEL (H. de). **Histoire de l'Europe pendant la Révolution française,** traduit de l'allemand par Mlle DOSQUET. Ouvrage complet en 6 vol. in-8. 42 fr.
Chaque volume séparément. 7 fr.

FRANCE

BLANC (Louis). **Histoire de Dix ans.** 5 vol. in-8. (V. P.) 25 fr.
Chaque volume séparément. 5 fr.
— 25 pl. en taille-douce. Illustrations pour l'*Histoire de Dix ans.* 6 fr.
* BOERT. **La Guerre de 1870-1871,** d'après le colonel fédéral suisse Rustow. 1 vol. in-18. (V. P.) 3 fr. 50
CARLYLE. **Histoire de la Révolution française.** Traduit de l'anglais. 3 vol. in-18. Chaque volume. 3 fr. 50
* CARNOT (H.), sénateur. **La Révolution française,** résumé historique. 1 volume in-18. Nouvelle édit. (V. P.) 3 fr. 50
ÉLIAS REGNAULT. **Histoire de Huit ans** (1840-1848). 3 vol. in-8. 15 fr.
Chaque volume séparément. 5 fr.
— 14 planches en taille-douce, illustrations pour l'*Histoire de Huit ans.* 4 fr.
* GAFFAREL (P.), professeur à la Faculté des lettres de Dijon. **Les Colonies françaises.** 1 vol. in-8. 3° édit. (V. P.) 5 fr.
* LAUGEL (A.). **La France politique et sociale.** 1 vol. in-8. 5 fr.
ROCHAU (de). **Histoire de la Restauration.** 1 vol. in-18. 3 fr. 50
* TAXILE DELORD. **Histoire du second Empire** (1848-1870). 6 vol. in-8. 42 fr.
Chaque volume séparément. 7 fr.
WAHL, professeur au lycée Lakanal. **L'Algérie.** 1 vol. in-8. (V. P.) 5 fr.
LANESSAN (de), député. **L'Expansion coloniale de la France.** Étude économique, politique et géographique sur les établissements français d'outre-mer. 1 fort vol. in-8, avec cartes. 1886. 12 fr.
— **La Tunisie.** 1 vol. in-8 avec une carte en couleurs (1887). 5 fr.
— **L'Indo-Chine française.** 1 vol. in-8 avec cartes. (*Sous presse.*)

ANGLETERRE

* BAGEHOT (W.). **La Constitution anglaise.** Traduit de l'anglais. 1 volume in-18. (V. P.) 3 fr. 50
— * **Lombard-street.** Le Marché financier en Angleterre. 1 vol. in-18. 3 fr. 50
GLADSTONE (E. W.). **Questions constitutionnelles** (1873-1878). — Le prince-époux. — Le droit électoral. Traduit de l'anglais, et précédé d'une Introduction par Albert GIGOT. 1 vol. in-8. 5 fr.
* LAUGEL (Aug.). **Lord Palmerston et lord Russel.** 1 vol. in-18. 3 fr. 50
* SIR CORNEWAL LEWIS. **Histoire gouvernementale de l'Angleterre depuis 1770 jusqu'à 1830.** Traduit de l'anglais. 1 vol. in-8. 7 fr.
* REYNALD (H.), doyen de la Faculté des lettres d'Aix. **Histoire de l'Angleterre** depuis la reine Anne jusqu'à nos jours. 1 vol. in-18. 2° édit. (V. P.) 3 fr. 50
* THACKERAY. **Les Quatre George.** Traduit de l'anglais par LEFOYER. 1 vol. in-18. (V. P.) 3 fr. 50

ALLEMAGNE

* **BOURLOTON** (Ed.). **L'Allemagne contemporaine.** 1 vol. in-18.   3 fr. 50

* **VÉRON** (Eug.). **Histoire de la Prusse,** depuis la mort de Frédéric II jusqu'à la
bataille de Sadowa. 1 vol. in-18. 4ᵉ édit. (V. P.)   3 fr. 50

— * **Histoire de l'Allemagne,** depuis la bataille de Sadowa jusqu'à nos jours.
1 vol. in-18. 2ᵉ édit. (V. P.)   3 fr. 50

AUTRICHE-HONGRIE

* **ASSELINE** (L.). **Histoire de l'Autriche,** depuis la mort de Marie-Thérèse jusqu'à
nos jours. 1 vol. in-18. 3ᵉ édit. (V. P.)   3 fr. 50

SAYOUS (Ed.), professeur à la Faculté des lettres de Toulouse. **Histoire des Hongrois** et de leur littérature politique, de 1790 à 1815. 1 vol. in-18.   3 fr. 50

ITALIE

SORIN (Élie). **Histoire de l'Italie,** depuis 1815 jusqu'à la mort de Victor-Emma-
nuel. 1 vol. in-18.   3 fr. 50

ESPAGNE

* **REYNALD** (H.). **Histoire de l'Espagne** depuis la mort de Charles III jusqu'à
nos jours. 1 vol. in-18. (V. P.)   3 fr. 50

RUSSIE

HERBERT BARRY. La Russie contemporaine. Traduit de l'anglais. 1 vol. in-18.
(V. P.)   3 fr. 50

CRÉHANGE (M.). **Histoire contemporaine de la Russie.** 1 vol. in-18. (V. P.) 3 fr. 50

SUISSE

* **DAENDLIKER. Histoire du peuple suisse.** Trad. de l'allem. par Mᵐᵉ Jules FAVRE
et précédé d'une Introduction de M. Jules FAVRE. 1 vol. in-8. (V. P.)   5 fr.

DIXON (H.). **La Suisse contemporaine.** 1 vol. in-18, trad. de l'angl. (V. P.) 3 fr. 50

AMÉRIQUE

DEBERLE (Alf.). **Histoire de l'Amérique du Sud,** depuis sa conquête jusqu'à nos
jours. 1 vol. in-18. 2ᵉ édit. (V. P.)   3 fr. 50

* **LAUGEL** (Aug.). **Les États-Unis pendant la guerre.** 1861-1864. Souvenirs
personnels. 1 vol. in-18.   3 fr. 50

---

* **BARNI** (Jules). **Histoire des idées morales et politiques en France au
dix-huitième siècle.** 2 vol. in-18. (V. P.) Chaque volume.   3 fr. 50

— * **Les Moralistes français au dix-huitième siècle.** 1 vol. in-18 faisant suite
aux deux précédents. (V. P.)   3 fr. 50

BEAUSSIRE (Émile), de l'Institut. **La Guerre étrangère et la Guerre civile.**
1 vol. in-18.   3 fr. 50

* **DESPOIS** (Eug.). **Le Vandalisme révolutionnaire.** Fondations littéraires, scientifiques et artistiques de la Convention. 2ᵉ édition, précédée d'une notice sur
l'auteur par M. Charles BIGOT. 1 vol. in-18. (V. P.)   3 fr. 50

* **CLAMAGERAN** (J.), sénateur. **La France républicaine.** 1 vol. in-18. (V. P.) 3 fr. 50

LAVELEYE (E. de), correspondant de l'Institut. **Le Socialisme contemporain.**
1 vol. in-18. 3ᵉ édit.   3 fr. 50

MARCELLIN PELLET, ancien député. **Variétés révolutionnaires.** 2 vol. in-18,
précédés d'une Préface de A. RANC. Chaque volume séparément.   3 fr. 50

SPULLER (E.), député, ancien ministre de l'Instruction publique. **Figures disparues,** portraits contemporains, littéraires et politiques. 1 vol. in-18. 2ᵉ édit. 3 fr. 50

BIBLIOTHÈQUE HISTORIQUE ET POLITIQUE

* ALBANY DE FONBLANQUE. **L'Angleterre, son gouvernement, ses institutions.** Traduit de l'anglais sur la 14ᵉ édition par M. F. C. DREYFUS, avec Introduction par M. H. BRISSON. 1 vol. in-8. 5 fr.

BENLOEW. **Les Lois de l'Histoire.** 1 vol. in-8. 5 fr.

* DESCHANEL (E.). **Le Peuple et la Bourgeoisie.** 1 vol. in-8. 5 fr.

DU CASSE. **Les Rois frères de Napoléon Iᵉʳ.** 1 vol. in-8. 10 fr.

MINGHETTI. **L'État et l'Église.** 1 vol. in-8. 5 fr.

LOUIS BLANC. **Discours politiques** (1848-1881). 1 vol. in-8. 7 fr. 50

PHILIPPSON. **La Contre-révolution religieuse au XVIᵉ siècle.** 1 vol. in-8. 10 fr.

HENRARD (P.). **Henri IV et la princesse de Condé.** 1 vol. in-8. 6 fr.

NOVICOW. **La Politique Internationale,** précédé d'une Préface de M. Eugène VÉRON. 1 fort vol. in-8. 7 fr.

DREYFUS (F. C.). **La France, son gouvernement, ses institutions.** 1 vol. (*Sous presse.*)

PUBLICATIONS HISTORIQUES ILLUSTRÉES

HISTOIRE ILLUSTRÉE DU SECOND EMPIRE, par Taxile DELORD. 6 vol. in-8 colombier avec 500 gravures de FERAT, Fr. REGAMEY, etc.

Chaque vol. broché, 8 fr. — Cart. doré, tr. dorées. 11 fr. 50

HISTOIRE POPULAIRE DE LA FRANCE, depuis les origines jusqu'en 1815. — Nouvelle édition. — 4 vol. in-8 colombier avec 1323 gravures sur bois dans le texte.

Chaque vol., avec gravures, broché, 7 fr. 50 — Cart. doré, tranches dorées.. 11 fr.

RECUEIL DES INSTRUCTIONS

DONNÉES

AUX AMBASSADEURS ET MINISTRES DE FRANCE

DEPUIS LES TRAITÉS DE WESTPHALIE JUSQU'A LA RÉVOLUTION FRANÇAISE

Publié sous les auspices de la Commission des archives diplomatiques au Ministère des affaires étrangères.

Beaux volumes in-8 cavalier, imprimés sur papier de Hollande :

I. — **AUTRICHE,** avec Introduction et notes, par M. Albert SOREL. 20 fr.

II. — **SUÈDE,** avec Introduction et notes, par M. A. GEFFROY, membre de l'Institut... 20 fr.

III. — **PORTUGAL,** avec Introduction et notes, par le vicomte DE CAIX DE SAINT-AYMOUR.................................... 20 fr.

La publication se continuera par les volumes suivants

POLOGNE, par M. Louis Farges.
ROME, par M. Hanotaux.
ANGLETERRE, par M. Jusserand.
PRUSSE, par M. E. Lavisse.
RUSSIE, par M. A. Rambaud.
TURQUIE, par M. Girard de Rialle.
HOLLANDE, par M. H. Maze.
ESPAGNE, par M. Morel Fatio.

DANEMARK, par M. Geffroy.
SAVOIE ET MANTOUE, par M. Armingaud.
BAVIÈRE ET PALATINAT, par M. Lebon.
NAPLES ET PARME, par M. Joseph Reinach.
DIÈTE GERMANIQUE, par M. Chuquet.
VENISE, par M. Jean Kaulek.

INVENTAIRE ANALYTIQUE

DES

ARCHIVES DU MINISTÈRE DES AFFAIRES ÉTRANGÈRES

Publié sous les auspices de la Commission des archives diplomatiques

I. — **Correspondance politique de MM. de CASTILLON et de MARILLAC, ambassadeurs de France en Angleterre (1538. 1540)**, par M. JEAN KAULEK, avec la collaboration de MM. Louis Farges et Germain Lefèvre-Pontalis. 1 beau volume in-8 raisin sur papier fort.. 15 francs.

II. — **Papiers de BARTHÉLEMY**, ambassadeur de France en Suisse, de 1792 à 1797. Année 1792, par M. Jean KAULEK. 1 beau vol. in-8 raisin sur papier fort.. 15 fr.

III. — **Papiers de BARTHÉLEMY** (janvier-août 1793), par M. Jean KAULEK. 1 beau vol. in-8 raisin sur papier fort............... 15 fr.

IV. — **Angleterre**, 1546-1549. AMBASSADE DE M. DE SELVE, par M. G. Lefèvre-Pontalis. 1 beau vol. in-8 raisin sur papier fort.... 15 fr

Sous presse : **Papiers de BARTHÉLEMY**. Fin de l'année 1793, par M. J. Kaulek.

ANTHROPOLOGIE ET ETHNOLOGIE

EVANS (John). **Les Ages de la pierre.** 1 vol. grand in-8, avec 467 figures dans le texte. 15 fr. — En demi-reliure. 18 fr.

EVANS (John). **L'Age du bronze.** 1 vol. grand in-8, avec 540 figures dans le texte, broché, 15 fr. — En demi-reliure. 18 fr.

GIRARD DE RIALLE. **Les Peuples de l'Afrique et de l'Amérique.** 1 vol. petit in-18. 60 cent.

GIRARD DE RIALLE. **Les Peuples de l'Asie et de l'Europe.** 1 vol. petit in-18. 60 c.

HARTMANN (R.). **Les Peuples de l'Afrique.** 1 vol. in-8, avec fig. 6 fr.

HARTMANN (R.). **Les Singes anthropoïdes.** 1 vol. in-8 avec fig. 6 fr.

JOLY (N.). **L'Homme avant les métaux.** 1 vol. in-8 avec 150 figures dans le texte et un frontispice. 4e édit. 6 fr.

LUBBOCK (Sir John). **Les Origines de la civilisation.** État primitif de l'homme et mœurs des sauvages modernes. 1877. 1 vol. gr. in-8, avec figures et planches hors texte. Trad. de l'anglais par M. Ed. BARBIER. 2e édit. 1877. 15 fr. — Relié en demi-maroquin, avec tr. dorées. 18 fr.

LUBBOCK (Sir John). **L'Homme préhistorique.** 3e édit., avec figures dans le texte. 2 vol. in-8. 12 fr.

PIÉTREMENT. **Les Chevaux dans les temps préhistoriques et historiques.** 1 fort vol. gr. in-8. 15 fr.

DE QUATREFAGES. **L'Espèce humaine.** 1 vol. in-8. 6e édit. 6 fr.

WHITNEY. **La Vie du langage.** 1 vol. in-8. 3e édit. 6 fr.

CARETTE (le colonel). **Études sur les temps antéhistoriques.** Première étude : *Le langage.* 1 vol. in-8. 1878. 8 fr.

REVUE PHILOSOPHIQUE

DE LA FRANCE ET DE L'ÉTRANGER

Dirigée par TH. RIBOT

Professeur au Collège de France.

(13ᵉ année, 1888.)

La Revue philosophique paraît tous les mois, par livraisons de 6 ou 7 feuilles grand in-8, et forme ainsi à la fin de chaque année deux forts volumes d'environ 680 pages chacun.

CHAQUE NUMÉRO DE LA *REVUE* CONTIENT :

1° Plusieurs articles de fond ; 2° des analyses et comptes rendus des nouveaux ouvrages philosophiques français et étrangers ; 3° un compte rendu aussi complet que possible des *publications périodiques* de l'étranger pour tout ce qui concerne la philosophie ; 4° des notes, documents, observations, pouvant servir de matériaux ou donner lieu à des vues nouvelles.

Prix d'abonnement :

Un an, pour Paris, 30 fr. — Pour les départements et l'étranger, 33 fr.

La livraison......................... 3 fr.

Les années écoulées se vendent séparément 30 francs, et par livraisons de 3 francs.

REVUE HISTORIQUE

Dirigée par G. MONOD

Maître de conférences à l'École normale, directeur à l'École des hautes études.

(13ᵉ année, 1888.)

La Revue historique paraît tous les deux mois, par livraisons grand in-8 de 15 ou 16 feuilles, de manière à former à la fin de l'année trois beaux volumes de 500 pages chacun.

CHAQUE LIVRAISON CONTIENT :

I. Plusieurs *articles de fond*, comprenant chacun, s'il est possible, un travail complet. — II. Des *Mélanges et Variétés*, composés de documents inédits d'une étendue restreinte et de courtes notices sur des points d'histoire curieux ou mal connus. — III. Un *Bulletin historique* de la France et de l'étranger, fournissant des renseignements aussi complets que possible sur tout ce qui touche aux études historiques. — IV. Une *analyse des publications périodiques* de la France et de l'étranger, au point de vue des études historiques. — V. Des *Comptes rendus critiques* des livres d'histoire nouveaux.

Prix d'abonnement :

Un an, pour Paris, 30 fr. — Pour les départements et l'étranger, 33 fr.

La livraison.................... 6 fr.

Les années écoulées se vendent séparément 30 francs, et par fascicules de 6 francs. Les fascicules de la 1ʳᵉ année se vendent 9 francs.

Tables générales des matières contenues dans les cinq premières années de la Revue historique.

I. — Années 1876 à 1880, par M. CHARLES BÉMONT.

II. — Années 1881 à 1885, par M. RENÉ COUDERC.

Chaque Table formant un vol. in-8, 3 francs ; 1 fr. 50 pour les abonnés.

ANNALES DE L'ÉCOLE LIBRE

DES

SCIENCES POLITIQUES

RECUEIL TRIMESTRIEL

Publié avec la collaboration des professeurs et des anciens élèves de l'école

TROISIÈME ANNÉE, 1888

COMITÉ DE RÉDACTION :

M. Émile BOUTMY, de l'Institut, directeur de l'École; M. Léon SAY, de l'Académie française, ancien ministre des Finances; M. ALF. DE FOVILLE, chef du bureau de statistique au ministère des Finances, professeur au Conservatoire des arts et métiers; M. R. STOURM, ancien inspecteur des Finances et administrateur des Contributions indirectes; M. Alexandre RIBOT. député; M. Gabriel ALIX; M. L. RENAULT, professeur à la Faculté des lettres de Paris; M. André LEBON; M. Albert SOREL; M. PIGEONNEAU, professeur à la Sorbonne; M. A. VANDAL, auditeur de 1ʳᵉ classe au Conseil d'État; Directeurs des groupes de travail, professeurs à l'École.

Secrétaire de la rédaction : M. Aug. ARNAUNÉ, docteur en droit.

La première livraison des **Annales de l'École libre des sciences politiques** a paru le 15 janvier 1886.

Les sujets traités embrassent tout le champ couvert par le programme d'enseignement de l'Ecole : *Economie politique, finances, statistique, histoire constitutionnelle, droit international, public et privé, droit administratif, législations civile et commerciale privées, histoire législative et parlementaire, histoire diplomatique, géographie économique, ethnographie, etc.*

La direction du Recueil ne néglige aucune des questions qui présentent, tant en France qu'à l'étranger, un intérêt pratique et actuel. L'esprit et la méthode en sont strictement scientifiques.

Les *Annales* contiennent en outre des notices bibliographiques et des correspondances de l'étranger.

Cette publication présente donc un intérêt considérable pour toutes les personnes qui s'adonnent à l'étude des sciences politiques. Sa place est marquée dans toutes les Bibliothèques des Facultés, des Universités et des grands corps délibérants.

MODE DE PUBLICATION ET CONDITIONS D'ABONNEMENT

Les *Annales de l'École libre des sciences politiques* paraissent tous les trois mois (15 janvier, 15 avril, 15 juillet et 15 octobre), par fascicules gr. in-8, de 160 pages chacun.

Les conditions d'abonnement sont les suivantes :

	Paris	**16** francs.
Un an (du 15 janvier)	Départements et étranger.	**17** —
	La livraison.	**5** —

Les années précédentes se vendent chacune 16 francs ou, par livraisons de 5 francs.

BIBLIOTHÈQUE SCIENTIFIQUE
INTERNATIONALE
Publiée sous la direction de M. Émile ALGLAVE

La *Bibliothèque scientifique internationale* est une œuvre dirigée par les auteurs mêmes, en vue des intérêts de la science, pour la populariser sous toutes ses formes, et faire connaître immédiatement dans le monde entier les idées originales, les directions nouvelles, les découvertes importantes qui se font chaque jour dans tous les pays. Chaque savant expose les idées qu'il a introduites dans la science, et condense pour ainsi dire ses doctrines les plus originales.

On peut ainsi, sans quitter la France, assister et participer au mouvement des esprits en Angleterre, en Allemagne, en Amérique, en Italie, tout aussi bien que les savants mêmes de chacun de ces pays.

La *Bibliothèque scientifique internationale* ne comprend pas seulement des ouvrages consacrés aux sciences physiques et naturelles, elle aborde aussi les sciences morales, comme la philosophie, l'histoire, la politique et l'économie sociale, la haute législation, etc.; mais les livres traitant des sujets de ce genre se rattachent encore aux sciences naturelles, en leur empruntant les méthodes d'observation et d'expérience qui les ont rendues si fécondes depuis deux siècles.

Cette collection paraît à la fois en français, en anglais, en allemand et en italien : à Paris, chez Félix Alcan ; à Londres, chez C. Kegan, Paul et Cⁱᵉ ; à New-York, chez Appleton ; à Leipzig, chez Brockhaus ; et à Milan, chez Dumolard frères.

LISTE DES OUVRAGES PAR ORDRE D'APPARITION

VOLUMES IN-8, CARTONNÉS A L'ANGLAISE, A 6 FRANCS.

Les mêmes en demi-reliure veau, avec coins, tranche supérieure dorée, non rognés...................... 10 francs.

* 1. J. TYNDALL. **Les Glaciers et les Transformations de l'eau,** avec figures. 1 vol. in-8. 5ᵉ édition. 6 fr.

* 2. BAGEHOT. **Lois scientifiques du développement des nations** dans leurs rapports avec les principes de la sélection naturelle et de l'hérédité. 1 vol. in-8. 4ᵉ édition. 6 fr.

* 3. MAREY. **La Machine animale,** locomotion terrestre et aérienne, avec de nombreuses fig. 1 vol. in-8. 4ᵉ édit. augmentée. 6 fr.

4. BAIN. **L'Esprit et le Corps.** 1 vol. in-8. 4ᵉ édition. 6 fr.

* 5. PETTIGREW. **La Locomotion chez les animaux,** marche, natation. 1 vol. in-8, avec figures. 2ᵉ édit. 6 fr.

* 6. HERBERT SPENCER. **La Science sociale.** 1 v. in-8. 8ᵉ édit. 6 fr.

* 7. SCHMIDT (O.). **La Descendance de l'homme et le Darwinisme.** 1 vol. in-8, avec fig. 5ᵉ édition. 6 fr.

8. MAUDSLEY. **Le Crime et la Folie.** 1 vol. in-8. 4e édit.   6 fr.

* 9. VAN BENEDEN. **Les Commensaux et les Parasites dans le règne animal.** 1 vol. in-8, avec figures. 3e édit.   6 fr.

* 10. BALFOUR STEWART. **La Conservation de l'énergie,** suivi d'une Étude sur la *nature de la force,* par *M. P. de Saint-Robert,* avec figures. 1 vol. in-8. 4e édition.   6 fr.

11. DRAPER. **Les Conflits de la science et de la religion.** 1 vol. in-8. 7e édition.   6 fr.

12. L. DUMONT. **Théorie scientifique de la sensibilité.** 1 vol. in-8. 3e édition.   6 fr.

* 13. SCHUTZENBERGER. **Les Fermentations.** 1 vol. in-8, avec fig. 4e édition.   6 fr.

* 14. WHITNEY. **La Vie du langage.** 1 vol. in-8. 3e édit.   6 fr.

15. COOKE et BERKELEY. **Les Champignons.** 1 vol. in-8, avec figures. 3e édition.   6 fr.

16. BERNSTEIN. **Les Sens.** 1 vol. in-8, avec 91 fig. 4e édit.   6 fr.

* 17. BERTHELOT. **La Synthèse chimique.** 1 vol. in-8. 5e édit.   6 fr.

* 18. VOGEL. **La Photographie et la Chimie de la lumière,** avec 95 figures. 1 vol. in-8. 4e édition.   6 fr.

* 19. LUYS. **Le Cerveau et ses fonctions,** avec figures. 1 vol. in-8. 6e édition.   6 fr.

* 20. STANLEY JEVONS. **La Monnaie et le Mécanisme de l'échange.** 1 vol. in-8. 4e édition.   6 fr.

21. FUCHS. **Les Volcans et les Tremblements de terre.** 1 vol. in-8, avec figures et une carte en couleur. 4e édition.   6 fr.

* 22. GÉNÉRAL BRIALMONT. **Les Camps retranchés et leur rôle dans la défense des États,** avec fig. dans le texte et 2 planches hors texte. 3e édit.   6 fr.

23. DE QUATREFAGES. **L'Espèce humaine.** 1 vol. in-8. 8e édit.   6 fr.

* 24. BLASERNA et HELMHOLTZ. **Le Son et la Musique.** 1 vol. in-8, avec figures. 4e édition.   6 fr.

* 25. ROSENTHAL. **Les Nerfs et les Muscles.** 1 vol. in-8, avec 75 figures. 3e édition.   6 fr.

* 26. BRUCKE et HELMHOLTZ. **Principes scientifiques des beaux-arts.** 1 vol. in-8, avec 39 figures. 2e édition.   6 fr.

* 27. WURTZ. **La Théorie atomique.** 1 vol. in-8. 4e édition.   6 fr.

* 28-29. SECCHI (le père). **Les Étoiles.** 2 vol. in-8, avec 63 figures dans le texte et 17 planches en noir et en couleur hors texte. 2e édit.   12 fr.

30. JOLY. **L'Homme avant les métaux.** 1 vol. in-8, avec figures. 4e édition.   6 fr.

* 31. A. BAIN. **La Science de l'éducation.** 1 vol. in-8. 6e édition.   6 fr.

* 32-33. THURSTON (R.). **Histoire de la machine à vapeur,** précédée d'une Introduction par M. HIRSCH. 2 vol. in-8, avec 140 figures dans le texte et 16 planches hors texte. 3e édition.   12 fr.

34. HARTMANN (R.). **Les Peuples de l'Afrique.** 1 vol. in-8, avec figures. 2e édition.   6 fr.

* 35. HERBERT SPENCER. **Les Bases de la morale évolutionniste.** 1 vol. in-8. 3e édition.   6 fr.

36. HUXLEY. **L'Écrevisse,** introduction à l'étude de la zoologie. 1 vol. in-8, avec figures.   6 fr.

37. DE ROBERTY. **De la Sociologie.** 1 vol. in-8. 2e édition.   6 fr.

* 38. ROOD. **Théorie scientifique des couleurs.** 1 vol. in-8, avec figures et une planche en couleur hors texte.   6 fr.

39. DE SAPORTA et MARION. **L'Évolution du règne végétal** (les Cryptogames). 1 vol. in-8 avec figures.   6 fr.
40-41. CHARLTON BASTIAN. **Le Cerveau, organe de la pensée chez
l'homme et chez les animaux.** 2 vol. in-8, avec figures.   12 fr.
42. JAMES SULLY. **Les Illusions des sens et de l'esprit.** 1 vol. in-8,
avec figures.   6 fr.
43. YOUNG. **Le Soleil.** 1 vol. in-8, avec figures.   6 fr.
44. DE CANDOLLE. **L'Origine des plantes cultivées.** 3e édition. 1 vol.
in-8.   6 fr.
45-46. SIR JOHN LUBBOCK. **Fourmis, abeilles et guêpes.** Études
expérimentales sur l'organisation et les mœurs des sociétés d'insectes
hyménoptères. 2 vol. in-8, avec 65 figures dans le texte et 13 planches hors texte, dont 5 coloriées.   12 fr.
47. PERRIER (Edm.). **La Philosophie zoologique avant Darwin.**
1 vol. in-8. 2e édition.   6 fr.
48. STALLO. **La Matière et la Physique moderne.** 1 vol. in-8, précédé d'une Introduction par FRIEDEL.   6 fr.
49. MANTEGAZZA. **La Physionomie et l'Expression des sentiments.**
1 vol. in-8 avec huit planches hors texte.   6 fr.
50. DE MEYER. **Les Organes de la parole et leur emploi pour
la formation des sons du langage.** 1 vol. in-8 avec 51 figures,
traduit de l'allemand et précédé d'une Introduction par M. O. CLA-
VEAU.   6 fr.
51. DE LANESSAN. **Introduction à l'Étude de la botanique** (le Sapin).
1 vol. in-8, avec 143 figures dans le texte.   6 fr.
52-53. DE SAPORTA et MARION. **L'évolution du règne végétal** (les
Phanérogames). 2 vol. in-8, avec 136 figures.   12 fr.
54. TROUESSART. **Les Microbes, les Ferments et les Moisissures.**
1 vol. in-8, avec 107 figures dans le texte.   6 fr.
55. HARTMANN (R.). **Les Singes anthropoïdes, et leur organisation
comparée à celle de l'homme.** 1 vol. in-8, avec 63 figures dans
le texte.   6 fr.
56. SCHMIDT (O.). **Les Mammifères dans leurs rapports avec leurs
ancêtres géologiques.** 1 vol. in-8 avec 51 figures.   6 fr.
57. BINET et FÉRÉ. **Le Magnétisme animal.** 1 vol. in-8 avec fig. 6 fr.
58-59. ROMANES. **L'Intelligence des animaux.** 2 vol. in-8 avec fig. 12 fr.
60. F. LAGRANGE. **Physiologie des exercices du corps.** 1 vol. in-8. 6 fr.
61. DREYFUS (Camille). **La Théorie de l'évolution.** 1 vol. in-8.   6 fr.
62-63. SIR JOHN LUBBOCK. **L'Homme préhistorique.** 2 vol. in-8,
avec figures dans le texte. 3e édit.   12 fr.
64. DAUBRÉE. **Les Régions invisibles du globe et de l'espace
céleste.** 1 vol. in-8, avec figures.   9 fr.

OUVRAGES SUR LE POINT DE PARAITRE :

BERTHELOT. **La Philosophie chimique.** 1 vol.
BEAUNIS. **Les Sensations internes.** 1 vol. avec figures.
MORTILLET (de). **L'Origine de l'homme.** 1 vol. avec figures.
PERRIER (E.) **L'Embryogénie générale.** 1 vol. avec figures.
LACASSAGNE. **Les Criminels.** 1 vol. avec figures.
CARTAILHAC. **La France préhistorique.** 1 vol. avec figures.
DURAND-CLAYE (A.). **L'Hygiène des villes.** 1 vol. avec figures.
POUCHET (G.). **La Vie du sang.** 1 vol. avec figures.
RICHER (Charles). **La Chaleur animale.** 1 vol. avec figures.

LISTE DES OUVRAGES

DE LA

BIBLIOTHÈQUE SCIENTIFIQUE INTERNATIONALE

PAR ORDRE DE MATIÈRES.

Chaque volume in-8, cartonné à l'anglaise......... **6 francs.**
En demi-rel. veau avec coins, tranche supérieure dorée, non rogné. **10 fr.**

SCIENCES SOCIALES

* Introduction à la science sociale, par HERBERT SPENCER. 1 vol. in-8, 7ᵉ édit. **6 fr.**
* Les Bases de la morale évolutionniste, par HERBERT SPENCER. 1 vol. in-8, 3ᵉ édit. **6 fr.**
Les Conflits de la science et de la religion, par DRAPER, professeur à l'Université de New-York. 1 vol. in-8, 7ᵉ édit. **6 fr.**
Le Crime et la Folie, par H. MAUDSLEY, professeur de médecine légale à l'Université de Londres. 1 vol. in-8, 5ᵉ édit. **6 fr.**
* La Défense des États et les camps retranchés, par le général A. BRIAL-MONT, inspecteur général des fortifications et du corps du génie de Belgique. 1 vol. in-8 avec nombreuses figures dans le texte et 2 pl. hors texte, 3ᵉ édit. **6 fr.**
* La Monnaie et le Mécanisme de l'échange, par W. STANLEY JEVONS, professeur d'économie politique à l'Université de Londres. 1 vol. in-8, 4ᵉ édit. (V. P.) **6 fr.**
La Sociologie, par DE ROBERTY. 1 vol. in-8, 2ᵉ édit. (V. P.) **6 fr.**
* La Science de l'éducation, par Alex. BAIN, professeur à l'Université d'Aberdeen (Écosse). 1 vol. in-8, 6ᵉ édit. (V. P.) **6 fr.**
Lois scientifiques du développement des nations dans leurs rapports avec les principes de l'hérédité et de la sélection naturelle, par W. BA-GEHOT. 1 vol. in-8, 5ᵉ édit. **6 fr.**
* La Vie du langage, par D. WHITNEY, professeur de philologie comparée à Yale-College de Boston (Etats-Unis). 1 vol. in-8, 3ᵉ édit. (V. P.) **6 fr.**

PHYSIOLOGIE

Les Illusions des sens et de l'esprit, par James SULLY. 1 vol. in-8. 2ⁿ édit. (V. P.) **6 fr.**
* La Locomotion chez les animaux (marche, natation et vol), suivie d'une étude sur l'*Histoire de la navigation aérienne*, par J.-B. PETTIGREW, professeur au Collège royal de chirurgie d'Édimbourg (Écosse). 1 vol. in-8 avec 140 figures dans le texte. 2ᵉ édit. **6 fr.**
* Les Nerfs et les Muscles, par J. ROSENTHAL, professeur de physiologie à l'Université d'Erlangen (Bavière). 1 vol. in-8 avec 75 figures dans le texte, 3ᵉ édit. (V. P.) **6 fr.**
* La Machine animale, par E.-J. MAREY, membre de l'Institut, professeur au Collège de France. 1 vol. in-8 avec 117 figures dans le texte, 4ᵉ édit. (V. P.) **6 fr.**
* Les Sens, par BERNSTEIN, professeur de physiologie à l'Université de Halle (Prusse). 1 vol. in-8 avec 91 figures dans le texte, 4ᵉ édit. (V. P.) **6 fr.**
Les Organes de la parole, par H. DE MEYER, professeur à l'Université de Zurich, traduit de l'allemand et précédé d'une introduction sur l'*Enseignement de la parole aux sourds-muets*, par O. CLAVEAU, inspecteur général des établissements de bienfaisance. 1 vol. in-8 avec 51 figures dans le texte. **6 fr.**
La Physionomie et l'Expression des sentiments, par P. MANTEGAZZA, professeur au Muséum d'histoire naturelle de Florence. 1 vol. in-8 avec figures et 8 planches hors texte, d'après les dessins originaux d'Edouard Ximenès. **6 fr.**
Physiologie des exercices du corps, par le docteur LAGRANGE. 1 vol. in-8. **6 fr.**

PHILOSOPHIE SCIENTIFIQUE

* **Le Cerveau et ses fonctions**, par J. LUYS, membre de l'Académie de médecine, médecin de la Salpêtrière. 1 vol. in-8 avec fig. 5e édit. (V. P.)   6 fr.

Le Cerveau et la Pensée chez l'homme et les animaux, par CHARLTON BASTIAN, professeur à l'Université de Londres. 2 vol. in-8 avec 184 fig. dans le texte.   12 fr.

Le Crime et la Folie, par H. MAUDSLEY, professeur à l'Université de Londres. 1 vol. in-8, 5e édit.   6 fr.

L'Esprit et le Corps, considérés au point de vue de leurs relations, suivi d'études sur les *Erreurs généralement répandues au sujet de l'esprit*, par Alex. BAIN, professeur à l'Université d'Aberdeen (Écosse). 1 vol. in-8, 4e édit. (V. P.)   6 fr.

* **Théorie scientifique de la sensibilité** : *le Plaisir et la Peine*, par Léon DUMONT. 1 vol. in-8, 3e édit.   6 fr.

La Matière et la Physique moderne, par STALLO, précédé d'une préface par M. Ch. FRIEDEL, de l'Institut. 1 vol. in-8.   6 fr.

Le Magnétisme animal, par A. BINET et Ch. FÉRÉ. 1 vol. in-8, avec figures dans le texte. 2e édit.   6 fr.

L'Intelligence des animaux, par ROMANES. 2 vol. in-8, précédés d'une préface de M. E. PERRIER, professeur au Muséum d'histoire naturelle.   12 fr.

La Théorie de l'évolution, par C. DREYFUS, député de la Seine. 1 v. in-8. 6 fr.

ANTHROPOLOGIE

* **L'Espèce humaine**, par A. DE QUATREFAGES, membre de l'Institut, professeur d'anthropologie au Muséum d'histoire naturelle de Paris. 1 vol. in-8, 9e édit. (V. P.)   6 fr.

* **L'Homme avant les métaux**, par N. JOLY, correspondant de l'Institut, professeur à la Faculté des sciences de Toulouse. 1 vol. in-8 avec 150 figures dans le texte et un frontispice, 4e édit. (V. P.)   6 fr.

* **Les Peuples de l'Afrique**, par R. HARTMANN, professeur à l'Université de Berlin. 1 vol. in-8 avec 93 figures dans le texte, 2e édit. (V. P.)   6 fr.

Les Singes anthropoïdes, et leur organisation comparée à celle de l'homme, par R. HARTMANN, professeur à l'Université de Berlin. 1 vol. in-8 avec 63 figures gravées sur bois.   6 fr.

L'Homme préhistorique, par SIR JOHN LUBBOCK, membre de la Société royale de Londres. 2 vol. in-8, avec de nombreuses fig. dans le texte. 3e édit. 12 fr.

ZOOLOGIE

* **Descendance et Darwinisme**, par O. SCHMIDT, professeur à l'Université de Strasbourg. 1 vol. in-8 avec figures, 5e édit.   6 fr.

Les Mammifères dans leurs rapports avec leurs ancêtres géologiques, par O. SCHMIDT. 1 vol. in-8 avec 51 figures dans le texte.   6 fr.

Fourmis, Abeilles et Guêpes, par sir JOHN LUBBOCK, membre de la Société royale de Londres. 2 vol. in-8 avec figures dans le texte et 13 planches hors texte, dont 5 coloriées. (V. P.)   12 fr.

L'Écrevisse, introduction à l'étude de la zoologie, par Th.-H. HUXLEY, membre de la Société royale de Londres et de l'Institut de France, professeur d'histoire naturelle à l'École royale des mines de Londres. 1 vol. in-8 avec 82 figures.   6 fr.

* **Les Commensaux et les Parasites** dans le règne animal, par P.-J. VAN BENEDEN, professeur à l'Université de Louvain (Belgique). 1 vol. in-8 avec 82 figures dans le texte. 3e édit. (V. P.)   6 fr.

La Philosophie zoologique avant Darwin, par EDMOND PERRIER, professeur au Muséum d'histoire naturelle de Paris. 1 vol. in-8, 2e édit. (V. P.) 6 fr.

BOTANIQUE — GÉOLOGIE

Les Champignons, par COOKE et BERKELEY. 1 vol. in-8 avec 110 figures. 3e édition.   6 fr.

L'Évolution du règne végétal, par G. DE SAPORTA, correspondant de l'Institut, et MARION, correspondant de l'Institut, professeur à la Faculté des sciences de Marseille.

I. *Les Cryptogames*. 1 vol. in-8 avec 85 figures dans le texte.   6 fr.
II. *Les Phanérogames*. 2 vol. in-8 avec 136 figures dans le texte.   12 fr.

* **Les Volcans et les Tremblements de terre**, par FUCHS, professeur à l'Université de Heidelberg. 1 vol. in-8 avec 36 figures et une carte en couleur, 5e édition. (V. P.)   6 fr.

Les Régions invisibles du globe et des espaces célestes, par DAUBRÉE. de l'Institut, professeur au Muséum d'histoire naturelle. 1 vol. in-8, avec 85 figures dans le texte et 2 cartes.   6 fr.

L'Origine des plantes cultivées, par A. DE CANDOLLE, correspondant de l'Institut. 1 vol. in-8, 3ᵉ édit.   6 fr.

Introduction à l'étude de la botanique (le Sapin), par J. DE LANESSAN, professeur agrégé à la Faculté de médecine de Paris. 1 vol. in-8 avec figures dans le texte. (V. P.)   6 fr.

Microbes, Ferments et Moisissures, par le docteur L. TROUESSART. 1 vol. in-8 avec 108 figures dans le texte. (V. P.)   6 fr.

CHIMIE

Les Fermentations, par P. SCHUTZENBERGER, membre de l'Académie de médecine, professeur de chimie au Collège de France. 1 vol. in-8 avec figures, 4ᵉ édit.   6 fr.

* **La Synthèse chimique,** par M. BERTHELOT, membre de l'Institut, professeur de chimie organique au Collège de France. 1 vol. in-8, 6ᵉ édit.   6 fr.

* **La Théorie atomique,** par Ad. WURTZ, membre de l'Institut, professeur à la Faculté des sciences et à la Faculté de médecine de Paris. 1 vol. in-8, 4ᵉ édit., précédée d'une introduction sur la *Vie et les travaux* de l'auteur, par M. CH. FRIEDEL, de l'Institut.   6 fr.

ASTRONOMIE — MÉCANIQUE

* **Histoire de la Machine à vapeur, de la Locomotive et des Bateaux à vapeur,** par R. THURSTON, professeur de mécanique à l'Institut technique de Hoboken, près de New-York, revue, annotée et augmentée d'une Introduction par M. HIRSCH, professeur de machines à vapeur à l'École des ponts et chaussées de Paris. 2 vol. in-8 avec 160 figures dans le texte et 16 planches tirées à part. 3ᵉ édit. (V. P.)   12 fr.

* **Les Étoiles,** notions d'astronomie sidérale, par le P. A. SECCHI, directeur de l'Observatoire du Collège Romain. 2 vol. in-8 avec 68 figures dans le texte et 16 planches en noir et en couleurs, 2ᵉ édit. (V. P.)   12 fr.

Le Soleil, par C.-A. YOUNG, professeur d'astronomie au Collège de New-Jersey. 1 vol. in-8 avec 87 figures. (V. P.)   6 fr.

PHYSIQUE

La Conservation de l'énergie, par BALFOUR STEWART, professeur de physique au collège Owens de Manchester (Angleterre), suivi d'une étude sur la *Nature de la force*, par P. DE SAINT-ROBERT (de Turin). 1 vol. in-8 avec figures, 4ᵉ édit.   6 fr.

* **Les Glaciers et les Transformations de l'eau,** par J. TYNDALL, professeur de chimie à l'Institution royale de Londres, suivi d'une étude sur le même sujet, par HELMHOLTZ, professeur à l'Université de Berlin. 1 vol. in-8 avec nombreuses figures dans le texte et 8 planches tirées à part sur papier teinté, 5ᵉ édit. (V. P.)   6 fr.

* **La Photographie et la Chimie de la lumière,** par VOGEL, professeur à l'Académie polytechnique de Berlin. 1 vol. in-8 avec 95 figures dans le texte et une planche en photoglyptie, 4ᵉ édit. (V. P.)   6 fr.

La Matière et la Physique moderne, par STALLO. 1 vol. in-8.   6 fr.

THÉORIE DES BEAUX-ARTS

* **Le Son et la Musique,** par P. BLASERNA, professeur à l'Université de Rome, suivi des *Causes physiologiques de l'harmonie musicale*, par H. HELMHOLTZ, professeur à l'Université de Berlin. 1 vol. in-8 avec 41 figures, 3ᵉ édit. (V. P.)   6 fr.

Principes scientifiques des Beaux-Arts, par E. BRUCKE, professeur à l'Université de Vienne, suivi de *l'Optique et les Arts*, par HELMHOLTZ. professeur à l'Université de Berlin. 1 vol. in-8 avec figures, 3ᵉ édit. (V. P.)   6 fr.

* **Théorie scientifique des couleurs** et leurs applications aux arts et à l'industrie, par O. N. ROOD, professeur de physique à Colombia-College de New-York (États-Unis). 1 vol. in-8 avec 130 figures dans le texte et une planche en couleurs. (V. P.)   6 fr.

PUBLICATIONS

HISTORIQUES, PHILOSOPHIQUES ET SCIENTIFIQUES
qui ne se trouvent pas dans les collections précédentes.

ALAUX. **La Religion progressive.** 1 vol. in-18. 3 fr. 50

ALGLAVE. **Des Juridictions civiles chez les Romains.** 1 vol. in-8. 2 fr. 50

ALTMEYER (J. J.). **Les Précurseurs de la réforme aux Pays-Bas.** 2 forts volumes in-8°. 12 fr.

ARRÉAT. **Une Éducation intellectuelle.** 1 vol. in-18. 2 fr. 50

ARRÉAT. **La Morale dans le drame, l'épopée et le roman.** 1 vol. in-18. 1883. 2 fr. 50

ARRÉAT. **Journal d'un philosophe.** 1 vol. in-18. 1887. 3 fr. 50

AUBRY. **La Contagion du meurtre.** 1 vol. in-8. 1887. 4 fr.

AZAM. **Le Caractère dans la santé et dans la maladie.** 1 vol. in-8. précédé d'une préface de Th. RIBOT. 1887. 4 fr.

BALFOUR STEWART et TAIT. **L'Univers invisible.** 1 vol. in-8, traduit de l'anglais. 7 fr.

BARNI. **Les Martyrs de la libre pensée.** 1 vol. in-18. 2e édit. 3 fr. 50

BARNI. **Napoléon Ier.** 1 vol. in-18, édition populaire. 1 fr.

BARNI. Voy. p. 4 ; KANT, p. 4 ; p. 12 et 31.

BARTHÉLEMY SAINT-HILAIRE. Voy. pages 2 et 6, ARISTOTE.

BAUTAIN. **La Philosophie morale.** 2 vol. in-8. 12 fr.

BEAUNIS (H.). **Impressions de campagne (1870-1871).** 1 volume in-18. 3 fr. 50

BÉNARD (Ch.). **De la philosophie dans l'éducation classique.** 1862. 1 fort vol. in-8. 6 fr.

BÉNARD. Voy. p. 7 et 8, SCHELLING et HEGEL.

BERTAULD (P.-A.). **Introduction à la recherche des causes premières. — De la méthode.** 3 vol. in-18. Chaque volume, 3 fr. 50

BLACKWELL (Dr Elisabeth). **Conseils aux parents** sur l'éducation de leurs enfants au point de vue sexuel. In-18. 2 fr.

BLANQUI. **L'Éternité par les astres.** In-8. 2 fr.

BLANQUI. **Critique sociale,** capital et travail. Fragments et notes. 2 vol. in-18. 1885. 7 fr.

BOUCHARDAT. **Le Travail,** son influence sur la santé (conférences faites aux ouvriers). 1 vol. in-18. 2 fr. 50

BOUILLET (Ad.). **Les Bourgeois gentilshommes. — L'Armée de Henri V.** 1 vol. in-18. 3 fr. 50

BOUILLET (Ad.). **Types nouveaux.** 1 vol. in-18. 1 fr. 50

BOUILLET (Ad.). **L'Arrière-ban de l'ordre moral.** 1 vol. in-18. 3 fr. 50

BOURBON DEL MONTE. **L'Homme et les Animaux.** 1 vol. in-8. 5 fr.

BOURDEAU (Louis). **Théorie des sciences,** plan de science intégrale. 2 vol. in-8. 20 fr.

BOURDEAU (Louis). **Les Forces de l'industrie,** progrès de la puissance humaine. 1 vol. in-8. 5 fr.

BOURDEAU (Louis). **La Conquête du monde animal.** In-8. 5 fr.

BOURDEAU (Louis). **L'Histoire et les Historiens.** 2 vol. in-8 (S. presse.)

BOURDET (Eug.). **Principes d'éducation positive,** précédés d'une préface de M. Ch. ROBIN. 1 vol. in-18. 3 fr. 50

BOURDET. **Vocabulaire des principaux termes de la philosophie positive.** 1 vol. in-18. 3 fr. 50

BOURLOTON (Edg.) et ROBERT (Edmond). **La Commune et ses Idées à travers l'histoire.** 1 vol. in-18. 3 fr. 50

BOURLOTON. Voy. p. 12.

BROCHARD (V.). **De l'Erreur.** 1 vol. in-8. 3 fr. 50

BROCHARD. Voy. p. 7.

BUCHNER. **Essai biographique sur Léon Dumont.** 1 vol. in-18 (1884). 2 fr.

Bulletins de la Société de psychologie physiologique. 1re année 1885. 1 broch. in-8, 1 fr. 50. — 2e année 1886, 1 broch. in-8, 1 fr. 50. — 3e année. 1887. 1 fr. 50

BUSQUET. **Représailles,** poésies. 1 vol. in-18. 3 fr.

CAIX DE SAINT-AYMOUR (le vicomte de). **Recueil des instructions données aux ambassadeurs et ministres de France en Portugal,** depuis les traités de Westphalie jusqu'à la Révolution française. 1 fort vol. in-8 sur papier de Hollande. 20 fr.

CADET. **Hygiène, inhumation, crémation.** In-18. 2 fr.

CARRAU (Lud.). **Études historiques et critiques sur les preuves du Phédon de Platon en faveur de l'immortalité de l'âme humaine.** In-8. 2 fr.

CHASSÉRIAU (Jean). **Du principe autoritaire et du principe rationnel** 1 vol. in-18. 3 fr. 50

CLAMAGERAN. **L'Algérie,** impressions de voyage. 3e édit. 1 vol. in-18. 1884. 3 fr. 50

CLAMAGERAN. Voy. p. 12.

CLAVEL (D^r), **La Morale positive.** 1 vol. in-8. 3 fr.

CLAVEL (D^r). **Critique et conséquence des principes de 1789.** 1 vol. in-18. 3 fr.

CLAVEL (D^r). **Les Principes au XIXe siècle.** In-18. 1 fr.

CONTA. **Théorie du fatalisme.** 1 vol. in-18. 4 fr.

CONTA. **Introduction à la métaphysique.** 1 vol. in-18. 3 fr.

COQUEREL (Charles). **Lettres d'un marin à sa famille.** 1 vol. in-18. 3 fr. 50

COQUEREL fils (Athanase). **Libres Études** (religion, critique, histoire, beaux-arts). 1 vol. in-8. 5 fr.

CORTAMBERT (Louis). **La Religion du progrès.** In-18. 3 fr. 50

COSTE (Adolphe). **Hygiène sociale contre le paupérisme** (prix de 5000 fr. au concours Pereire). 1 vol. in-8. 6 fr.

COSTE (Adolphe). **Les Questions sociales contemporaines,** comptes rendus du concours Pereire, et études nouvelles sur le *paupérisme, la prévoyance, l'impôt, le crédit, les monopoles, l'enseignement,* avec la collaboration de MM. A. BURDEAU et ARRÉAT pour la partie relative à l'enseignement. 1 fort. vol. in-8. 10 fr.

COSTE (Ad.) Voy. p. 2.

DANICOURT (Léon). **La Patrie et la République.** In-18. 2 fr. 50

DANOVER. **De l'esprit moderne.** 1 vol. in-18. 1 fr. 50

DAURIAC. **Psychologie et pédagogie.** 1 br. in-8. 1884. 1 fr.

DAURIAC. **Sens commun et raison pratique.** 1 br. in-8. 1 fr. 50

DAVY. **Les Conventionnels de l'Eure.** 2 forts vol. in-8. 18 fr.

DELBŒUF. **Psychophysique,** mesure des sensations de lumière et de fatigue, théorie générale de la sensibilité. 1 vol. in-18. 3 fr. 50

DELBŒUF. **Examen critique de la loi psychophysique,** sa base et sa signification. 1 vol. in-18. 1883. 3 fr. 50

DELBŒUF. **Le Sommeil et les Rêves,** considérés principalement dans leurs rapports avec les théories de la certitude et de la mémoire. 1 vol. in-18. 3 fr. 50

DELBŒUF. **De l'origine des effets curatifs de l'hypnotisme.** Étude de psychologie expérimentale. 1887. In-8. 1 fr. 50

DELBŒUF. Voy. p. 2.

DESTREM (J.). **Les Déportations du Consulat.** 1 br. in-8. 1 fr. 50

DOLLFUS (Ch.). **De la nature humaine.** 1868. 1 vol. in-8. 5 fr.

DOLLFUS (Ch.). **Lettres philosophiques.** In-18. 3 fr.

DOLLFUS (Ch.). **Considérations sur l'histoire. Le monde antique.** 1 vol. in-8. 7 fr. 50

DOLLFUS (Ch.). **L'Ame dans les phénomènes de conscience** 1 vol.
in-18. 3 fr. 50

DUBOST (Antonin). **Des conditions de gouvernement en France.**
1 vol. in-8. 7 fr. 50

DUFAY. **Etudes sur la destinée.** 1 vol. in-18. 1876. 3 fr.

DUMONT (Léon). **Le Sentiment du gracieux.** 1 vol. in-8. 3 fr.

DUMONT (Léon). Voy. p. 18 et 21.

DUNAN. **Essai sur les formes à priori de la sensibilité.** 1 vol. in-8.
1884. 5 fr.

DUNAN. **Les Arguments de Zénon d'Elée contre le mouvement.**
1 br. in-8. 1884. 1 fr. 50

DU POTET. **Manuel de l'étudiant magnétiseur.** Nouvelle édition.
1 vol. in-18. 3 fr. 50

DU POTET. **Traité complet de magnétisme,** cours en douze leçons.
4e édition. 1 vol. in-8 de 634 pages. 8 fr.

DURAND-DÉSORMEAUX. **Réflexions et Pensées,** précédées d'une Notice
sur la vie, le caractère et les écrits de l'auteur, par Ch. Yriarte. 1 vol.
in-8. 1884. 2 fr. 50

DURAND-DESORMEAUX. **Études philosophiques,** théorie de l'action,
théorie de la connaissance. 2 vol. in-8. 1884. 15 fr.

DUTASTA. **Le Capitaine Vallé,** ou l'Armée sous la Restauration. 1 vol.
in-18. 1883. 3 fr. 50

DUVAL-JOUVE. **Traité de logique.** 1 vol. in-8. 6 fr.

DUVERGIER DE HAURANNE (Mme E.). **Histoire populaire de la Révolution française.** 1 vol. in-18. 3e édit. 3 fr. 50

Éléments de science sociale. Religion physique, sexuelle et naturelle.
1 vol. in-18. 4e édit. 1885. 3 fr. 50

ÉLIPHAS LÉVI. **Dogme et rituel de la haute magie.** 2e édit., 2 vol.
in-8, avec 24 fig. 18 fr.

ÉLIPHAS LÉVI. **Histoire de la magie.** 1 vol. in-8, avec fig. 12 fr.

ÉLIPHAS LÉVI. **Clef des grands mystères.** 1 vol. in-8. 12 fr.

ÉLIPHAS LÉVI. **La Science des esprits.** 1 vol. in-8. 7 fr.

ESCANDE. **Hoche en Irlande** (1795-1798), d'après les documents inédits.
1 vol. in-18 en caractères elzéviriens (1888). 3 fr. 50

ESPINAS. **Idée générale de la pédagogie.** 1 br. in-8. 1884. 1 fr.

ESPINAS. **Du sommeil provoqué chez les hystériques.** Essai d'explication psychologique de sa cause et de ses effets. 1 brochure in-8. 1 fr.

ESPINAS. Voy. p. 2 et 5.

ÉVELLIN. **Infini et quantité.** Étude sur le concept de l'infini dans la philosophie et dans les sciences. 1 vol. in-8. 2e édit. (*Sous presse.*)

FABRE (Joseph). **Histoire de la philosophie.** Première partie : Antiquité
et moyen âge. 1 vol. in-12. 3 fr. 50

FAU. **Anatomie des formes du corps humain,** à l'usage des peintres et
des sculpteurs. 1 atlas de 25 planches avec texte. 2e édition. Prix, figures noires. 15 fr. ; fig. coloriées. 30 fr.

FAUCONNIER. **Protection et libre échange,** In-8. 2 fr.

FAUCONNIER. **La morale et la religion dans l'enseignement.** in-8.
75 c.

FAUCONNIER. **L'Or et l'Argent.** In-8. 2 fr. 50

FEDERICI. **Les Lois du progrès.** 1 vol. in-18. (*Sous presse.*)

FERBUS (N.). **La Science positive du bonheur.** 1 vol. in-18. 3 fr.

FERRIÈRE (Em.). **Les Apôtres,** essai d'histoire religieuse, d'après la méthode
des sciences naturelles. 1 vol. in-12. 4 fr. 50

FERRIÈRE (Em.). **L'Ame est la fonction du cerveau.** 2 volumes in-18.
1883. 7 fr.

FERRIÈRE (Em.). **Le Paganisme des Hébreux jusqu'à la captivité
de Babylone.** 1 vol. in-18. 1884. 3 fr. 50

FERRIÈRE (Em.). **La Matière et l'Énergie.** 1 vol. in-18. 1887. 4 fr. 50

FERRIÈRE (Em.). Voy. p. 32.

FERRON (de). **Institutions municipales et provinciales** dans les différents États de l'Europe. Comparaison. Réformes. 1 vol. in-8. 1883.　8 fr.

FERRON (de). **Théorie du progrès.** 2 vol. in-18.　7 fr.

FERRON (de). **De la division du pouvoir législatif en deux chambres,** histoire et théorie du Sénat. 1 vol. in-8.　8 fr.

FONCIN. **Essai sur le ministère Turgot.** In-8. 2ᵉ édit. (*Sous presse.*)

FOX (W.-J.). **Des idées religieuses.** In-8.　3 fr.

FRIBOURG (E.). **Le Paupérisme parisien.** 1 vol. in-12.　1 fr. 25

GALTIER-BOISSIÈRE. **Sématotechnie,** ou Nouveaux signes phonographiques. 1 vol. in-8 avec figures.　3 fr. 50

GASTINEAU. **Voltaire en exil.** 1 vol. in-18.　3 fr.

GAYTE (Claude). **Essai sur la croyance.** 1 vol. in-8.　3 fr.

GEFFROY. **Recueil des instructions données aux ministres et ambassadeurs de France en Suède,** depuis les traités de Westphalie jusqu'à la Révolution française. 1 fort vol. in-8 raisin sur papier de Hollande.　20 fr.

GILLIOT (Alph.). **Études sur les religions et institutions comparées.** 2 vol. in-12, tome Iᵉʳ. 3 fr. — Tome II.　5 fr.

GOBLET D'ALVIELLA. **L'Évolution religieuse** chez les Anglais, les Américains, les Hindous, etc. 1 vol. in-8. 1883.　7 fr. 50

GOURD. **Le Phénomène.** Essai de philosophie générale. 1 vol. in-8.　(*Sous presse.*)

GRESLAND. **Le Génie de l'homme,** libre philosophie. Gr. in-8.　7 fr.

GUILLAUME (de Moissey). **Traité des sensations.** 2 vol. in-8.　12 fr.

GUILLY. **La Nature et la Morale.** 1 vol. in-18. 2ᵉ édit.　2 fr. 50

GUYAU. **Vers d'un philosophe.** 1 vol. in-18.　3 fr. 50

GUYAU. Voy. p. 5 et 10.

HAYEM (Armand). **L'Être social.** 1 vol. in-18. 2ᵉ édit.　3 fr. 50

HERZEN. **Récits et Nouvelles.** 1 vol. in-18.　3 fr. 50

HERZEN. **De l'autre rive.** 1 vol. in-18.　3 fr. 50

HERZEN. **Lettres de France et d'Italie.** In-18.　3 fr. 50

HUXLEY. **La Physiographie,** introduction à l'étude de la nature, traduit et adapté par M. G. Lamy. 1 vol. in-8 avec figures dans le texte et 2 planches en couleurs, broché, 8 fr. — En demi-reliure, tranches dorées.　11 fr.

HUXLEY. Voy. p. 5 et 32.

ISSAURAT. **Moments perdus de Pierre-Jean.** 1 vol. in-18.　3 fr.

ISSAURAT. **Les Alarmes d'un père de famille.** In-8.　1 fr.

JANET (Paul). **Le Médiateur plastique de Cudworth.** 1 vol. in-8.　1 fr.

JANET (Paul). Voy. p. 3, 5, 7, 8 et 9.

JEANMAIRE. **L'Idée de la personnalité dans la psychologie moderne.** 1 vol. in-8. 1883.　5 fr.

JOIRE. **La Population, richesse nationale; le travail, richesse du peuple.** 1 vol. in-8. 1886.　5 fr.

JOYAU. **De l'Invention dans les arts et dans les sciences.** 1 vol. in-8.　5 fr.

JOZON (Paul). **De l'écriture phonétique.** In-18.　3 fr. 50

KAULEK (Jean). **Correspondance politique de MM. de Castillon et de Marillac,** ambassadeurs de France en Angleterre (1538-1542). 1 fort vol. gr. in-8.　15 fr.

KAULEK (Jean). **Papiers de Barthélemy,** ambassadeur de France en Suisse de 1792 à 1797. — I, année 1792. 1 vol. gr. in-8.　15 fr.
II (janvier-août 1793). 1 vol. in-8.　15 fr.

LABORDE. **Les Hommes et les Actes de l'insurrection de Paris** devant la psychologie morbide. 1 vol. in-18.　2 fr. 50

LACHELIER. **Le Fondement de l'induction.** 1 vol. in-8.　3 fr. 50

LACOMBE. **Mes droits.** 1 vol. in-12.　2 fr. 50

LAFONTAINE. **L'Art de magnétiser** ou le Magnétisme vital, considéré au point de vue théorique, pratique et thérapeutique. 5ᵉ éd., 1886. In-8.　5 fr.

LAGGROND. **L'Univers, la force et la vie.** 1 vol. in-8. 1884. 2 fr. 50

LA LANDELLE (de). **Alphabet phonétique.** In-18. 2 fr. 50

LANGLOIS. **L'Homme et la Révolution.** 2 vol. in-18. 7 fr.

LAURET (Henri). **Critique d'une morale sans obligation ni sanction.** In-8. 1 fr. 50

LAURET (Henri). Voy. p. 9.

LAUSSEDAT. **La Suisse.** Études méd. et sociales. In-18 3 fr. 50

LAVELEYE (Em. de). **De l'avenir des peuples catholiques.** In-8. 21º édit. 25 c.

LAVELEYE (Em. de). **Lettres sur l'Italie** (1878-1879). 1 volume in-18. 3 fr. 50

LAVELEYE (Em. de). **Nouvelles lettres d'Italie.** 1 vol. in-8. 1884. 3 fr.

LAVELEYE (Em. de). **L'Afrique centrale.** 1 vol. in-12. 3 fr.

LAVELEYE (Em. de). **La Péninsule des Balkans** (Vienne, Croatie, Bosnie, Serbie, Bulgarie, Roumélie, Turquie, Roumanie). 2 vol. in-12. 1886. 10 fr.

LAVELEYE (Em. de). **La Propriété collective du sol en différents pays.** In-8. 2 fr.

LAVELEYE (Em. de) et HERBERT SPENCER. **L'État et l'Individu, ou darwinisme social et christianisme.** In-8. 1 fr.

LAVELEYE (Em. de). Voy. p. 5 et 12.

LAVERGNE (Bernard). **L'Ultramontanisme et l'État.** In-8. 1 fr. 50

LEDRU-ROLLIN. **Discours politiques et écrits divers.** 2 vol. in-8 cavalier. 12 fr.

LEGOYT. **Le Suicide.** 1 vol. in-8. 8 fr.

LELORRAIN. **De l'aliéné au point de vue de la responsabilité pénale.** In-8. 2 fr.

LEMER (Julien). **Dossier des Jésuites et des libertés de l'Église gallicane.** 1 vol. in-18. 3 fr. 50

LOURDEAU. **Le Sénat et la Magistrature dans la démocratie française.** 1 vol. in-18. 3 fr. 50

MAGY. **De la Science et de la Nature.** 1 vol. in-8. 6 fr.

MAINDRON (Ernest). **L'Académie des sciences** (Histoire de l'Académie, fondation de l'Institut national ; Bonaparte, membre de l'Institut). 1 beau vol. in-8 cavalier, avec 53 gravures dans le texte, portraits, plans, etc., 8 planches hors texte et 2 autographes, d'après des documents originaux. 12 fr.

MARAIS. **Garibaldi et l'Armée des Vosges.** In-18. (V. P.) 1 fr. 50

MASSERON (I.). **Danger et Nécessité du socialisme.** 1 vol. in-18 1883. 3 fr. 50

MAURICE (Fernand). **La Politique extérieure de la République française.** 1 vol. in-12. 3 fr. 50

MENIÈRE. **Cicéron médecin.** 1 vol. in-18. 4 fr. 50

MENIÈRE. **Les Consultations de Mme de Sévigné,** étude médico-littéraire. 1884. 1 vol. in-8. 3 fr.

MESMER. **Mémoires et Aphorismes,** suivis des procédés de d'Eslon. In-18. 2 fr. 50

MICHAUT (N.). **De l'Imagination.** 1 vol. in-8. 5 fr.

MILSAND. **Les Études classiques** et l'enseignement public. 1 vol. in-18. 3 fr. 50

MILSAND. **Le Code et la Liberté.** In-8. 2 fr.

MORIN (Miron). **De la séparation du temporel et du spirituel.** In-8. 3 fr. 50

MORIN (Miron). **Essais de critique religieuse.** 1 fort vol. in-8. 1885. 5 fr.

MORIN. **Magnétisme et Sciences occultes.** 1 vol. in-8. 6 fr.

MORIN (Frédéric). **Politique et Philosophie.** 1 vol. in-18. 3 fr. 50

MUNARET. **Le Médecin des villes et des campagnes.** 4º édition. 1 vol. grand in-18. 4 fr. 50

NIVELET. **Loisirs de la vieillesse ou l'Heure de philosopher.** 1 vol. in-12. 3 fr.

NOEL (E.). **Mémoires d'un imbécile**, précédé d'une préface de *M. Littré.* 1 vol. in-18. 3e édition. 3 fr. 50

NOTOVITCH. **La Liberté de la volonté.** 1 vol. in-18, en caractères elzéviriens. 1888. 3 fr. 50

OGER. **Les Bonaparte** et les frontières de la France. In-18. 50 c.

OGER. **La République.** In-8. 50 c.

OLECHNOWICZ. **Histoire de la civilisation de l'humanité**, d'après la méthode brahmanique. 1 vol. in-12. 3 fr. 50

PARIS (le colonel). **Le Feu à Paris et en Amérique.** 1 volume in-18. 3 fr. 50

PARIS (comte de). **Les Associations ouvrières en Angleterre** (Trades-unions). 1 vol. in-18. 7e édit. 1 fr.

Édition sur papier fort, **2 fr. 50.** — Sur papier de Chine, broché, **12 fr.** — Rel. de luxe. 20 fr.

PELLETAN (Eugène). **La Naissance d'une ville** (Royan). 1 vol. in-18, cart. 1 fr. 40

PELLETAN (Eug.). **Jarousseau, le pasteur du désert.** 1 vol. in-18 (couronné par l'Académie française), toile, tr. jaspées. 2 fr. 50

PELLETAN (Eug.). **Élisée, voyage d'un homme à la recherche de lui-même.** 1 vol. in-18. 3 fr. 50

PELLETAN (Eug.). **Un Roi philosophe, Frédéric le Grand.** 1 vol. in-18. 3 fr. 50

PELLETAN (Eug.). **Le monde marche** (la loi du progrès). In-18. 3 fr. 50

PELLETAN (Eug.). **Droits de l'homme.** 1 vol. in-12. 3 fr. 50

PELLETAN (Eug.). **Profession de foi du XIXe siècle.** 1 vol. in-12. 3 fr. 50

PELLETAN (Eug.). **Dieu est-il mort ?** 1 vol. in-12. 3 fr. 50

PELLETAN (Eug.). **La Mère.** 1 vol. in-8, toile, tr. dorées. 4 fr. 25

PELLETAN (Eug.). **Les Rois philosophes.** 1 vol. in-8, toile, tranches dorées. 4 fr. 25

PELLETAN (Eug.). **La Nouvelle Babylone.** 1 vol. in-12. 3 fr. 50

PÉNY (le major). **La France par rapport à l'Allemagne.** Étude de géographie militaire. 1 vol. in-8. 2e édit. 6 fr.

PEREZ (Bernard). **Thiery Tiedmann. — Mes deux chats.** 1 brochure in-12. 2 fr.

PEREZ (Bernard). **Jacotot et sa méthode d'émancipation intellectuelle.** 1 vol. in-18. 3 fr.

PEREZ (Bernard). — Voyez page 5.

PETROZ (P.). **L'Art et la Critique en France** depuis 1822. 1 vol. in-18. 3 fr. 50

PETROZ. **Un Critique d'art au XIXe siècle.** In-18. 1 fr. 50

PHILBERT (Louis). **Le Rire,** essai littéraire, moral et psychologique. 1 vol. in-8. (Ouvrage couronné par l'Académie française, prix Montyon.) 7 fr. 50

POEY. **Le Positivisme.** 1 fort vol. in-12. 4 fr. 50

POEY. **M. Littré et Auguste Comte.** 1 vol. in-18. 3 fr. 50

POULLET. **La Campagne de l'Est** (1870-1871). 1 vol. in-8 avec 2 cartes, et pièces justificatives. 7 fr.

QUINET (Edgar). **Œuvres complètes**. 30 volumes in-18. Chaque volume... 3 fr. 50

Chaque ouvrage se vend séparément :

1. Génie des religions. 6ᵉ édition.
2. Les Jésuites. — L'Ultramontanisme. 11ᵉ édition.
3. Le Christianisme et la Révolution française. 6ᵉ édition.
4-5. Les Révolutions d'Italie. 5ᵉ édition. 2 vol.
6. Marnix de Sainte-Aldegonde. — Philosophie de l'Histoire de France. 4ᵉ édition.
7. Les Roumains. — Allemagne et Italie. 3ᵉ édition.
8. Premiers travaux : Introduction à la Philosophie de l'histoire. — Essai sur Herder. — Examen de la Vie de Jésus. — Origine des dieux. — l'Église de Brou. 3ᵉ édition.
9. La Grèce moderne. — Histoire de la poésie. 3ᵉ édition.
10. Mes Vacances en Espagne. 5ᵉ édition.
11. Ahasverus. — Tablettes du Juif errant. 5ᵉ édition.
12. Prométhée. — Les Esclaves. 4ᵉ édition.
13. Napoléon (poème). (*Épuisé.*)
14. L'Enseignement du peuple. — Œuvres politiques avant l'exil. 8 édition.
15. Histoire de mes idées (Autobiographie). 4ᵉ édition.
16-17. Merlin l'Enchanteur. 2ᵉ édition. 2 vol.
18-19-20. La Révolution. 10ᵉ édition. 3 vol.
21. Campagne de 1815. 7ᵉ édition.
22-23. La Création. 3ᵉ édition. 2 vol.
24. Le Livre de l'exilé. — La Révolution religieuse au XIXᵉ siècle. — Œuvres politiques pendant l'exil. 2ᵉ édition.
25. Le Siège de Paris. — Œuvres politiques après l'exil. 2ᵉ édition.
26. La République. Conditions de régénération de la France. 2ᵉ édition.
27. L'Esprit nouveau. 5ᵉ édition.
28. Le Génie grec. 1ʳᵉ édition.
29-30. Correspondance. Lettres à sa mère. 1ʳᵉ édition. 2 vol.

RÉGAMEY (Guillaume). **Anatomie des formes du cheval**, à l'usage des peintres et des sculpteurs. 6 planches en chromolithographie, publiées sous la direction de Félix Régamey, avec texte par le Dʳ Kuhff. 8 fr.

RIBERT (Léonce). **Esprit de la Constitution** du 25 février 1875. 1 vol. in-18. 3 fr. 50

RIBOT (Paul). **Spiritualisme et Matérialisme**. Étude sur les limites de nos connaissances. 2ᵉ édit. 1887. 1 vol. in-8. 6 fr.

ROBERT (Edmond). **Les Domestiques**. 1 vol. in-18. 3 fr. 50

ROSNY (Ch. de). **La Méthode consciencielle**. Essai de philosophie exactiviste. 1 vol. in-8. 1887. 4 fr.

SANDERVAL (O. de). **De l'Absolu**. La loi de vie. 1887. 1 vol. in-8. 5 fr.

SECRÉTAN. **Philosophie de la liberté**. 2 vol. in-8. 10 fr.

SECRÉTAN. **Le Droit de la femme**. In-12. 1 fr. 20

SECRÉTAN. **La Civilisation et la Croyance**. 1 vol. in-8. 1887. 7 fr. 50

SIEGFRIED (Jules). **La Misère, son histoire, ses causes, ses remèdes**. 1 vol. grand in-18. 3ᵉ édition. 1879. 2 fr. 50

SIÈREBOIS. **Psychologie réaliste**. Étude sur les éléments réels de l'âme et de la pensée. 1876. 1 vol. in-18. 2 fr. 50

SOREL (Albert). **Le Traité de Paris du 20 novembre 1815.** 1 vol. in-8.   4 fr. 50

SOREL (Albert). **Recueil des instructions données aux ambassadeurs et ministres de France en Autriche,** depuis les traités de Westphalie jusqu'à la Révolution française. 1 fort vol. gr. in-8, sur papier de Hollande.   20 fr.

SPIR (A.). **Esquisses de philosophie critique,** précédées d'une préface de M. A. Penjon. 1 vol. in-18. 1887.   2 fr. 50

STUART MILL (J.). **La République de 1848 et ses détracteurs,** traduit de l'anglais, avec préface par M. Sadi Carnot. 1 vol. in-18. 2e édition.   1 fr.

STUART MILL. Voy. p. 4, 6 et 9.

TÉNOT (Eugène). **Paris et ses fortifications** (1870-1880). 1 vol. in-8. 5 fr.

TÉNOT (Eugène). **La Frontière** (1870-1881). 1 fort vol. grand in-8.   8 fr.

THIERS (Édouard). **La Puissance de l'armée par la réduction du service.** In-8.   1 fr. 50

THULIÉ. **La Folie et la Loi.** 2e édit. 1 vol. in-8.   3 fr. 50

THULIÉ. **La Manie raisonnante du docteur Campagne.** In-8.   2 fr.

TIBERGHIEN. **Les Commandements de l'humanité.** 1 vol. in-18.   3 fr.

TIBERGHIEN. **Enseignement et philosophie.** 1 vol. in-18.   4 fr.

TIBERGHIEN. **Introduction à la philosophie.** 1 vol. in-18.   6 fr.

TIBERGHIEN. **La Science de l'âme.** 1 vol. in-12. 3e édit.   6 fr.

TIBERGHIEN. **Éléments de morale universelle.** In-12.   2 fr.

TISSANDIER. **Études de théodicée.** 1 vol. in-8.   4 fr.

TISSOT. **Principes de morale.** 1 vol. in-8.   6 fr.

TISSOT. — Voy. Kant, page 7.

TISSOT (J.). **Essai de philosophie naturelle.** Tome Ier. 1 vol. in-8. 12 fr.

VACHEROT. **La Science et la Métaphysique.** 3 vol. in-18.   10 fr. 50

VACHEROT. — Voy. pages 4 et 6.

VALLIER. **De l'intention morale.** 1 vol. in-8.   3 fr. 50

VAN ENDE (U.). **Histoire naturelle de la croyance,** *première partie :* l'Animal. 1887. 1 vol. in-8.   5 fr.

VERNIAL. **Origine de l'homme,** d'après les lois de l'évolution naturelle. 1 vol. in-8.   3 fr.

VILLIAUMÉ. **La Politique moderne.** 1 vol. in-8.   6 fr.

VOITURON (P.). **Le Libéralisme et les Idées religieuses.** 1 volume in-12.   4 fr.

WEILL (Alexandre). **Le Pentateuque selon Moïse et le Pentateuque selon Esra,** avec *vie, doctrine et gouvernement authentique de Moïse.* 1 fort vol. in-8.   7 fr. 50

WEILL (Alexandre). **Vie, doctrine et gouvernement authentique de Moïse,** d'après des textes hébraïques de la Bible jusqu'à ce jour incompris. 1 vol. in-8.   3 fr.

YUNG (Eugène). **Henri IV écrivain.** 1 vol. in-8.   5 fr.

ZIESING (Th.). **Érasme ou Salignac.** Étude sur la lettre de François Rabelais, avec un fac-similé de l'original de la Bibliothèque de Zurich. 1 brochure gr. in-8. 1887.   4 fr.

BIBLIOTHÈQUE UTILE

99 VOLUMES PARUS.

Le volume de 190 pages, broché, 60 centimes.

Cartonné à l'anglaise ou en cartonnage toile dorée, 1 fr.

Le titre de cette collection est justifié par les services qu'elle rend et la part pour laquelle elle contribue à l'instruction populaire.

Elle embrasse l'*histoire*, la *philosophie*, le *droit*, les *sciences*, l'*économie politique* et les *arts*, c'est-à-dire qu'elle traite toutes les questions qu'il est aujourd'hui indispensable de connaître. Son esprit est essentiellement démocratique. La plupart de ses volumes sont adoptés pour les Bibliothèques par le *Ministère de l'instruction publique, le Ministère de la guerre, la Ville de Paris, la Ligue de l'enseignement*, etc.

HISTOIRE DE FRANCE

*** Les Mérovingiens**, par BUCHEZ, anc. présid. de l'Assemblée constituante.

*** Les Carlovingiens**, par BUCHEZ.

Les Luttes religieuses des premiers siècles, par J. BASTIDE, 4ᵉ édit.

Les Guerres de la Réforme, par J. BASTIDE. 4ᵉ édit.

La France au moyen âge, par F. MORIN.

*** Jeanne d'Arc**, par Fréd. LOCK.

Décadence de la monarchie française, par Eug. PELLETAN. 4ᵉ édit.

*** La Révolution française**, par CARNOT, sénateur (2 volumes).

*** La Défense nationale en 1792**, par P. GAFFAREL.

*** Napoléon Iᵉʳ**, par Jules BARNI.

*** Histoire de la Restauration**, par Fréd. LOCK. 3ᵉ édit.

*** Histoire de la marine française**, par Alfr. DONEAUD. 2ᵉ édit.

*** Histoire de Louis-Philippe**, par Edgar ZEVORT. 2ᵉ édit.

Mœurs et Institutions de la France, par P. BONDOIS. 2 volumes.

Léon Gambetta, par J. REINACH.

PAYS ÉTRANGERS

*** L'Espagne et le Portugal**, par E. RAYMOND. 2ᵉ édition.

Histoire de l'empire ottoman, par L. COLLAS. 2ᵉ édit.

*** Les Révolutions d'Angleterre**, par Eug. DESPOIS. 3ᵉ édit.

Histoire de la maison d'Autriche, par Ch. ROLLAND. 2 édit.

L'Europe contemporaine (1789-1879), par P. BONDOIS.

Histoire contemporaine de la Prusse, par Alfr. DONEAUD.

Histoire contemporaine de l'Italie, par Félix HENNEGUY.

Histoire contemporaine de l'Angleterre, par A. REGNARD.

HISTOIRE ANCIENNE

La Grèce ancienne, par L. COMBES, conseiller municipal de Paris. 2ᵉ éd.

L'Asie occidentale et l'Égypte, par A. OTT. 2ᵉ édit.

L'Inde et la Chine, par A. OTT.

Histoire romaine, par CREIGHTON.

L'Antiquité romaine, par WILKINS (avec gravures).

GÉOGRAPHIE

*** Torrents, fleuves et canaux de la France**, par H. BLERZY.

*** Les Colonies anglaises**, par le même.

Les Îles du Pacifique, par le capitaine de vaisseau JOUAN (avec 1 carte).

*** Les Peuples de l'Afrique et de l'Amérique**, par GIRARD DE RIALLE.

*** Les Peuples de l'Asie et de** l'Europe, par le même.

L'Indo-Chine française, par FAQUE.

*** Géographie physique**, par GEIKIE, prof. à l'Univ. d'Edimbourg (avec fig.).

*** Continents et Océans**, par GROVE (avec figures).

Les Frontières de la France, par P. GAFFAREL.

COSMOGRAHPIE

*** Les Entretiens de Fontenelle sur la pluralité des mondes**, mis au courant de la science par BOILLOT.

*** Le Soleil et les Étoiles**, par le P. SECCHI, BRIOT, WOLF et DELAUNAY. 2ᵉ édit. (avec figures).

*** Les Phénomènes célestes**, par ZURCHER et MARGOLLÉ.

A travers le ciel, par AMIGUES.

Origines et Fin des mondes, par Ch. RICHARD. 3ᵉ édit.

*** Notions d'astronomie**, par L. CATALAN, professeur à l'Université de Liège. 4ᵉ édit.

SCIENCES APPLIQUÉES

*** Le Génie de la science et de l'industrie**, par B. CASTINEAU.

*** Causeries sur la mécanique**, par BROTHIER. 2ᵉ édit.

Médecine populaire, par le docteur TURCK. 4ᵉ édit.

La Médecine des accidents, par le docteur BROQUÈRE.

Les Maladies épidémiques (Hygiène et Protection), par le docteur L. MONIN.

*** Hygiène générale**, par le docteur L. CRUVEILHIER. 6ᵉ édit.

Petit Dictionnaire des falsifications, avec moyens faciles pour les reconnaître, par DUFOUR.

Les Mines de la France et de ses colonies, par P. MAIGNE.

Les Matières premières et leur emploi dans les divers usages de la vie, par H. GENEVOIX.

La Machine à vapeur, par H. GOSSIN, avec figures.

La Photographie, par le même, avec figures.

La Navigation aérienne, par G. DALLET (avec figures).

L'Agriculture française, par A. LARBALÉTRIER, avec figures.

SCIENCES PHYSIQUES ET NATURELLES

Télescope et Microscope, par ZURCHER et MARGOLLÉ.

*** Les Phénomènes de l'atmosphère**, par ZURCHER. 4ᵉ édit.

*** Histoire de l'air**, par Albert LÉVY.

*** Histoire de la terre**, par le même.

*** Principaux faits de la chimie**, par SAMSON, prof. à l'Éc. d'Alfort. 5ᵉ édit.

Les Phénomènes de la mer, par E. MARGOLLÉ. 5ᵉ édit.

*** L'Homme préhistorique**, par L. ZABOROWSKI. 2ᵉ édit.

*** Les Grands Singes**, par le même.

Histoire de l'eau, par BOUANT.

*** Introduction à l'étude des sciences physiques**, par MORAND. 5ᵉ édit.

*** Le Darwinisme**, par E. FERRIÈRE.

*** Géologie**, par GEIKIE (avec fig.).

*** Les Migrations des animaux et le Pigeon voyageur**, par ZABOROWSKI.

*** Premières Notions sur les sciences**, par Th. HUXLEY.

La Chasse et la Pêche des animaux marins, par le capitaine de vaisseau JOUAN.

Les Mondes disparus, par L. ZABOROWSKI (avec figures).

Zoologie générale, par H. BEAUREGARD, aide-naturaliste au Muséum (avec figures).

PHILOSOPHIE

La Vie éternelle, par ENFANTIN. 2ᵉ éd.

Voltaire et Rousseau, par Eug. NOEL. 3ᵉ édit.

*** Histoire populaire de la philosophie**, par L. BROTHIER. 3ᵉ édit.

*** La Philosophie zoologique**, par Victor MEUNIER. 2ᵉ édit.

*** L'Origine du langage**, par L. ZABOROWSKI.

Physiologie de l'esprit, par PAULHAN (avec figures).

L'Homme est-il libre? par RENARD. 2ᵉ édition.

La Philosophie positive, par le docteur ROBINET. 2ᵉ édit.

ENSEIGNEMENT. — ÉCONOMIE DOMESTIQUE

*** De l'Éducation**, par Herbert Spencer.

La Statistique humaine de la France, par Jacques BERTILLON.

Le Journal, par HATIN.

De l'Enseignement professionnel, par CORBON, sénateur. 3ᵉ édit.

*** Les Délassements du travail**, par Maurice CRISTAL. 2ᵉ édit.

Le Budget du foyer, par H. LENEVEUX.

*** Paris municipal**, par le même.

*** Histoire du travail manuel en France**, par le même.

L'Art et les Artistes en France, par Laurent PICHAT, sénateur. 4ᵉ édit.

Premiers principes des beaux-arts, par J. COLLIER.

Économie politique, par STANLEY JEVONS. 3ᵉ édit.

*** Le Patriotisme à l'école**, par JOURDY, capitaine d'artillerie.

Histoire du libre échange en Angleterre, par MONGREDIEN.

Économie rurale et agricole, par PETIT.

Les Industries d'art, par Achille MERCIER.

DROIT

*** La Loi civile en France**, par MONIN. 3ᵉ édit.

La Justice criminelle en France, par G. JOURDAN. 3ᵉ édit.

13585. — Imprimeries réunies, A, rue Mignon, 2, Paris.

www.ingramcontent.com/pod-product-compliance
Ingram Content Group UK Ltd.
Pitfield, Milton Keynes, MK11 3LW, UK
UKHW020602230726
13926UKWH00005B/2142